应用型高校产教融合教材

机械专业实践教程

主　编　于晓玲　郝岩利　毕亚坤

副主编　谢伟东　李运强　李　玲　顾晓宇　付川川

参　编　陈　博　李亚南　李延吉　甄彩霞　高爱利

哈尔滨工程大学出版社

Harbin Engineering University Press

内容简介

本书紧密贴合工科类机械领域大一至大三不同年级必修实践课程教学内容需求,设置跨学科、多任务的综合项目,以“真实项目引领、综合能力提升”为核心理念,深度融合理论知识与工程实践,精心设置了多个项目任务。学生通过完成这些任务,逐步掌握零件加工、测量检验及装配等关键性的专业知识,培养学生解决复杂工程问题的能力,推动学生在设计、工艺、制造、检测等全流程中实现知识迁移与创新应用。本书打破传统理论灌输模式,强调在“真情境、真项目、真实践、真评价”中学习,实现“课程内容项目化、教学过程行动化、学习成果作品化”。

本书可作为应用型本科院校机械类专业教材,也可供其他专业的师生及相关技术人员参考。

图书在版编目(CIP)数据

机械专业实践教程 / 于晓玲, 郝岩利, 毕亚坤主编.
哈尔滨 : 哈尔滨工程大学出版社, 2025. 4. -- ISBN
978-7-5661-4738-7

Ⅰ. TH

中国国家版本馆 CIP 数据核字第 2025WW5708 号

机械专业实践教程

JIXIE ZHUANYE SHIJIAN JIAOCHENG

选题策划 刘思凡
责任编辑 秦 悦
封面设计 李海波

出版发行 哈尔滨工程大学出版社
社　　址 哈尔滨市南岗区南通大街 145 号
邮政编码 150001
发行电话 0451-82519328
传　　真 0451-82519699
经　　销 新华书店
印　　刷 哈尔滨午阳印刷有限公司
开　　本 787 mm×1 092 mm 1/16
印　　张 19.5
字　　数 461 千字
版　　次 2025 年 4 月第 1 版
印　　次 2025 年 4 月第 1 次印刷
书　　号 ISBN 978-7-5661-4738-7
定　　价 60.00 元

http://www.hrbeupress.com
E-mail:heupress@hrbeu.edu.cn

前　言

在当今这个社会发展日新月异的时代，机械设计制造及其自动化专业扮演着举足轻重的角色，它不仅是支撑工业生产的坚固基石，更是驱动科技进步与创新的核心动力。本书是一本专为该专业精心设计的实践指导用书，旨在通过系统化的学习路径，提升学生的专业技能与实践能力。

本书结构严谨，内容分为金工实习、数控车床装配实习以及专业综合实习三部分，分别针对大一至大三不同年级学生的学习需求与特点而设计。在本书的编写过程中，我们紧密依托本校机床产业学院的优势平台，深入企业一线、高等学府及科研机构进行广泛调研，充分融合实际生产与教学经验，精心策划并筛选了一系列内容丰富、形式多样的实践项目与任务。本书通过构建真实的实践场景，引导学生深入探索机械原理的奥秘，使其能够直观理解并熟练掌握机械加工技术与装配工艺流程。同时，本书强调理论与实践的深度融合，采用项目驱动的教学模式，将态度目标、知识目标和技能目标等要素巧妙融入各个项目之中，辅以图文并茂的呈现方式，使学习过程更加生动直观。此外，每个任务均设有学习产出环节，旨在培养学生独立思考与解决问题的能力，并将现代工程师应具备的质量意识、经济观念、安全环保理念、创新意识以及科学严谨的工作态度等职业素养渗透于项目学习之中。

我们深知，尽管在编写过程中已力求完善，但受限于自身的能力与水平，书中难免存在疏漏与不足之处。在此，我们诚挚地邀请业界同人及广大读者不吝赐教，提出宝贵意见与建议，以便我们不断改进与完善，共同推动机械设计制造及其自动化专业教育事业的蓬勃发展。

编　者

2025 年 1 月

目　　录

第1部分　金工实习

第2部分　数控车床装配实习

第3部分　专业综合实习

第 1 部分　金 工 实 习

项目 1　零件的车削加工

本项目选自机床产业学院，主要利用先进的车床设备进行高精度的车削加工操作。在项目中，学生将学习如何操作车床进行车削，解决加工过程中的精度控制、刀具选择等问题。同时，本项目还探讨了如何提高加工效率、降低成本。车削加工是机械制造中最基本、应用最广泛的加工方法之一，在工业生产中起着至关重要的作用。

车削加工（图 1-1）是指在车床上利用工件的旋转运动和刀具的直线运动（或曲线运动）来改变毛坯的形状和尺寸，将其加工成符合要求的零件。工件被装夹在车床的卡盘或顶尖上，由车床的主轴带动做旋转运动，这是车削加工的主运动。刀具则通过刀架安装在车床的溜板箱上，可沿着床身导轨做纵向（平行于工件轴线方向）或横向（垂直于工件轴线方向）的直线进给运动，通过这两种运动的配合，刀具就能对工件进行车削加工。

图 1-1　车削加工

任务1　车 削 认 知

【学习目标】

态度：培养团队合作意识和精益求精的工匠精神。

知识：了解数控车床的基本形式；掌握数控车床的使用方法；了解数控车床的安全使用规范。

技能：能够辨识普通车床；能够针对所要加工的零件选用适当的车床；熟练使用车床。

【相关课点】

数控车床概述；车削刀具概述与安装；数控车床日常维护；数控车床安全注意事项。

【建议学时】

1.5 天。

【学习方法】

查阅工具书；实践操作。

【前置任务】

1. 网络检索常见车床结构及原理；
2. 查看国家制图标准，识读零件图。

一、数控车床概述

(一)数控车床的结构组成与功能

1. 数控车床的结构组成

尽管数控(computer numerical control，CNC)车床的类型很多，但是它们都是由 3 个主要部分构成的：车床主体、数控设备、伺服系统。图 1-2 为数控车床的基本结构框图。

(1)车床主体

除少数几种经济型的数控车床，车床主体基本上保留了一般车床的传统布置，而大多数的数控车床都是经过特殊的设计和加工而成的。

①带有主轴箱的主轴。数控车床是一种重要的机械零件，它直接关系整个车床的加工精度与稳定性。

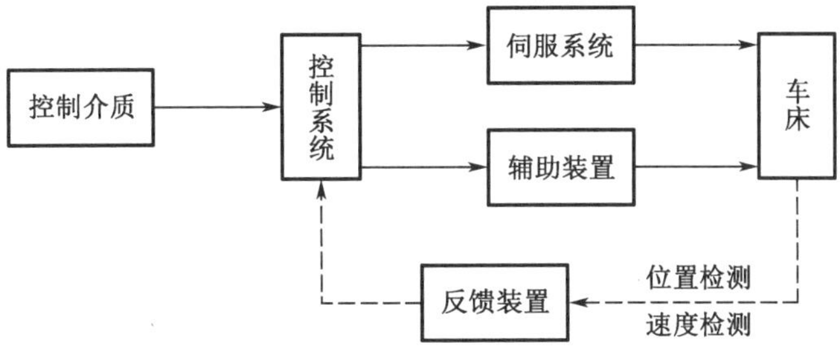

图1-2 数控车床的基本结构框图

②车床主轴的旋转精度对工件的加工精度有很大的影响。其功率大,速度调节范围也相对较宽。

③主轴箱支撑主轴和主轴驱动部分,采用变频调速马达来调节速度,使主轴箱的机械传动得到简化。经济型的数控车床,基本保持了原来的主轴箱,用变速装置来调整主轴的速度。

④导轨。数控车床的导轨是保证进给运动准确性的重要部件。为了保证数控车床具有较高的加工精度和较大的承载能力,要求其导轨具有较高的导向精度、足够的刚度、良好的耐磨性、良好的低速运动平稳性,同时应尽量使导轨结构简单,便于制造、调整和维护。

⑤机械式变速器。除主轴箱中的某些齿轮传动装置以外,数控车床还对原来的普通车床传动链进行了大量的简化,去掉了原来的挂轮箱、进给箱、溜板箱等传动装置,只保留了纵向和横向进给的传动螺杆,并且在传动电机和丝杠之间增加了一个(极少的车床没有安装)可以消除侧隙的齿轮副。

⑥可自动旋转刀架。除使用任意更换刀具(带刀库)的自动换刀机构以外,数控车床通常都配有固定刀位的自动换刀架,有些车床还配有多种形式的双刀架。

⑦探测反馈设备。在数控车床中,探测与反馈设备是 个非常关键的部件,它直接关系车床的加工精度、生产率和自动化水平。探测设备主要有两种类型:一是位移测量设备;二是工件尺寸测量设备。目前,只有少数几种高级数控车床配有工件尺寸探测设备。

(2)数控设备和伺服系统

数控车床与一般车床最大的不同之处,就是它有数控设备,还带有伺服系统。数控车床的探测装置对车床的工艺进行监测和分析,数控设备执行插补计算,并将命令发送给伺服系统,然后伺服系统接受该数控设备的命令,对其进行操作,从而完成对工件的加工。从这一点可以看出,数控设备和伺服系统在数控车床中占有很重要的地位。

①数控设备。数控设备的中心部分是对数控车床进行"指挥"的电脑和相应的软件。数控设备接收来自加工程序的各类数据,对这些数据进行加工、配置,并将执行指令发送给传动机构;在执行期间,它的驱动和检测等机构会向数控设备发送相关的信息,并将该信息与数控设备中的数据相比较,如果误差超过了容许值,则数控设备会自动进行补偿,并向数控设备发送一条新的执行指令来驱动该机器。

②伺服系统。伺服系统根据数控设备的指令,精确地执行数控设备的指令,并利用步

进电动机等驱动电路,实现数控设备所需的各类位移。

2. 数控车床的工作流程

(1)程序编制

在数控车床上对工件进行加工时,必须先按照指定的代码和程序格式,把整个加工过程、工艺参数、位移数据和方向、操作步骤等用数码信息记录在控制媒体上。从设计图纸开始,一直到最终形成控制媒介,都是数控加工的编程。

(2)输入

输入即向数控设备输入零件程序、控制参数及补偿参数。

输入方式:纸带读卡机输入、键盘输入、磁带键盘输入、通讯输入等。

输入加工方法:一种是边加工边输入,另一种是一次将加工程序输入数控设备的内存。

(3)译码

译码即把程序片段的加工资讯及其他附属资讯转换为电脑可辨识的资料格式,并存放于特定记忆体的特定区域。在解码的同时,也要对代码的语法进行检验。

(4)刀具补偿

刀具补偿的功能就是将工件的外形轨迹转化为刀心的轨迹,从而获得所需的工件外形。

(5)插补运算

插补运算根据给定的车速、给定的等高线要求,在已知等高线点间找出若干中间点,是数据稠密化的过程。数控加工中的插补操作是数控加工中最基本的操作。

(6)位置控制和车床加工

在每一次取样期间,将所求出的命令位置与实际的反馈位置进行对比,并利用两者之间的差值来对伺服电机进行控制,从而使机器的移动构件以预定的路径和速度驱动工具,实现对工件的加工。

3. 数控车床的主要功能

不同类型的数控车床所具有的功能是不一样的,它们各有特色,但都应该具有如下的基本功能。

(1)直线插补功能

在数控车削加工中,该功能可以实现圆柱面、圆锥面、倒角面的加工。

(2)圆弧插补功能

在数控车削加工中,该功能可以用来实现圆弧、曲面的加工。

(3)固定循环功能

该功能对车床的某些常见功能进行了固化,如粗加工、螺纹切割、开槽、钻孔等。

(4)恒线速度车削功能

该功能通过对主轴转速的控制,使切割点位置的切割速度不变,可以得到均匀的加工曲面。

(5)刀尖半径自动补偿功能

该功能可以实现对刀位轨迹的半径补偿,使车床在编程时,不必考虑刀位半径,可以直接按照工件的外形进行编程,大大简化了程序的编制过程。

(二)数控车床的分类

现今数控车床品种繁多,规格不一,但大致可按如下方法进行分类。

1. 按功能档次分类

数控车床按照其功能档次可分为低档数控车床、中档数控车床和高档数控车床,如表1-1 所示。

表 1-1　数控车床分类

功能档次	低档数控车床	中档数控车床	高档数控车床
进给当量和进给速度	进给当量为 10 μm,进给速度为 8~15 m/min	进给当量为 1 μm,进给速度为 15~24 m/min	进给当量为 0.1 μm,进给速度为 15~100 m/min
伺服进给系统	开环、步进电机	半闭环直流伺服系统或交流伺服系统	闭环伺服系统、电机主轴、直线电机
通信功能	无	RS232 或 DNC 接口	RS232、RS432、DNC、MAP 接口
显示功能	数码管显示或简单的 CRT 字符显示	功能较齐全的 CRT 显示或液晶显示	功能齐全的 CRT 三维动态图形显示
内装 PLC	无	有	有强功能的 PLC,有轴控制的扩展功能
主 CPU	8 位 CPU 或 16 位 CPU	由 16 位 CPU 向 32 位 CPU 过渡	由 32 位 CPU 向 64 位 CPU 发展

2. 按伺服系统的控制原理分类

(1)开环控制系统数控车床

开环控制系统数控车床没有设置定位检测机构,不会把真实的位移值反馈给命令值,使其具有一种单向流动的特性。驱动器采用步进电机。数控设备每次输出的指令,经过驱动电路的功率放大,使步进电机转动一定的角度,从而使工作台运动。步进电机的步进精度、工作频率、传动装置的传动精度等因素决定了系统的精度。

特点:结构简单、成本较低、调试维修方便。

适用范围:对精度、速度要求不十分高的经济型、中小型数控车床。

(2)闭环控制系统数控车床

闭环控制系统配有一个位置探测设备,它能把真实的位移值反馈给命令值,然后用比较后的差值对其进行控制,直到偏差被消除为止。这种装在工作台上的位置探测设备,将工作台的实际位移量转化成电能,并将其反馈给控制器,且将其与命令信号进行对比,将两者之间的差值进行放大并转换,最终将平台推向减小误差的方向,直至差为零,使工作台停止工作。从理论上讲,这种方法只由测试设备的精度决定,而不受放大器、传输部件误差、间隙误差等因素的影响。

特点:该系统比较复杂,难以进行调试、维护,需要大量的测试元器件和一些防护手段,造价昂贵。

适用范围:用于大型及要求较高精度的数控装置。

(3)半闭环控制系统数控车床

半闭环控制系统区别于闭环控制系统,其只是将探测元件设置在驱动链的转动位置上,探测到的只是与该位移相关的转轴角度,而不是工作台的实际位移。

特点:与闭环控制系统相比,该系统具有较低的精度,但是系统结构简单,检测元件的调试和维护方便,并且半闭环数字控制系统具有较高的性价比和较好的稳定性。

适用范围:广泛应用于中小型数控车床。

3. 按车床主轴位置分类

(1)立式数控车床

立式数控车床,简称 CNC 立车,它具有一根与水平面相垂直的主轴,并配有一大直径的圆台,用来夹紧工件。它是一种适用于大直径和相对小轴向尺寸的大尺寸、复杂形状的数控车床。

(2)卧式数控车床

卧式数控车床也可细分为数控横向导向卧式车床和数控倾斜导向卧式车床。它的斜面导向结构能提高车床的刚度,便于排屑。

4. 按刀架数量分类

(1)单刀架数控车床

数控车床通常配备多种形式的单刀架,如四站卧动刀架和多站转塔自动刀架。

(2)双刀架数控车床

这种车床的双刀架结构可以是平行布置的,也可以是纵向布置的。

二、车削刀具概述与安装

(一)车刀的种类与用途

车削刀具(简称车刀),其作为一种应用十分广泛的切割工具,种类繁多。

1. 车刀的种类

根据制造刀具的方式,可以将车刀分为焊接车刀、机夹车刀和白钢车刀(也就是高速钢车刀)。

根据加工材料的不同,可以将车刀分为硬质合金车刀、陶瓷车刀、金刚石车刀、高速钢车刀、特种材料车刀等。

根据用途的不同,可以将车刀分为外圆车刀、左右偏刀、镗孔刀、切断刀、螺纹车刀、成形车刀等,如图 1-3 所示。不同的车刀适用于不同的车削加工。

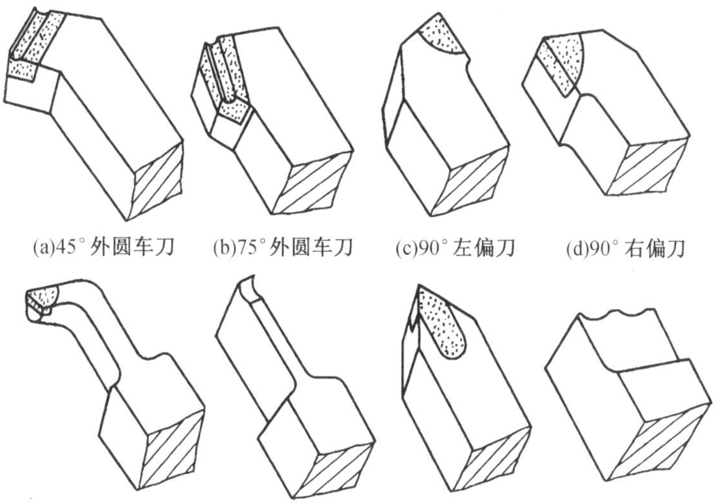

(a)45° 外圆车刀　(b)75° 外圆车刀　(c)90° 左偏刀　(d)90° 右偏刀

(e)镗孔刀　(f)切断刀　(g)螺纹车刀　(h)成形车刀

图 1-3　车刀的种类

外圆车刀：又称 90°车刀或偏心刀，主要用于手车加工工件的外圆、台阶、档口、端面。若将刀尖处的圆弧过渡刃磨得再大一些，也可用于车削圆弧或球面。90 型车，不管是粗车或精加工车，都需要对车刀进行高精度的刃磨。

端面车刀：又称 45°车刀（俗称弯刀机），主要用于工件的外圆、端面、倒角及端面的粗加工。

切断刀：又称切槽刀，用于车削工件中间的台阶，或在工件上切槽，或切断工件。

内孔车刀：主要用于车削工件的内孔，也可用于车削端面的圆槽及内孔倒角等。

圆头车刀：主要用于车削各种大小不同的凸圆弧，或者凹圆弧成型，也广泛用于车削圆弧面或球形手柄。

螺纹车刀：根据不同的螺纹形状，可选用三角形、梯形、矩形、内、外等多种螺纹刀具。

2. 车刀的用途

图 1-4 所示为车削加工可完成的工作。

3. 车刀的组成

车刀包括刀柄和刀头。用硬质合金制作刀头，把刀头与刀柄焊在一起，称作硬质合金焊接刀；用螺丝把刀头固定在刀柄上，称作硬质合金机夹刀。使用高速钢制作工具，可直接加工出任意形状的刀面，可作普通切削工具使用，亦可作任意形状之成形工具。但要特别留意，打磨刀刃时，要用冷水来冷却。刀头是用于切割金属的切割部分，切割段分为“一尖”“两刃”和“三面”，每一种车刀的切割部位都有不同的刃口和刀尖。但也有很多种其他情况，比如切割刀有四个面，三个刀刃，两个刀尖。

（1）前刀面

前刀面是切削液排出的表面，即刀具的上表面。在切割过程中，通过前刀面对铁屑的方向、形状、切削力等进行控制。

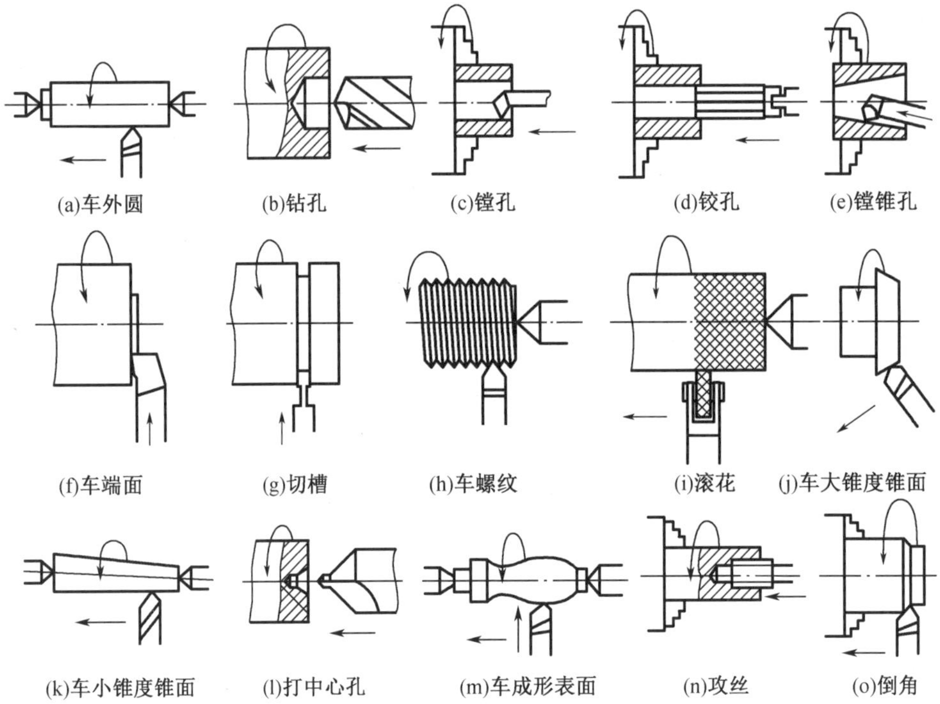

图 1-4 车削加工可完成的工作

(2)主后刀面

主后刀面是与工件切削加工表面相对的那个面。

(3)副后刀面

副后刀面是与工件已加工表面相对的那个面。

(4)主切削刃

主切削刃是前刀面与后刀面的交线,它担负着主要切削任务。刀头的形状不一样,主刀刃的位置也不一样。

(5)副切削刃

副切削刃是前刀面与副后刀面的交线,它只担负着少量的切削任务。

(6)刀尖

刀尖指的是主切刀和次切刀的相交处。其实,刀尖就是一把圆的过渡刀。

在切削时,根据车削的要求,刀尖半径一般为 0.2~0.8 mm。若经过特殊处理,刀尖半径可达到 1~3 mm。

(二)车刀的材料

刀具材料通常是指刀具切削部位的材质,它的性能直接关系切削加工的表面质量和效率,以及刀具的耐用度。研究开发新的切削工具,不仅可以提高加工效率、改善加工表面质量、提高经济效益,还可以解决一些难以加工材料的加工难题。

1. 刀具材料必须具备的性能

(1)硬度高,抗磨损能力强

为了从被加工物中去除多余的金属,刀具的硬度要比被加工材料高。通常,刀具材料的室温硬度必须大于60 HRC(洛氏硬度)。耐磨性能和硬度之间存在着紧密的联系,当硬度较高、碳化物较多且分布较均匀时,耐磨性较好。

(2)有足够的强度与韧性

在切割过程中,刀具不仅要受到很大的压力,还要产生冲击、震动,为了防止出现断刃等情况,刀具的材质要有一定的强度和韧性。

(3)更高的硬度(热硬度)

热硬度是指刀具材料在较高温度下仍能保持一定的硬度、耐磨性、强度及韧性。

(4)导热性能好

工具材料的导热系数反映了其导热能力。导热系数越高,切割热越易散发。导热性能好,能有效地降低切削温度,延长刀具使用寿命。

(5)加工性能好

为方便加工,刀具必须具备易于锻造切割、焊接牢固、热处理变形小、易于刃磨等技术特性。

(6)经济性更好

刀具材料的经济性是指原料来源丰富、价格低廉,能使制造成本降到最低。在现实生活中,刀具材料并不能满足以上所有的性能需求,用户应该从具体工件材质的特性和切割需求出发,抓住性能需求的主要方面进行选择。

2. 常用刀具材料

(1)高速钢

高速钢是一种含有较多的Cr、W、Mo、V等合金元素的工具钢。在热处理过程中,Cr的作用是提高高速钢的淬透性及回火稳定性;W、V与C可形成高硬度的WC和VC,从而提高耐磨性;Mo的作用与W基本相同,且能细化品粒,提高钢的硬度。常用的高速钢主要有钨系列(如W18Cr4V)和钨钼系列(如W6Mo5Cr4V2)。高速钢刀具的强度和韧性较高,并具有一定的硬度(62~66 HRC)和耐热性(550~600 ℃),工艺性能好,可以锻造,热处理变形小,可用来制造形状复杂的刀具。高速钢的刀刃可以磨得很锋利,加工材料范围广,既能加工钢,也能加工铸铁、有色金属等。

高速钢主要用于难加工材料的切削加工,如不锈钢、高温合金、钛合金、高强度钢等。

(2)硬质合金

硬质合金是由硬度和熔点很高的金属碳化物(如WC、TiC、VC等粉末)和黏结金属(如Co、Ni、Mo等)经过压制成形,并经高温(1 500 ℃左右)烧结而成。因为硬质合金中碳化物的含量比高速钢高,因此其硬度、耐磨性和耐热性均高于高速钢,常温硬度为89~95 HRA耐热性为600~1 000 ℃,允许的切削速度比高速钢高4~10倍。

硬质合金按其化学成分和使用性能分为以下几类:

①钨钴类硬质合金(YG):由(WC+Co)组成,常用的牌号有YG3、YG6、YG8,后面的数

字表示 Co 的百分含量,其余为 WC 含量。含钴量越多,合金的强度和韧性越高。YG 类硬质合金主要用于加工铸铁,不宜加工钢料;因其磨削性能好,也适合加工强度、硬度较低的有色金属材料。

②钨钛钴类硬质合金(YT):由(WC+TiC+Co)组成,常用的牌号有 YT5、YT14、YT15、YT30,后面的数字表示 TiC 的含量。TiC 含量越多,合金的硬度越大、耐性越好。YT 类硬质合金主要用于加工塑性材料,但不宜加工钛合金或含钛的不锈钢。因为高温下工件和刀具材料中钛元素的亲和力强,会产生严重的黏结,加剧刀具磨损。粗加工时,应选用含 TiC 少的牌号,如 YT5;精加工时,应选用含 TiC 多的牌号,如 YT30、YT14、YT15 等。

③加入 TaC(NbC)的硬质合金(YA、YW):在 YG 类合金中添加少量 TaC(NbC)可显著提高硬度和耐磨性,而且可提高高温强度、高温硬度和抗氧化能力,其典型牌号是 YA6。YA 类合金主要用于难加工材料的半精加工和精加工,如冷硬铸铁、高锰钢、淬火钢等。在 YT 类合金中加入少量 TaC(NbC),其抗弯强度、抗疲劳强度、韧度、耐热性、高温硬度、抗黏结能力都有很大提高,主要牌号有 YW1、YW2。YW1 多用于精加工,YW2 多用于粗加工(含 Co 多)。这种合金刀具既可加工铸铁、有色金属、碳钢、合金钢,又能加工难加工的材料,因此有"通用合金"之称。但由于价格昂贵,主要用于难加工材料的加工。

(3)表面涂层硬质合金

表面涂层硬质合金以 YG8、YT5 等韧性良好的硬质合金为基材,采用 CVD 方法在其表面包覆 5~13 mm 厚的难熔金属碳化物,从而制备出高质量的硬质合金刀具材料。使用结果表明,表面涂层硬质合金的综合性能良好,基体高韧性,表面耐磨、耐高温。在同样使用寿命的情况下,它可以使切割速度提高 25%~30%。但是,表面涂层硬质合金刀具的锋锐度和抗崩刃性能都比一般合金差,所以其主要应用于一般钢材的精整和半精加工。

3. 其他刀具材料

(1)陶瓷

陶瓷是以氧化铝($A1_2O_3$)或氮化硅(Si_3N_4)为基体,通过添加少量金属,在高温下烧结而成的一种刀具材料。其主要特点如下:

①具有高硬度和耐磨性,常温硬度达 91~95 HRA,可用于切削 60 HRC 以上的硬材料。

②具有较高的热硬性,在 1 200 ℃下的硬度为 80 HRA,而强度和韧性降低较少。

③具有较高的化学稳定性,在高温下仍有较好的抗氧化、抗黏结性能。

④具有较低的摩擦系数,切屑时不易黏刀和产生积屑瘤。

⑤强度和韧性低,承受冲击载荷的能力差。

⑥热导率低,抗热冲击性能差。

陶瓷刀具一般适用于在高速下精细加工硬材料,如冷硬铸铁、淬硬钢等,有的陶瓷刀具也可进行断续切削。

(2)金刚石

金刚石是碳的同素异形体,是目前最硬的物质,显微硬度达 10 000 HV(维氏硬度)。

金刚石刀具有如下 3 种。

①天然单晶金刚石切割工具

天然单晶金刚石晶体具有特定的晶体取向，不同晶面间的硬度和磨损性能差别很大，因此，在刃磨过程中必须选择合适的面。由于这种材料的刀具成本较高，目前广泛应用于有色金属及非金属材料的精细加工。

②人工多晶金刚石切割工具

人工多晶金刚石是在高温、高压条件下，利用合金催化剂使石墨发生转变而形成的。人工多晶金刚石晶体的晶界处没有特定的取向，能够任意地进行刃磨。

③复合金刚石锯片

复合金钢石锯片是将多晶金刚石在碳化物基材上烧结，厚度为 0~5 mm。复合金刚石锯片强度高，可切割大截面，既可断续切割，也可多次重复使用。

金刚石刀具的最大优势在于：硬度高、耐磨；具有良好的热传导性，线性膨胀系数低；刀刃可以被打磨得很尖，可以进行微小的切割及高精度的加工。金刚石刀具耐热 700~800 ℃，可用于有色金属、高硬非金属、难加工材料的精密加工；不容易切削含碳的铁。

(3) 立方氮化硼刀具

立方氮化硼是由六方氮化硼（白石墨）在高温高压下转化而成的。它的主要优点是：具有很高的硬度和耐磨性，硬度可达 8 000~9 000 HV，仅次于金刚石；具有很好的热稳定性，在 1 300 ℃时不发生氧化，与大多数金属不起化学作用；有良好的导热性，与钢铁的摩擦系数较小。立方氮化硼刀具能对淬硬钢、冷铸进行粗加工和半精加工，还能高速切削高温合金、热喷涂材料等难加工材料。

（三）数控车床的刀具结构

1. 数控车削刀具的特点

为满足数控车床高精度、高效率、集中加工和减少工件装夹次数的需要，数控车床对刀具的性能提出了诸多要求。相对于一般的车床刀具，数控车削刀具和刀具系统有如下特征：

(1) 通用化、正规化和系列化的刀具。

(2) 对刀具、刀具的几何、切削用量进行标准化、典型化。

(3) 刀具或工具的材质和用量应与所要被加工的工件材质相匹配。

(4) 具有较高的切削寿命和切削硬度。

(5) 刀具在刀柄上的位置参考具有较高的精度。

(6) 对刀具柄的强度、硬度及耐磨性要求都很高。

2. 数控车削刀具的分类

按照工作用途划分，车床可应用于旋转曲面，如圆柱面、圆锥面、圆弧面、螺纹、沟槽等。所以，数控车削刀具可以分为外圆车刀、内孔车刀、螺纹车刀和切槽刀等几种。按照刀头形状划分，可将数控车削刀具分为尖形车刀、圆弧车刀和成型车刀 3 种。具有线性刀刃特征的刀具通常被称为尖形车刀。该类车刀是以直线主、次切割刀交叉形成的，常见的有端面车刀、切刀和 90°内外圆车刀等。尖形车刀主要应用于内外轮廓及直线沟槽的车削。圆弧车刀的主切刃是一条圆弧，它是一种具有极小的圆度误差或线性轮廓度误差的圆弧。圆弧形刀刃上的各个点即为刀具的切割点，所以，车削刀点位于弧形刀刃的中心，而非圆弧刀刃上。圆弧车刀适用于具有平滑接头的成型曲面和对精度与表面质量有较高要求的工件。成型车刀又称样板车刀，它是指用刀具的刃口形状、大小来确定被加工工件的外形形状。常见的成型车刀有小圆弧车刀、非矩形车槽刀、螺纹车刀等。

按照车刀的结构划分，可将数控车削刀具分为整体式车刀、焊接式车刀和机械夹固式车刀3类。

(1)整体型车刀

整体型车刀[图1-5(a)]是指整体型的高速钢刀具，常用的有小型车刀、螺纹车刀及异型成型车刀。它的特点是弯曲强度高、冲击韧性好、制作简便、易于刃磨、刀刃锋利。

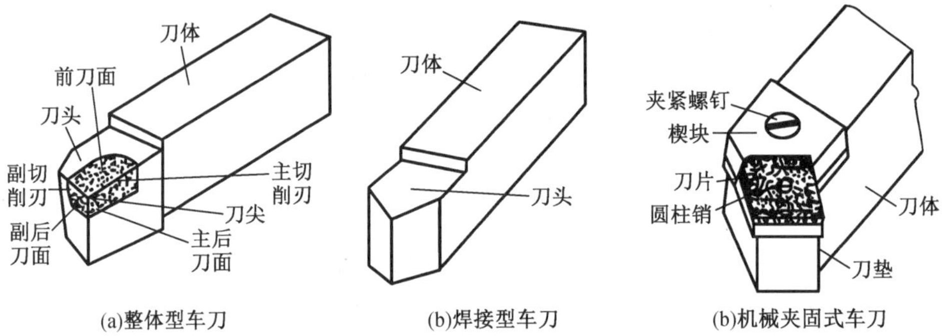

图1-5　数控车削刀具按照车刀的结构分类

(2)焊接型车刀

焊接型车刀[图1-5(b)]将硬质合金刀具通过焊合的方式与刀具本体进行刃磨。该类车刀具有结构简单、加工容易、刚性好等优点，但因其焊缝抗弯强度和冲击韧性差，导致刃口不够锐利，难以加工出复杂的结构。

(3)机械夹固式车刀

机械夹固式车刀[图1-5(c)]采用机械夹紧的方法，把标准的硬质合金更换刀片装在刀杆上，是目前最常用的刀具。

机械夹固式车刀分为上压式夹紧结构和侧压式夹紧结构两种。

①上压式夹紧结构(图1-6)

通过压板和压紧螺钉从顶面压紧刀片，夹紧可靠。刀垫用来保护刀柄，调节刀片上下位置。调节螺钉用来调节刀片的纵向和横向位置，调节简便。但其缺点是压板与压紧螺钉可能会妨碍观察切削区的工作情况。

②侧压式夹紧结构(图1-7)

通过紧固螺钉和楔块将刀片从侧面压紧在刀柄槽内，夹紧可靠。调节螺钉用来调节刀片的位置，调节简便。该结构刀片上无障碍物，便于观察切削区的工作情况。

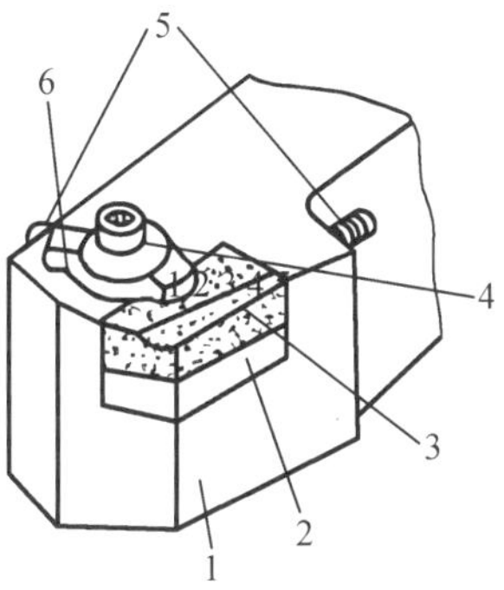

1—刀柄；2—刀垫；3—刀片；

4—压紧螺丝；5—调节螺钉；6—压板。

图 1-6　上压式夹紧结构

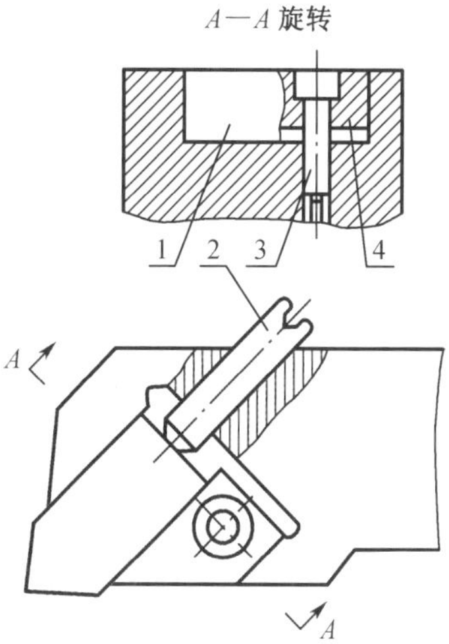

1—刀片；2—调节螺钉；

3—紧固螺钉；4—楔块。

图 1-7　侧压式夹紧结构

除了上述两种夹紧结构外，还有弹性力夹紧式、切削力夹紧式等。按照结构简单、夹紧可靠、装卸方便、调整快捷等原则，还可以设计出一些新的夹紧结构形式。

3. 常用数控车刀的刀具参数与刃磨

在车床夹具上，对刀具参数进行了标准化的设定。如果是要进行刃磨的，则应注意在刃磨时确保参数合格。在选择工具参数时，要考虑到很多因素，如材料、硬度、切削性能、特定的型面形状以及工具材料等。

(四) 车刀的安装

装卸车刀前要锁紧方刀架。车刀安装在方刀架的左侧，用刀架上的至少两个螺栓压紧（操作时应逐个轮流旋紧螺栓）；刀尖应与工件轴线等高，可用尾座顶尖校对，用垫刀片调整，刀杆中心线应与进给方向垂直；车刀在方刀架上伸出的长度以刀体厚度的 1.5~2 倍为宜（切断刀伸出更不宜太长），如图 1-8 所示。

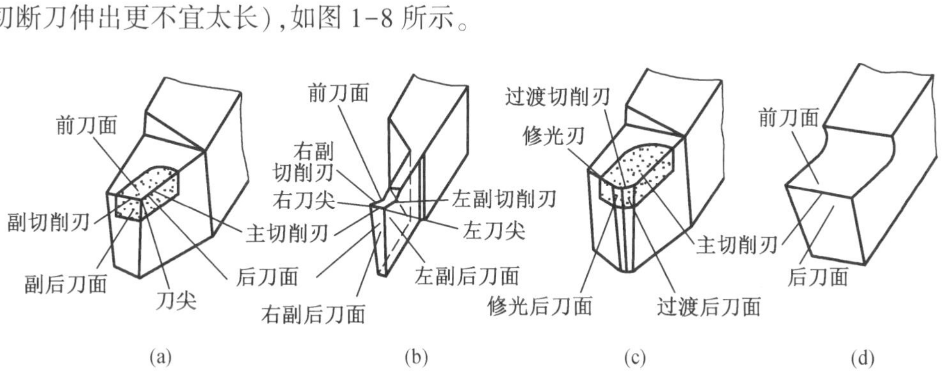

图 1-8　安装车刀

车外圆和横车时,若车削后刀尖在工件轴上方,则会增大前角而减小后角;反之,当车刀的刃口朝下时,刀具前角会变小,后角变大。若刀身轴线与工件轴线不正交,则会对主、次倾角产生影响,从而导致切出的截面不均匀,甚至造成刀具断裂;用螺旋车削出的螺纹,在加工过程中,会出现齿形半角误差。因此,切割刀具及带螺纹刀具的刀头必须与工件的轴线相垂直。

车削底部的衬垫应平坦,尽量使用较厚的衬垫,以减少衬垫的数目。调节好刀尖的高度后,应使用至少两颗螺栓轮流旋紧车刀。车刀的安装是否恰当,将直接关系切割能否成功,以及工件的加工质量。在安装车刀时,要注意以下事项:

(1)车刀安装于刀座上时,其突出部分不能过长,其伸出量应为刀座高度的1~5倍。伸出量太大,会降低刀杆的刚度,在切割过程中容易引起振动,并对被加工零件的表面质量造成一定的影响。

(2)车刀垫铁必须平整,且数目不能太多,垫铁必须与刀架成一条直线。刀具应由至少两颗螺丝固定于刀架上,并依次旋紧。

(3)车刀刀尖应与工件轴线等高,否则会因基面和切削平面的位置发生变化而改变车刀工作时的前角和后角的数值。当车刀刀尖高于工件轴线时,后角减小,增大了车刀后刀面与工件间的摩擦;当车刀刀尖低于工件轴线时,前角减小,切削力增加,导致切削不顺利,如图1-9所示。

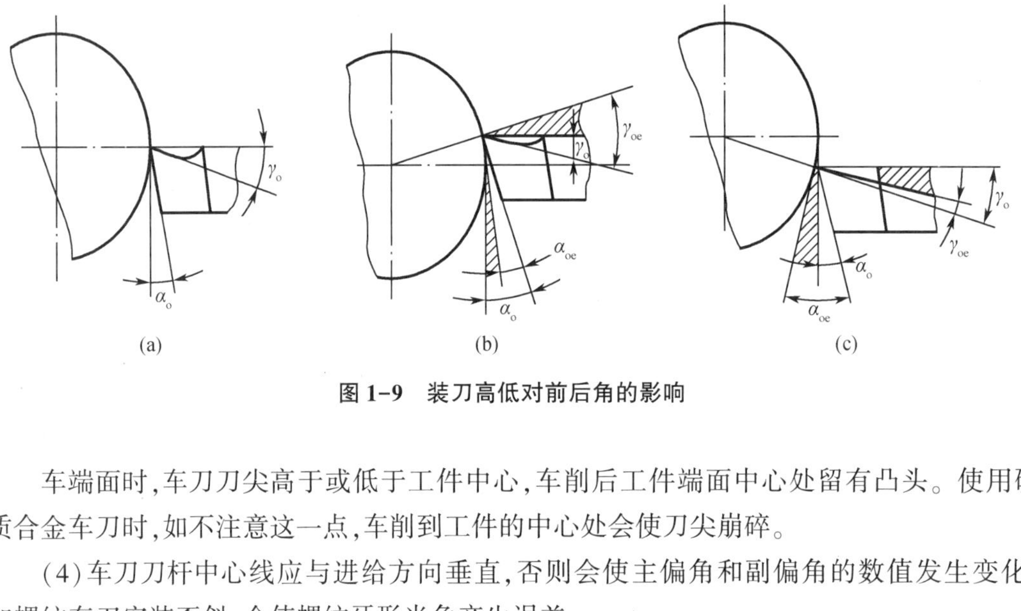

图1-9 装刀高低对前后角的影响

车端面时,车刀刀尖高于或低于工件中心,车削后工件端面中心处留有凸头。使用硬质合金车刀时,如不注意这一点,车削到工件的中心处会使刀尖崩碎。

(4)车刀刀杆中心线应与进给方向垂直,否则会使主偏角和副偏角的数值发生变化。如螺纹车刀安装歪斜,会使螺纹牙形半角产生误差。

三、数控车床日常维护

(1)制定数控设备的日常维护制度。

(2)尽量少打开数控、强电机柜。

(3)对数控机柜的散热和通风系统进行定期清洗。

(4)对数控系统的输入、输出装置要经常保养。

(5)对直流电机的电刷进行定期检修和更换。

(6)对数字控制系统中的电源电压进行实时监控。

(7)对记忆体中的锂电池经常进行替换。

(8)在不使用的情况下,做好数控系统的维修工作。常加电运转时,应该取出马达的电刷。

(9)做好后备板的保养工作,并定期上电。

(10)做好数控设备维护前的准备(工艺、工具和备件)。

四、数控车床安全注意事项

(1)按照规定穿戴好劳动防护品。不得穿高跟鞋、拖鞋上岗,不得佩戴手套、围巾。

(2)操作人员应熟知机器的工作原理和工作程序,严格禁止超负荷的操作。

(3)启动车床时,要认真检查车床各部件的工作状况,各传动把手和换挡把手的位置是否正确,并根据需要对数控车床进行润滑和维护。

(4)机器开机时要严格按正常程序进行,开机后要慢空运转3 min,注意液压系统的压力要在规定的范围内。在加工之前,要让车床回到原点,检查刀具参数;在工作过程中,不要用潮湿的手随便触摸开关。

(5)在编程结束或将程序导入机器后,需对机器进行绘图仿真,确认无误后方可开始试车。

(6)所用刀具必须符合机器要求,在装好刀具之后,要做1~2次试切。对刀要准确,刀位补偿编号要和程序调用的刀号一致,并进行仿真换刀试验。

(7)在机械加工过程中,不准测量,不准离开机器,如发现机器运转不正常,应及时按下紧急停止键。

(8)当对工件进行替换、检查、维修、测量时,一定要在机器停止后进行。

(9)当机器发出不正常的声音或振动时,必须马上停止工作,并通知相关人员进行维修。

(10)每个月都要对主轴马达进行一次全面的检查,每班都要进行一次安全保护,每半年进行一次行程限位开关和电线的绝缘检查。

(11)在加工时,切勿随意开启机器的安全保护门。

(12)当主轴转动时,切勿移动变速杆;在变速杆空挡状态下,切勿启动主轴。

(13)在程序调试完毕后,要及时将工件取下,切勿插入机器内,避免误动程序。

(14)机器在工作完毕后,应按顺序关闭机器操作箱的电源、总电源,并对机器进行清洁、擦拭和润滑。严禁使用压缩空气清洗车床、电气柜和数控设备。

(15)对机器进行周期性的维修与维护,并检查机油、冷却剂的状况,适时进行更换。

每日工作结束时,将机器运行情况填写好,并做好交接班工作。

【学习产出】

请根据表 1-2 的总结评价内容对任务实施及职业素养养成情况进行综合评价。

表 1-2　总结评价内容

评价项目	内容	评价标准	学生评价		教师评价
			自评	互评	
任务实施	车削刀具安装	能正确安装,并可以使车床正常运行使用			
	车削零件	能正确使用车床进行零件的车削,并符合零件的规格要求			
	车床维护	能准确找出车床出现的问题,并进行维修保养			
职业素养	安全操作	规范穿戴工作服、工作帽,合理使用拆装工具			
	管理规范	任务实施过程中按照5S(整理、整顿、清洁、清扫、素养)管理规范执行,仪器、器件、工具摆放合理,任务完成后工位保持整洁			

任务 2　轴类零件车削加工

【学习目标】

态度:培养团队合作意识和精益求精的工匠精神。

知识:掌握轴类零件车削加工特点和加工注意事项。

技能:能够按照操作规程安全操作数控车床并进行轴类零件加工。

【相关课点】

轴类零件车削加工工艺分析;轴类零件加工实操。

【建议学时】

5天。

【学习方法】

查阅工具书;实践操作。

【前置任务】

1. 网络检索轴类零件车削加工工艺分析;
2. 查看国家制图标准,识读零件图。

一、轴类零件车削加工工艺

(一)阶梯轴零件的分析

阶梯轴是一种常用的轴型,大多采用车削的方法进行加工。其阶梯是由多个台阶和沟槽组成的,并不是每一个台阶和沟槽都可以被车削。它的质量取决于轴的长度、台阶的长度、相邻直径的尺寸等。

(二)阶梯轴加工工艺分析

阶梯轴类零件的精度分析是指加工后工件的实际尺寸与工件的公差范围中心是否吻合,这与加工工艺、定位方法及熟练的数控车削技术有很大的关系。几何精度轴类零件的形位误差主要包括轴颈、外锥面和莫氏锥孔,以及它们的圆度、圆柱度等,它们的误差通常被限定在尺寸误差之内。互位精度轴类零件的定位精度主要包括共轴度、垂直度和平行度等,其定位精度的关键在于选取合适的基准,确保其与设计基准的一致性。

表面粗糙度是衡量零件表面质量的一项关键指标,在确定了工件及刀具的材质后,选择合理的加工用量及合适的刀具几何角,是实现高品质工件的关键。

轴类零件的加工过程:首先进行粗车(粗车外圆、钻孔中心孔)和半精车(半精车外圆、台肩、中心孔等);其次进行精车,编制工艺卡,选择位置基准。

在轴类零件车削加工过程中,最常见的是两个中心孔法。由于轴类零件的外圆周面、螺纹面的同轴度以及端对轴的垂直度是它们之间的位置精度,而它们的设计基准通常是轴的中线,采用两个中心孔进行定位,就可以满足基准重合的原理。另外,大部分工序都是以中心孔为基准,可以使多个内外表面同时进行加工,符合基准统一的要求。

如下为轴类零件车削加工工艺流程。

(1)编制机械加工程序:根据工件的结构特征及机床型号编制加工程序,在确保加工安全性及加工精度的基础上尽量简化。

(2)模拟加工:利用模拟加工对工艺方案进行验证,并对工艺路线进行优化。

(3)第一次加工:首件加工的目标是确定工件与刀具的相对位置,发现工件加工时可能出现的误差,从而修正加工方案及工艺参数。

(4)批量制造:针对大批量零件,在完成第一个零件加工后即可进行批量车削,在车削时对刀具损耗进行适当的补偿,可以保证零件的加工精度。

二、轴类零件加工实操

台阶轴零件尺寸图如图 1-10 所示。已知毛坯规格为 ϕ20 mm×60 mm 的棒料,材料为硬铝,要求制订零件的加工工艺,编写零件的数控加工程序,并通过数控仿真软件对数控加工程序进行调试、优化,最后对加工零件进行检验。

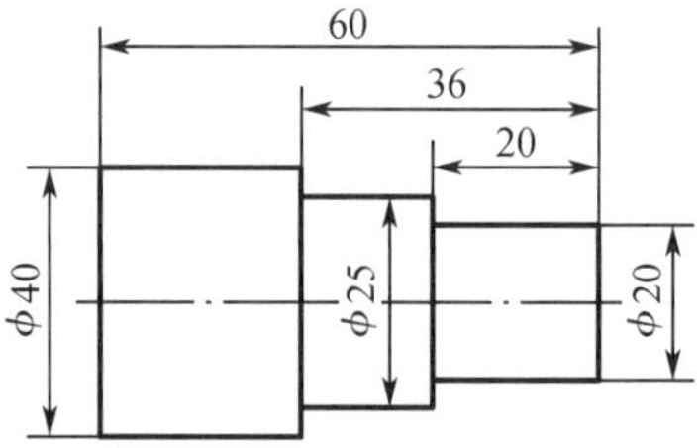

图 1-10　台阶轴零件尺寸图

该任务为台阶轴的车削。根据图纸尺寸,在加工过程中要考虑切削用量,在编写程序时要考虑点的坐标。在已学指令的基础上简化本任务的数控加工程序,本任务的其他工艺分析与阶梯轴加工工艺一致。

编辑程序代码:

```
O0101;
T0101 M03 S500;
M08;
G00 X52 Z0;
G01 X-1 F2;
X52 Z2;
G80 X46 Z-64;
X42;
X40;
G80 X36 Z-36;
X32;
X28;
X25;
```

```
G80 X21 Z-20;
X20;
G00 X100 Z200;
T0202;
G00 X52 Z-64;
G01 X1 F2;
X52;
G00 X100 Z200;
M05;
M09;
M30;
```

【学习产出】

请根据表1-3的总结评价内容对任务实施及职业素养养成情况进行综合评价。

表1-3　总结评价内容

评价项目	内容	评价标准	学生评价		教师评价
			自评	互评	
任务实施	轴类零件的加工工艺	能准确描述轴类零件的加工工艺和加工过程			
	轴类零件的加工	能正确使用车床进行轴类零件的加工,并符合零件的规格要求			
	轴类零件的安装	加工后能准确进行轴类零件的安装			
职业素养	安全操作	规范穿戴工作服、工作帽,合理使用拆装工具			
	管理规范	任务实施过程中按照5S(整理、整顿、清洁、清扫、素养)管理规范执行,仪器、器件、工具摆放合理,任务完成后工位保持整洁			

任务 3　盘类零件车削加工

【学习目标】

态度:培养团队合作意识和精益求精的工匠精神。

知识:掌握盘类零件车削加工特点和加工注意事项。

技能:能够按照操作规程安全操作数控车床并进行盘类零件加工。

【相关课点】

盘类零件车削加工工艺分析;盘类零件加工实操。

【建议学时】

4 天。

【学习方法】

查阅工具书;实践操作。

【前置任务】

1. 网络检索盘类零件车削加工工艺分析;
2. 查看国家制图标准,识读零件图。

一、盘类零件车削加工工艺分析

(一)盘类零件的特点

盘类零件也是车削中常用的一种工件,其最显著的特征是径向尺寸偏大、轴向尺寸偏小。盘形件通常都设有内孔,根据孔的尺寸,又可分为圆盘形和大孔盘型。

(二)盘类零件车削加工工艺分析

盘类零件在径向上有很大的尺寸,但在轴向上的尺寸却很小。通常对外圆、端面和内孔进行加工,如有需要,也可进行回转加工。在数控车削过程中,为了确保加工需要及工件夹持的可靠度,必须重视加工次序和装夹方法,因此,对夹具及刀具的选择都有一定的局限性。夹持通常采用三爪夹头或液压夹头。在有孔的情况下,通常先进行内孔再进行外圆周的加工。

二、盘类零件车削加工实操

零件的毛坯为图 1-11 所示的 210×51 铸件。

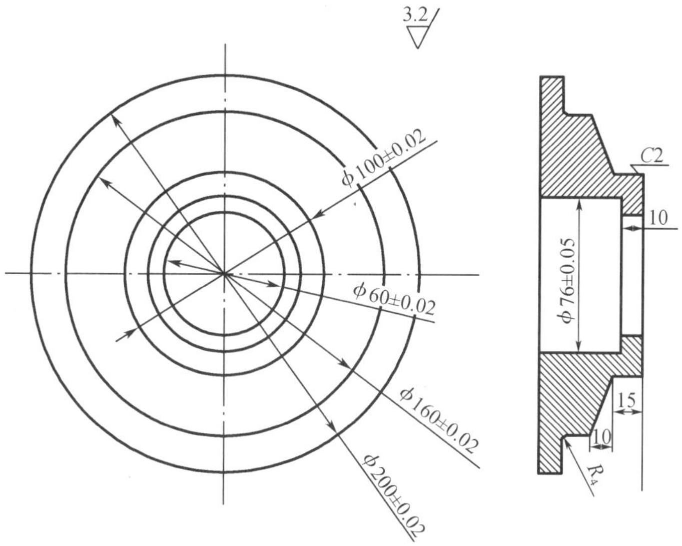

图 1-11　毛坯图

考虑到该零件的毛坯为铸件，外轮廓可能不够规则，为保证装夹的定位精度并提高数控加工的效率，在进行数控加工前，可以先将通用车床上右侧端面 200 mm 的外圆加工至 202 mm，同时钻 60 mm 的底内孔 58 mm。

（一）装夹方法

用三爪卡盘装夹，加工外轮廓时用正爪对内孔反向进行夹紧，加工内轮廓时用反爪进行装夹。

（二）定位基准

以已加工完成的 200 mm 的外圆及右端面为定位基准加工内轮廓。

以已加工完成的 76 mm 的内孔及左端面为定位基准加工外轮廓。

（三）加工路线分析

该零件的特点为含内孔的盘类零件，且对外轮廓的表面粗糙度要求较高。加工路线设定如下。

路线一：

（1）加工左端面；

（2）粗加工外轮廓；

（3）精加工外轮廓；

（4）加工内孔。

路线二：

（1）加工左端面；

（2）加工内孔；

（3）粗加工外轮廓；

（4）精加工外轮廓。

当按照一般的加工顺序选择路线一时，由于在加工内孔时需要对外圆进行装夹，很容易把已经加工好的表面划伤或者碰伤，导致加工出来的工件不合格。所以，正确的加工顺序应该选择路线二，先加工左端面，再加工内孔，之后粗加工外轮廓，最后精加工外轮廓。

（四）刀具选择

（1）硬质合金外圆粗车刀；

（2）45°硬质合金端面刀；

（3）硬质合金盲孔车刀。

（五）选用设备

该零件径向值较大，可选用 HNC-21T CK6150。

（六）程序编写

盘类零件直径比较大，所以在加工外圆时，选用端面复合循环指令 G72 加工内孔。由于孔的走刀路线较为简单，故选用外径复合循环指令 G710。

参考加工程序如下。

1. 内孔加工程序（以工件端面为中心建立坐标系）

00001 内孔加工程序；

N10 T0202；

N20 MO3S5OO；

N30 GOO X56 Z2M08；

N40 G71U1. ORO. 5P50Q90X-0. 2Z0. 05F100；

N50 G00X76. 0；

N60 G01Z-40 F80；

N70 X60；

N80 Z-51；

N90 X56；

N100 G00Z150；

N110 X220；

N120 M05；

N130 M30；

刀架沿 X 轴快速退至 220；

主轴停；
主程序结束并复位；
调用 2 号刀具，2 号刀补；
主轴正转，转速为 500 r/min；
快速定位到循环点并打开冷却液；
内孔粗车复合循环；
移动至精加工起始点；
精加工 ϕ60 mm 内孔；
精加工 Z-40 处端面；
精加工 ϕ60 mm 内孔，精加工轮廓结束；
退出已加工面；
刀架沿 Z 轴快速退至 150；

2. 外轮廓加工程序（以工件端面为中心建立坐标系）

(1)装夹方法

采用三爪自定心卡盘自定心夹紧，卡爪采用软爪。

(2)定位基准

以已加工完成的 5 mm 外圆及左端面为工艺基准。

(3)加工路线分析

①该零件 5 mm 外圆、左端 66 mm 的内孔在尺寸和表面粗糙度上要求的精度不是很高，所以从提高生产效率上考虑，可以在进行数控加工前在通用车床上将左侧端面、95 mm 外圆加工完成，同时将 55 mm 内孔钻 53 mm 孔，并将左端 66 mm 的内孔加工完成。

②该零件在内外轮廓的多个表面的粗糙度上要求的精度比较高，所以在加工时要安排粗加工与精加工。

③在已经将左端面 95 mm 外圆、左端 66 mm 的内孔加工完成的情况下，一次装夹定位即可完成粗加工与精加工。

综合以上分析得出的加工路线如下：

①粗车外圆及端面；
②粗车内孔；
③整车外轮廓及端面；
④精车内孔。

(4)刀具选择

①硬质合金外圆粗车刀；
②硬质合金内孔粗车刀；
③硬质合金外圆精车刀；
④硬质合金内孔精车刀。

(5)选用设备

HNC-21T CK6150。

(6)程序编写

进行内外轮廓粗加工,可选用 G71 内外径粗车复合循环指令,粗加工后的余量为 0. 1 mm,然后换刀进行精加工。

参考加工程序如下(以右端面为中心建立坐标系):

00003

N10 T0101 选用 1 号刀(外圆粗车刀)并调用 1 号刀补

N100 X83. 1

N110 X85. 1W-1

【学习产出】

请根据表 1-4 的总结评价内容对任务实施及职业素养养成情况进行综合评价。

表 1-4　总结评价内容

评价项目	内容	评价标准	学生评价		教师评价
			自评	互评	
任务实施	盘类零件的加工工艺	能准确描述盘类零件的加工工艺和加工过程			
	盘类零件的加工	能正确使用车床进行盘类零件的加工,并符合零件的规格要求			
	盘类零件的安装	加工后能准确进行盘类零件的安装			
职业素养	安全操作	规范穿戴工作服、工作帽,合理使用拆装工具			
	管理规范	任务实施过程中按照5S(整理、整顿、清洁、清扫、素养)管理规范执行,仪器、器件、工具摆放合理,任务完成后工位保持整洁			

任务 4　螺纹类零件车削加工

【学习目标】

态度：培养团队合作意识和精益求精的工匠精神。

知识：掌握螺纹类零件车削加工特点和加工注意事项。

技能：能够按照操作规程安全操作数控车床并进行螺纹类零件。

【相关课点】

螺纹类零件车削加工工艺分析；螺纹类零件加工实操。

【建议学时】

4 天。

【学习方法】

查阅工具书；实践操作。

【前置任务】

1. 网络检索螺纹类零件车削加工工艺分析；
2. 查看国家制图标准，识读零件图。

一、螺纹类零件加工工艺分析

（一）螺纹加工的类型

（1）内（外）圆柱螺纹；
（2）内（外）圆锥螺纹；
（3）单头螺纹和多头螺纹；
（4）恒螺距与变螺距螺纹。

（二）螺纹加工常用方法

1. 螺纹加工常用切削循环方法

直进法（G32、G92）：导程小于 3 mm 的螺纹加工。

斜进法（G76）：导程大于 3 mm 的螺纹加工（斜进法可减轻刀具单侧刃加工负载）。

2. 螺纹加工进刀次数和进刀量的选择

应根据螺距选择进刀次数及进刀量,以保证螺纹的精度及质量,具体如表 1-5 所示。

表 1-5 螺纹加工进刀次数和进刀量的选择

单位:mm

米制螺纹							
螺距		1	1.5	2	2.5	3	3.5
牙深		0.649	0.974	1.299	1.624	1.949	2.273
进刀次数和进刀量	1 次	0.7	0.8	0. 9	1	1.2	1.5
	2 次	0.4	0.6	0.6	0.7	0.7	0.7
	3 次	0.2	0.4	0.6	0.6	0.6	0.6
	4 次		0.16	0.4	0.4	0.4	0.6
	5 次			0.1	0.4	0.4	0.4
	6 次				0.15	0.4	0.4
	7 次					0.2	0.2
	8 次						0.15
	9 次						
英制螺纹							
牙/in①		24	18	16	14	12	10
牙深		0.678	0.904	1.016	1.162	1.355	1.626
进刀次数和进刀量	1 次	0.8	0.8	0.8	0.8	0.9	1
	2 次	0.4	0.6	0.6	0.6	0.6	0.7
	3 次	0.16	0.3	0.5	0.5	0.6	0.6
	4 次		0.11	0.14	0.3	0.4	0.4
	5 次				0.13	0.21	0.4
	6 次						0.16
	7 次						

(三)螺纹轴加工工艺分析

螺纹的成型过程,实质上就是通过主轴和刀架之间的相对运动,实现对被加工对象的成型切割。在制丝过程中,进给速度必须准确地与螺纹的螺距相一致,因此,当进行制丝时:

(1)从粗加工到精加工,锭子的旋转速度一定要保持一致。

(2)恒定的线速调节函数不用于线切割。

① 1 in=2.54 cm。

(3)螺纹的输入和输出部分是充足的。为了克服由伺服迟滞引起的螺距误差,在丝杠的切削路径上,要有充足的升速进刀段和降速退刀段。

二、螺纹类零件加工实操

实例:简单螺纹轴加工。

(一)零件图纸的要求

零件的毛坯为25 mm×65 mm棒材,材料为45钢。

(二)加工工艺路线制定

1. 装夹与定位

此为短轴类零件,以轴心线为工艺基准,用三爪自定心卡盘夹持毛坯外圆,一次装夹完成粗、精加工。

2. 工步顺序

从右端至左端轴向走刀切削。

(1)粗车外圆。

(2)自右向左精车右端面及各外圆面:车右端面→倒角→切削螺纹外圆→车M6 mm外圆→车R3 mm圆弧→车直径为22 mm外圆。

(3)切槽。

(4)车螺纹。

(5)切断。

3. 工艺参数

根据制定的加工工艺,确定加工工艺参数:

(1)机床转速粗加工时为500 r/min,精加工时为800 r/min。

(2)精加工余量为0.5 mm。

(3)粗加工时,进给速度为100 mm/min;精加工时,进给速度为50 mm/min。

(4)确定工件坐标系、对刀点和换刀点。

根据零件的尺寸标注特点及基准统一的原则,一般选择零件右端面与轴心线的交点为工件的原点,建立XOZ工作坐标系。采用手动试切对刀方法将该点作为对刀点,换刀点设置在工件坐标系X30、Z150处。

4. 数控加工使用的刀具、工具和量具

(1)刀具

根据加工要求,选用4把刀具。其中T01为粗加工刀具,选90°外圆车刀;T02为精加工刀具,选尖头车刀;T03为切槽刀,刀宽为4 mm;T04为60°螺纹刀。工件材料为45钢,选择高速钢或可转位车刀均可。

(2)工具

卡盘扳手、六角头扳手、铜棒。

(3)量具

游标卡尺、外径千分尺、表面粗糙度工艺样板。

(三)程序编写

(1)加工路线分析:该零件的结构要素有圆柱面、退刀槽、倒圆、螺纹、表面有一定的粗糙度要求,故加工时应分粗加工和精加工两个阶段。粗加工采用外圆粗切刀,精加工采用外圆精切刀,以保证工件的表面质量和尺寸精度。

(2)粗加工轨迹:如图 1-12 所示。

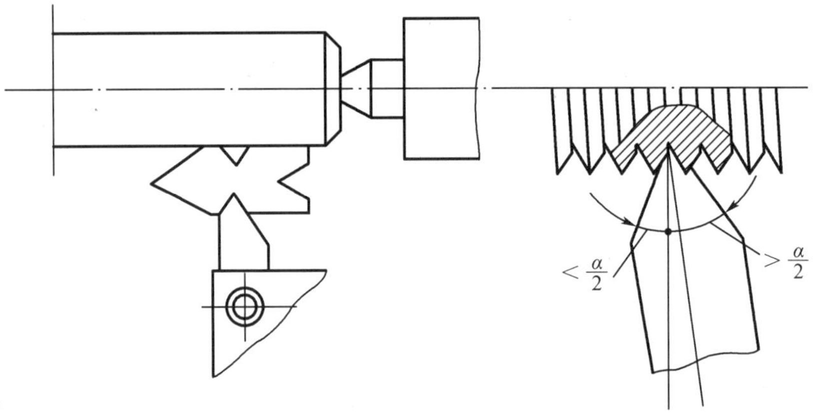

(a) (b)

图 1-12 粗加工轨迹

③加工程序清单(采用 HNC-21T 数控系统)。

01234;	加工主程序
%1234;	程序头
N0005 G90 G94 G36;	绝对尺寸编程,零点偏置
N0010 GOO Z2 S500 T0101 M03;	准备外圆车刀(建立工件坐标系) 启动主轴
N0015 M07;	开启冷却液
程序主干	
外形粗加工	
N0020 X22;	粗车外圆直径 ϕ2 mm
N0030 G01 Z-50 F100;	
N0040 X30;	
N0050 GOO Z2;	
N0060 X19;	粗车外圆 ϕ9 mm
N0070 G01 Z-32 F100;	
N0080 G02 U1.5 W-1.5 R1.5;	
N0090 GOO X30;	

```
N0100 Z2;
N0110 X17;                          粗车外圆得 φ17 mm
N0120 G01 Z-32 F100;
N0130 G02 U2.5 W-2.5 R2.5;          粗车圆弧半径 R2.5 mm
N0140 GOO X30 Z150;
外形精加工
N0150 T0202;                        精车刀,调精车刀刀偏值
N0160 XO Z2;
N0170 G01 ZO F50 S800 M03;          精加工
N0180 X16 C1;
N0190 Z-32;
```

【学习产出】

请根据表1-6的总结评价内容对任务实施及职业素养养成情况进行综合评价。

表1-6 总结评价内容

评价项目	内容	评价标准	学生评价		教师评价
			自评	互评	
任务实施	螺纹类零件的加工工艺	能准确描述螺纹类零件的加工工艺和加工过程			
	螺纹类零件的加工	能正确使用车床进行螺纹类零件的加工,并符合零件的规格要求			
	螺纹类零件的安装	加工后能准确进行螺纹类零件的安装			
职业素养	安全操作	规范穿戴工作服、工作帽,合理使用拆装工具			
	管理规范	任务实施过程中按照5S(整理、整顿、清洁、清扫、素养)管理规范执行,仪器、器件、工具摆放合理,任务完成后工位保持整洁			

项目2　零件的铣削加工

铣削加工是机械加工中另一种重要的加工方法，主要用于加工平面、沟槽、齿轮和具有复杂曲面等特征的零件。其是现代机械制造中不可或缺的工艺，被广泛应用于航空航天、汽车制造等领域。

铣削加工（图1-13）是在铣床上利用铣刀的旋转运动（主运动）和工件的直线进给运动来切削工件。铣刀安装在铣床的主轴上，通过电动机带动高速旋转。其刀刃切入工件材料，工件则通过夹具固定在铣床的工作台上，工作台可以在不同方向（通常是 X、Y、Z 三个坐标轴方向）实现进给运动，使工件与铣刀产生相对运动，从而铣削出所需的形状。

图1-13　铣削加工

零件的铣削加工项目由机床产业学院精心打造。在这个项目中，学生将使用专业的铣床设备，进行复杂零件的铣削加工，包括掌握不同刀具的应用、精确设置加工参数以及解决加工过程中的精度和表面质量问题。例如，如何选择合适的铣刀以提高加工效率？怎样确保加工尺寸的准确性？

任务 1　铣削认知

【学习目标】

态度：培养团队合作意识和不断创新的工匠精神。

知识：掌握数控铣床基本类型和结构特点；掌握铣削刀具的安装方法和流程；理解数控铣床操作安全规程。

技能：能够识别常见铣床；能够使用铣床进行零件加工。

【相关课点】

数控铣床概述；铣削刀具概述与安装；数控铣床日常维护；数控铣床安全注意事项。

【建议学时】

2 天。

【学习方法】

查阅工具书；实践操作。

【前置任务】

1. 网络检索常见铣床结构及原理；
2. 查看国家制图标准，识读零件图。

一、数控铣床概述

（一）数控铣床加工

数控铣床是一种将数控机床与普通机床相结合而形成的一种自动化加工设备。该系统能在编程代码的控制下实现对铣削的准确控制。数控铣床可分为两种类型，即不带刀库和带刀库。

铣削面通常由直线、圆弧或其他曲线构成。铣床操作员按照图纸上的要求进行加工，连续地变换工具和工件的相对位置，然后综合选择主轴转速、进给速度、切削深度及刀具类型，使得工具可以切割加工零件，从而可以制造出多种形状的工件。

在数控加工中，要将刀具和工件之间的运动坐标划分为最小的单元量，也就是最小位移量。该方法按照数控系统对被加工对象的编程要求，将每一个坐标在一定范围内进行一定的位移,使得工具和被加工对象之间发生相对运动,从而实现对被加工对象的加工。

数控铣床的加工过程主要由加工程序的设计、前期准备、定位、移动、轨迹控制、程序执行和检测调节几个部分组成。数控铣床在航空航天、汽车、模具制造、电子工业等行业中占有举足轻重的地位。总之,数控铣床具有精度高、效率高、自动化程度高等优点,是现代制造技术发展的重要支撑。

图 1-14 所示为数控铣床。

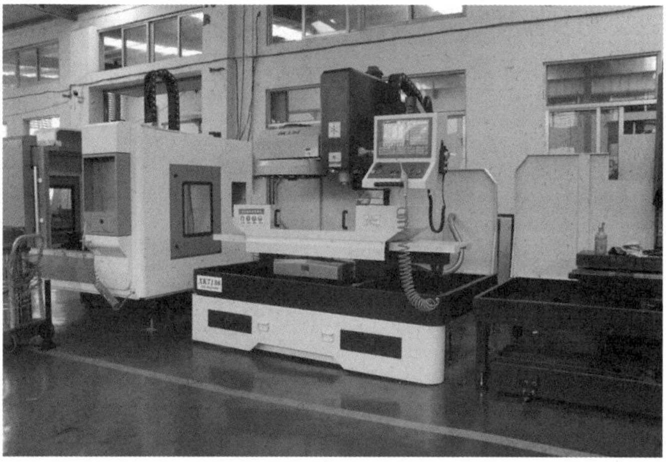

图 1-14　数控铣床

(二)数控铣床加工特点

数控铣床的加工特点如下:

(1)零件加工的适应性强、灵活性好,能加工轮廓形状特别复杂或难以控制尺寸的零件,如模具类零件、壳体类零件等。

(2)能加工普通机床无法加工或很难加工的零件,如用数学模型描述的复杂曲线类零件以及三维空间曲面类零件。

(3)能加工一次装夹定位后,需进行多道工序加工的零件。

(4)加工精度高、加工质量稳定可靠,数控装置的脉冲当量一般为 0.001 mm,高精度的数控系统可达 0.1 μm。另外,数控加工还避免了操作人员的操作失误。

(5)生产自动化程度高,可以减轻操作人员的劳动强度,有利于生产管理自动化。

(6)生产效率高。首先,数控铣床一般不需要使用专用夹具等工艺设备,在更换工件时只需调用存储于数控装置中的加工程序、装夹工具和调整刀具数据即可,因而大幅缩短了生产周期。其次,数控铣床具有铣床、镗床、钻床的功能,使工序高度集中,大大提高了生产效率。另外,数控铣床的主轴转速和进给速度都是无级变速的,因此有利于选择最佳切削用量。

图 1-15 所示为数控铣床的工作原理。

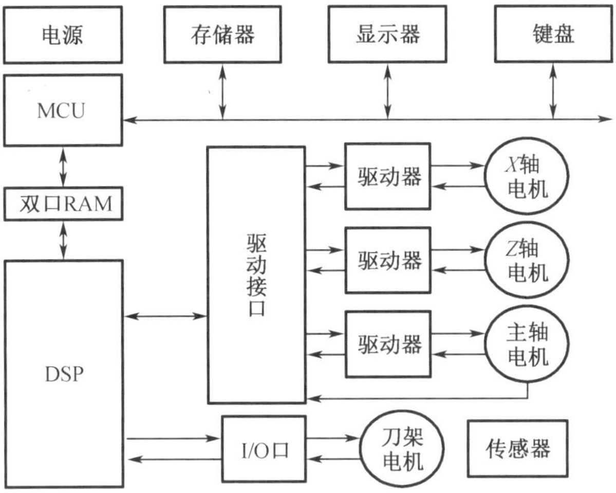

图 1-15　数控铣床的工作原理

二、铣削刀具概述与安装

(一)常用铣刀

铣刀为多刃工具,常见的铣刀有圆柱铣刀、端铣刀、三棱铣刀、键槽铣刀、凸半圆铣刀、离合器铣刀、锯条铣刀、镗孔刀、螺旋槽刀、齿轮铣刀等。此类刀具还可在铣床上进行孔加工,用于孔加工的刀具还有麻花钻、扩孔钻、铰刀、镗刀等。

铣刀可以根据用途、结构、材料、刀片形状等多种方式进行分类,按用途可划分如下。

1. 平面铣刀

端铣加工采用的是图1-16所示的平面铣刀。平面铣刀是一种较好的铣削工具,特别是对大面的铣削。平面铣刀的主要刀刃在外圆柱面或外圆锥面上,其端面的切削刃是次级切削刃。

图 1-16　平面铣刀

平面铣刀既可以进行粗加工,又可以进行精加工。在粗加工时,为保证切削深度大、切削余量大,应选用较小的刀具直径。在精加工时,要尽量避免在精加工表面留下切痕,因此,精加工刀具的直径要大一些,最好能够覆盖被加工面的全部宽度。

2. 端铣刀

端铣刀(图1-17)主要用于加工垂直面的平面、槽、键槽等,在圆周面及端面均有刀刃,多制成套式镶齿结构和刀片机夹可转位结构,可用于立式铣床、端面铣床或龙门铣床上加工平面。

图 1-17 端铣刀

3. 立铣刀

立铣刀主要用于加工立式或倾斜面的平面、槽、键槽等,是数控铣削中常用的刀具之一。立铣刀的圆柱表面和端面上都有切削刃,圆柱面上的切削刃是主切削刃,端面上的切削刃是副切削刃,它们可同时进行切削,也可单独进行切削。其工作时一般不能沿轴向进给,当立铣刀上有通过中心端齿时,可轴向进给。

根据结构的不同,立铣刀可分为两类:一类是整体结构立铣刀(图 1-18),其刀体为整体式设计,强度和刚性较高,适用于常规铣削加工。另一类是镶齿可转位立铣刀,通过机械夹固方式安装刀片,其又可分为方肩式和长刃式。方肩式适用于平面、台阶面等的加工,切削稳定性强。长刃式又称玉米立铣刀,刀刃较长,适合深槽、大余量切削,排屑效率高。

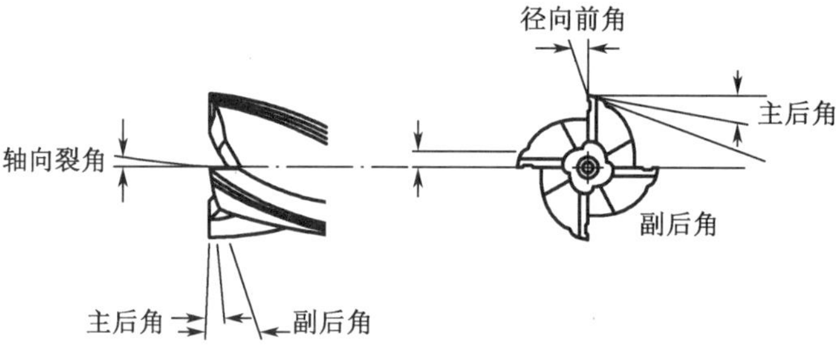

图 1-18 整体结构立铣刀

4. 成形铣刀

图 1-19 所示为几种常见的成形铣刀。成形铣刀一般为专用刀具,即为某个工件或某项加工内容而专门制造(刃磨)的。它适用于加工特定形状面和特定的孔、槽,常用于模型加工。

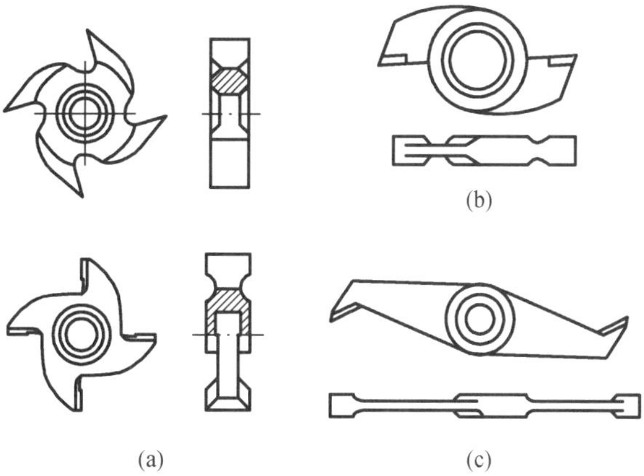

图 1-19　常见的成形铣刀

5. 键槽铣刀

键槽铣刀(图 1-20)专门用于加工键槽、半圆键槽等,有两个刀齿,圆柱面和端面都有切削刃,端面刃延至中心。其加工时先轴向进给达到槽深,然后沿键槽方向铣出键槽全长。

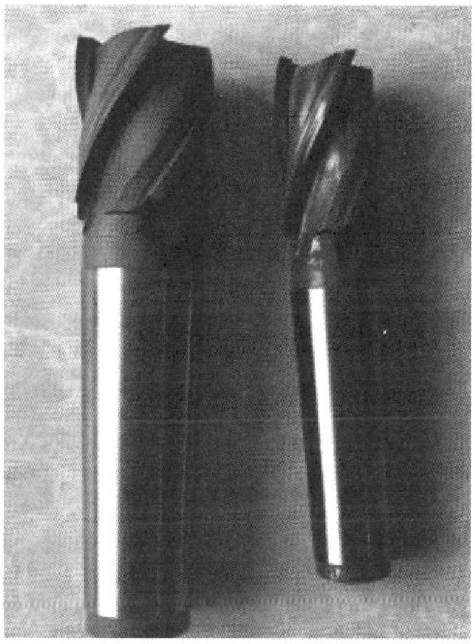

图 1-20　键槽铣刀

(二)铣削刀具的安装

在加工之前必须把刀具装夹在铣床上,铣床主轴前端是 7∶24 的锥孔,刀具通过该锥孔定位在主轴上。锥孔内备有拉杆,通过拉杆可将刀具拉紧。

图 1-21 所示为圆柱带孔铣刀,这种铣刀一般安装在卧式铣床上。

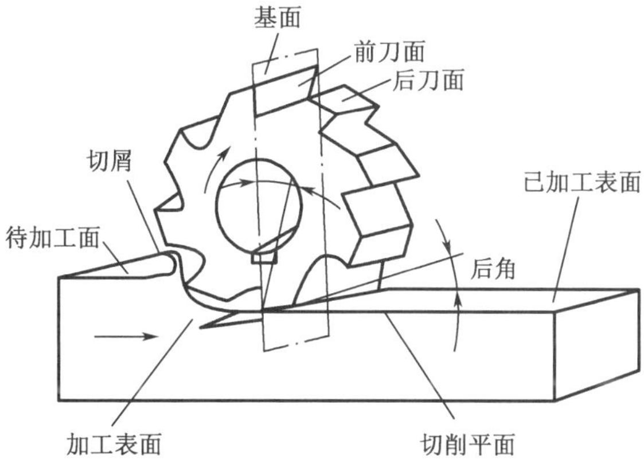

图 1-21　圆柱带孔铣刀

圆柱带孔铣刀在卧式铣床上安装的操作步骤如下：

(1)将床头的主轴安装孔用棉纱擦拭干净，按照刀具孔的直径选择标准刀杆。铣刀杆常用的标准尺寸有 ϕ32 mm、ϕ27 mm、ϕ22 mm。如图 1-22 所示，右手将铣刀杆的锥柄装入主轴孔，此时铣刀杆上的对称凹槽应对准床体上的凸键，左手转动主轴孔的拉紧螺杆(简称拉杆)，使其前端的螺纹部分旋入铣刀杆的螺纹孔，并用扳手旋紧拉杆(提示：用扳手紧固拉杆时，必须把主轴转速放在空挡位并夹紧主轴)。

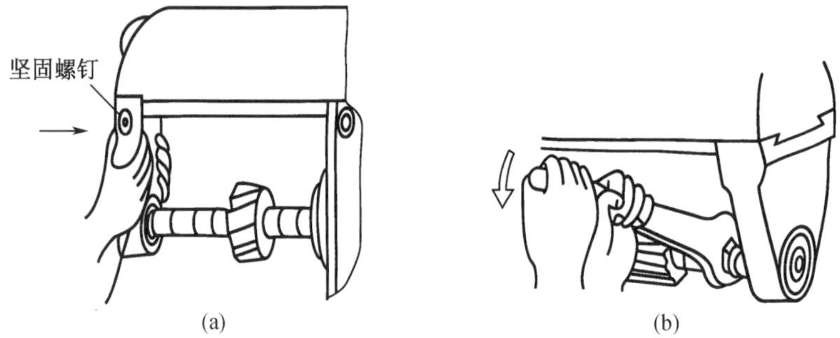

图 1-22　圆柱带孔铣刀的安装

(2)把刀杆口、刀孔、刀垫等擦净，按照工件所在的位置，选用适当大小的刀垫。把刀柄推进，刀垫、工具放好，刀柄螺帽拧紧，铣刀的刀刃应与主轴的转动方向相同。在安装圆盘铣刀时，因为铣削力较小，因此一般不在铣刀和刀轴之间设置按键。在这种情况下，螺帽的旋紧方向应该与铣刀的转动方向相反，否则铣刀切割时，会因铣削力的影响而松脱螺帽，造成整体刀具的松脱。此外，如果将一把钥匙装在紧靠螺帽的一块垫片上，就能防止螺帽的松脱，且拆装时螺帽不易旋开。

(3)调节铣床梁至相应的位置。两手抓着支架，悬吊在铣床横梁上。

(4)拧上刀轴上的螺帽将铣刀固定住。需要注意的是，这个螺帽要先安装好，然后再拧紧，以免把刀轴弄弯。先用扳手拧紧吊座左边的螺帽，然后用扳手拧紧刀柄螺帽。调节加油孔至已注油处。拧紧螺帽时，将主轴开关调至空挡处，将主轴夹持开关调至夹持状态，夹持主轴(注：手不能触碰铣床梁，以免受伤)，然后将扳手向内移动，如图 1-23 所示。

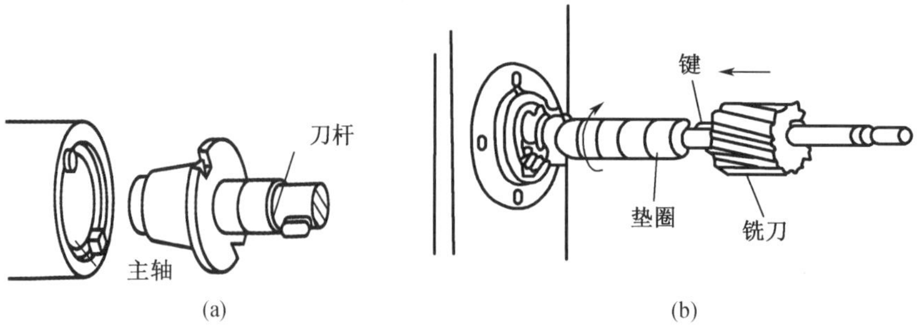

图 1-23　圆柱带孔铣刀安装

三、数控铣床日常维护

清洗及润滑：每日作业前后，必须将工具及所有零件，包括工作台、固定装置等，清洗干净。同时，要经常对导轨、丝杠和光杠等活动零件进行润滑，使机器能够正常工作。

冷却系统的检查：经常检查冷却剂的水平及品质，并适时加入或更换冷却剂。同时，要对冷却泵及冷却管道进行清洁，以避免发生堵塞、渗漏等情况。

电气设备的维修：对电气设备的散热风扇、电源开关、接触器等进行定期检修，以保证电气设备的正常运行。另外，要经常清扫柜内的灰尘，以避免电气元器件发热、短路。

工具、工装的检验：每一次切削之前，都要检查工具、工装是否磨损，如果出现严重的磨损，应立即更换。同时，要经常清洗、维护刀具库，保证刀具的顺利交接。

经常检查机器的精度：定期检查并修正机器的几何、定位及反复定位的精度。在测量过程中，若出现误差，要进行调节或检修。

数控系统的维护：对数控系统进行定期备份，防止数据遗失。另外，还要经常对机床内部进行清扫，保证机床工作环境的干燥和通风。

做好防锈处理：机器设备上的金属零件极易锈蚀，要经常涂上防锈油。另外，要注意保持机器工作环境的干燥，防止空气湿度过大而造成机器锈蚀。

经常检查液压、气压系统：对具有液压、气压的机器，要经常检查液压泵、气泵的压力及流量，并对液压缸、气缸中的杂物进行清洗，保证液压、气压系统的正常运行。

经常更换易损零件：机械设备中的某些易损零件，如密封环、轴承、传动带等，要视实际情况进行定期更换，避免因零件的磨损而引起机器失效。

培养操作人员：企业要对操作人员进行定期的维修培训，增强他们的维修知识，提高他们的维修水平，从而使其具有对数控铣床的正确操作与维修的能力。

四、数控铣床安全注意事项

操作人员必须接受专门的培训，熟悉数控铣床的使用方法及安全操作规程，并应持有相应的证书。

在使用数控铣床之前，操作人员必须穿戴好防护装备，如护目镜、手套、工作服等，避免切割碎片、冷却液等飞溅到身上。

在机器运转过程中，操作者不能离开自己的位置，不要用手或其他物品接触正在转动的工具与工件。

在进行加工时，如果操作人员发现有异常的声音、振动，或有异味，必须马上停车进行检修，待问题解决后才能继续进行。

选用适当的工件及工具，确保工件夹紧，工具安装牢固，避免工件或工具在加工时掉落伤人。

按照一定的工艺程序，首先要慢速试切，然后再高速下切，这样才能避免安全事故的发生。

在使用冷却剂时，一定要将冷却剂喷头对准工具及工件，防止其溅射到操作者。

机器运转时，切勿触碰转动的工具及工件，以防烫伤、割伤。

加工结束后，要切断电源，清除切屑、冷却液，并做好机器的日常保养。

对于采用液压、气动的数控铣削加工设备，要经常进行系统试压，以防止出现液压、气压等故障而造成安全事故。

维护机器周边的清洁卫生，严禁乱堆垃圾，保证员工的逃生通道畅通。

定期做好铣床的安全检测及维修工作，以保证设备的正常运行。

【学习产出】

请根据表 1-7 的总结评价内容对任务实施及职业素养养成情况进行综合评价。

表 1-7　总结评价内容

评价项目	内容	评价标准	学生评价		教师评价
			自评	互评	
任务实施	铣削刀具安装	能正确安装刀具，并可以使铣床正常运行使用			
	铣削零件	能正确使用铣床进行零件的铣削，并符合零件的规格要求			
	铣床维护	能准确找出铣床出现的问题，并进行维修保养			
职业素养	安全操作	规范穿戴工作服、工作帽，合理使用拆装工具			
	管理规范	任务实施过程中按照5S(整理、整顿、清洁、清扫、素养)管理规范执行，仪器、器件、工具摆放合理，任务完成后工位保持整洁			

任务 2　零件平面铣削

【学习目标】

态度：培养团队合作意识和不断创新的工匠精神。

知识：掌握零件平面铣削加工特点和加工注意事项。

技能：能够按照操作规程安全操作数控铣床并对零件平面进行铣削加工。

【相关课点】

零件平面铣削加工工艺分析；零件平面铣削加工实操。

【建议学时】

5 天。

【学习方法】

查阅工具书；实践操作。

【前置任务】

1. 网络检索零件平面铣削加工工艺分析；
2. 查看国家制图标准，识读零件图。

一、零件平面铣削加工工艺分析

（一）铣刀及铣面方式的选择

1. 周铣法

用铣刀周边的刀刃铣削加工称为周铣法，简称周铣，如用直铣刀、圆柱铣刀等，可加工多种表面。按照铣刀转动方向与工件进给方向的对应关系，周铣法可分为正、反两类（图 1-24）。铣削加工时，刀具的转动方向与工件的进给方向一致，称为顺铣。铣削加工时，刀具的转动方向与工件的进给方向相反，称为逆铣。

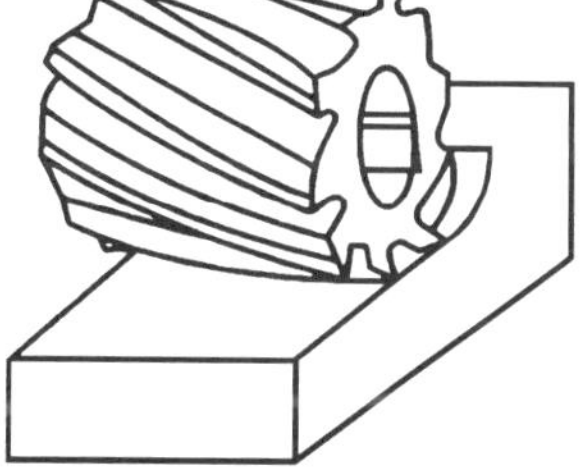

图 1-24　周铣法

顺、逆两种铣削方式具有以下特征：

（1）因为工作台的进给螺杆和螺帽之间有间隙，所以在顺铣过程中，如果横向铣削力 F

与进给方向相同，就会引起工作台在进给方向上的错位，导致切割变得不稳定，从而造成打刀和工件报废等不良后果。而当逆向铣削时，横向铣削力 F 的方向刚好与进给方向相反，可以有效地防止因为两个工件之间的间隙而造成的工作台窜动。

(2)顺铣时，铣削分力 F 竖直向下，对工件具有压紧的作用，切削稳定，适合加工不易夹紧的狭长或薄板形工件。逆铣时，由于竖直分力 F 的作用，使工件从工作台上抬起，会对工件的夹持产生一定的影响。

(3)顺铣时，刀片总是从被加工对象的外部切入，所以在铣削过程中，刀具容易被切削；逆铣时，刀片并没有从磨损面切入，所以表层硬质涂层对工具的磨损作用不大。但是，在逆铣削过程中，刀片并没有直接切入被加工面，而是被一面挤压，在被加工面滑动，进而导致被加工面的硬度增加，从而增加了工具的磨损和被加工表面的粗糙度。

总之，在周铣时，通常都要进行逆铣，尤其是粗铣。在精铣过程中，为了改善工件的表面质量，可以使用顺铣加工；但若在加工过程中存在间隙的补偿或调节，则逆铣加工更具优越性。

2. 端铣法

用分布在铣刀端面上的切削刃进行铣削的方法称为端铣法，简称端铣。根据铣刀在工件上的铣削位置，端铣可分为对称端铣和不对称端铣两种方式，如图 1-25 所示。

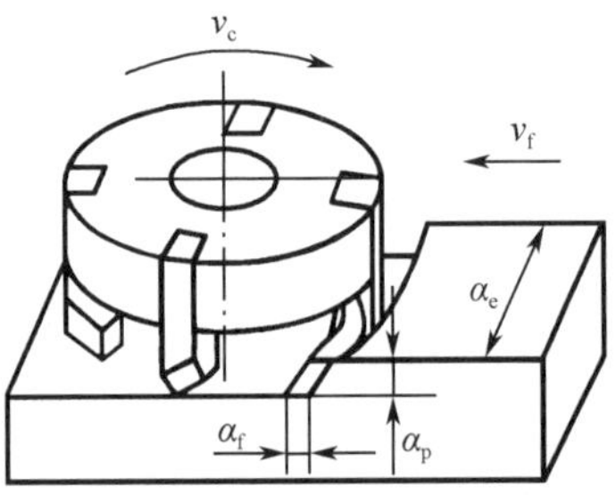

图 1-25　端铣法

(1)不对称端铣

在切削部位，铣力中心偏向工件统制宽度一边的端铣方式，称为不对称端铣。不对称端铣时，按铣刀偏向工件的位置，在工件上可分为进刀部分与出刀部分。按顺铣与逆铣的定义，显然，进刀部分为逆铣，出刀部分为顺铣。不对称端铣时，进刀部分大于出刀部分时，称为逆铣；反之称为顺铣。

(2)对称端铣

在切削部位，铣刀中心处于工件铣削宽度中心的端铣方式称为对称端铣。用端铣刀进行对称端铣时，只适用于加工短而宽或厚的工件，不宜铣削狭长形较薄的工件。

二、零件平面加工实操

实例：铣平面

铣削如图 1-26 所示工件的表面，保证加工精度。

(一)平面铣削加工工艺准备

1. 分析图纸

(1)加工精度分析。加工平面的尺寸为 120 mm×50 mm，平面度公差为 0. 05 mm。

(2)选择毛坯。毛坯是尺寸为 130 mm×60 mm×30 mm 的矩形体。

(3)工件材料为 Q235 碳素结构钢。材料的切削性能好，可选用高速钢铣刀，也可以选用硬质合金铣刀。

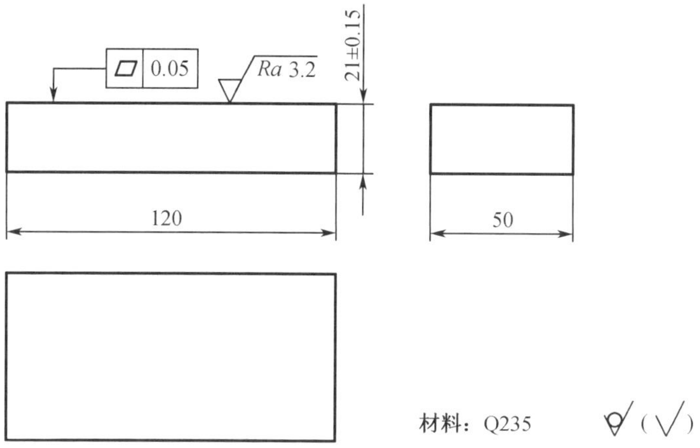

图 1-26　铣削图

(4)形体分析。矩形坯件，外形尺寸不大，宜采用机用平口钳装夹。

2. 制定铣削加工工艺规程、工艺准备

(1)平面加工工序。根据图纸的精度要求，本工序拟在立式铣床上采用机夹式硬质合金端铣刀进行加工。加工过程为：坯件测量→安装机用平口钳→装夹工件→安装机夹式硬质合金端铣刀→粗铣平面→精铣平面→检验平面。

(2)选择铣床。选用 X8126A 型万能工具铣床。

(3)选择工件夹持的方法。选用机器用的平口钳对工件进行装夹。由于坯料的厚度较小，所以用并联的垫铁垫高工件，使工件的高度高于平口钳 10 mm。根据图纸上给出的面宽尺寸，选用外直径为 ϕ80 mm、齿数为 4 的机用硬质合金端铣刀。

(二)工件加工

1. 坯件检验

检验坯件的形状和表面质量，检查工件是否有凹陷加工余量，加工余量是否够用。

2. 安装机用平口钳

(1)安装前，将机用平口钳的底面与工作台面擦干净，若有毛刺、凸起，应用磨石修磨平整。

(2)检查平口钳底部的定位键是否紧固，定位键与定位面是否为同一方向安装。

(3)平口钳安装在工作台中间的 T 形槽内，钳口位置居中。用手拉动平口钳底盘，使定位键向 T 形槽一侧贴合。

(4)用 T 形螺栓将机用平口钳压紧在工作台面上。

3. 装夹和找正工件

用铜锤敲击工件，使工件与垫铁贴合，其高度应保证工件加工余量上平面高于钳口。

4. 安装铣刀

铣刀安装的步骤同前面介绍的铣刀安装步骤。

5. 切削用量的选择

(1)粗铣。取铣削速度 $v_c=80$ m/min，每齿进给量 $f_z=0.18$ mm/z(z 为铣刀齿数)，主轴转数

$n=318$ r/min,进给速度 $V_f=f_z zn=0.18\times4\times318=229$ (mm/min)。实际调整主轴转数 $n=300$ r/min,实际进给速度 $v_f=216$ mm/min。

(2)精铣。取铣削速度 $v_c=100$ m/min,每齿进给量 $f_z=0.10$ mm/z,主轴转数 $n=475$ r/min,进给速度 $v_f=190$ mm/min。

(3)粗铣时的背吃刀量为 3 mm,精铣时的背吃刀量为 1 mm,铣削宽度一次完成。

6. 对刀、粗铣、精铣平面

(1)启动主轴,调整工作台,使铣刀处于工件上方,对刀时轻轻擦到毛坯表面,然后铣入,退刀后,按粗铣吃刀量 3 mm 上升工作台,用纵向进给铣去切削余量。

(2)检验工件余量,按余量上升工作台,用纵向进给精铣去切削余量。用锥形直尺检验工件平面的平面度。

(3)用刀口形直尺检验工件平面的平面度。

(4)用游标卡尺检验 12 mm 厚皮尺寸。

【学习产出】

请根据表 1-8 的总结评价内容对任务实施及职业素养养成情况进行综合评价。

表 1-8　总结评价内容

评价项目	内容	评价标准	学生评价		教师评价
			自评	互评	
任务实施	零件平面铣削的加工工艺	能准确描述零件平面铣削的加工工艺和加工过程			
	零件平面铣削的加工	能正确使用铣床进行零件的平面铣削加工,并符合零件的规格要求			
	零件的安装	加工后能准确进行零件的安装			
职业素养	安全操作	规范穿戴工作服、工作帽,合理使用拆装工具			
	管理规范	任务实施过程中按照5S(整理、整顿、清洁、清扫、素养)管理规范执行,仪器、器件、工具摆放合理,任务完成后工位保持整洁			

任务 3　零件斜面铣削

【学习目标】

态度：培养团队合作意识和不断创新的工匠精神。

知识：掌握零件斜面铣削加工特点和加工注意事项。

技能：能够按照操作规程安全操作数控铣床并对零件斜面进行铣削加工。

【相关课点】

零件斜面铣削加工工艺分析；零件斜面铣削加工实操。

【建议学时】

4 天。

【学习方法】

查找工具书；实践操作。

【前置任务】

1. 网络检索零件斜面铣削加工工艺分析；

2. 查看国家制图标准，识读零件图。

一、零件斜面铣削加工工艺分析

（一）倾斜装夹工件铣斜面

1. 使用倾斜垫铁装夹铣斜面

使用倾斜垫铁装夹铣斜面如图 1-27 所示。在零件设计基准的下面垫一块倾斜的垫铁，则铣出的平面就与设计基准面呈倾斜位置。改变倾斜垫铁的角度，即可加工不同角度的斜面。

2. 使用平口钳装夹铣斜面

使用平口钳装夹铣斜面如图 1-28 所示。先划线，在毛坯上划出斜面的轮廓线，并在线上打上样冲眼；然后将工件轻夹在平口钳上，按划线找正工件位置，即使所划的线与工作台平行；最后夹紧工件，铣削去划线部分的工件材料，完成斜面加工。

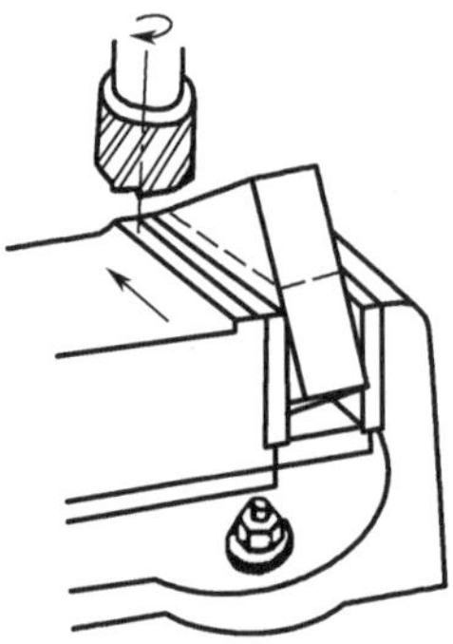

图 1-27 使用倾斜垫铁装夹铣斜面

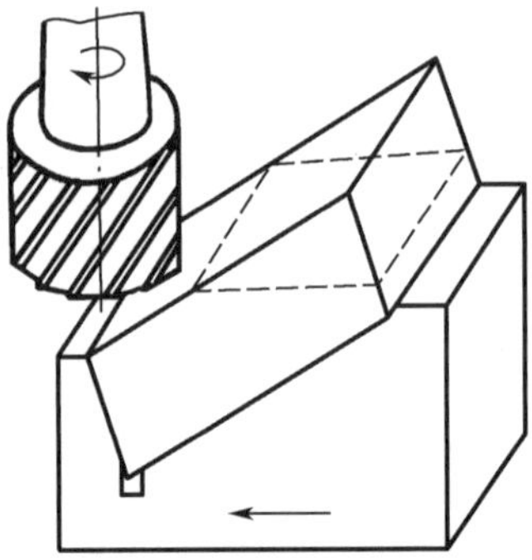

图 1-28 使用平口钳装夹铣斜面

（二）转动立铣头铣斜面

转动立铣头（万能铣头）铣斜面如图 1-29 所示。立铣头能方便地改变空间的位置成要求的角度铣斜面。在立铣头主轴可转动角度的立式铣床上，安装立铣刀或面（端）铣刀，用平口钳或压板装夹工件，可加工出所要求的斜面。

（三）使用角度铣刀铣斜面

对于宽度较窄的斜面，可用角度铣刀铣削，如图 1-30 所示。铣削时，应根据工件斜面的角度选择铣刀的角度，同时所铣斜面的宽度应小于角度铣刀的切削刃长度。铣削对称的斜面时，应选择两把直径和角度相同、切削刃相反的角度铣刀，安装铣刀时最好使两把铣刀的刃齿错开，以减小铣削力和振动。由于角度铣刀的刀齿强度较弱，排屑较困难，所以使用角度铣刀时，选择的切削用量应比圆柱铣刀低 20%左右，尤其是每齿进量 f_z 更要适当减小。

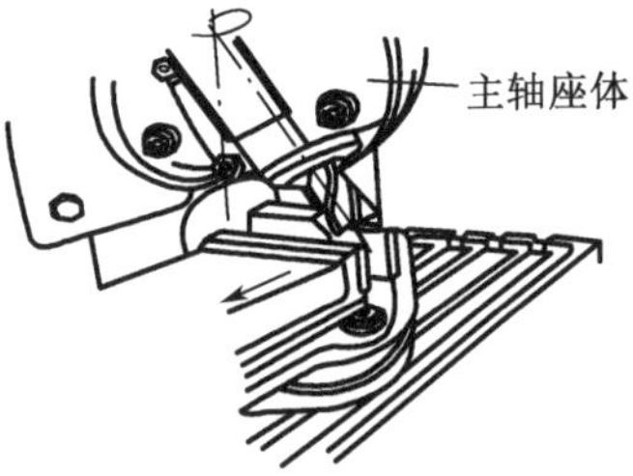

图 1-29 转动立铣头铣斜面

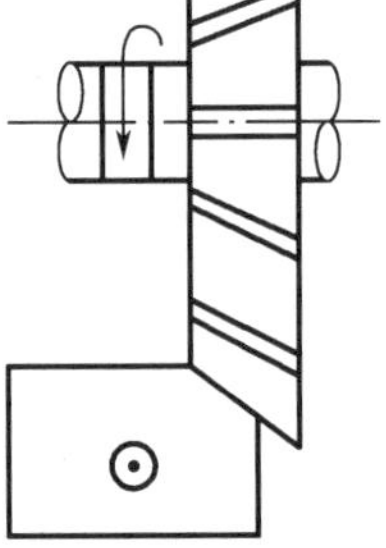

图 1-30 使用角度铣刀铣斜面

二、零件斜面加工实操

实例：铣斜面

采用平口钳倾斜装夹工件，铣削如图 1-31 所示工件的斜面。

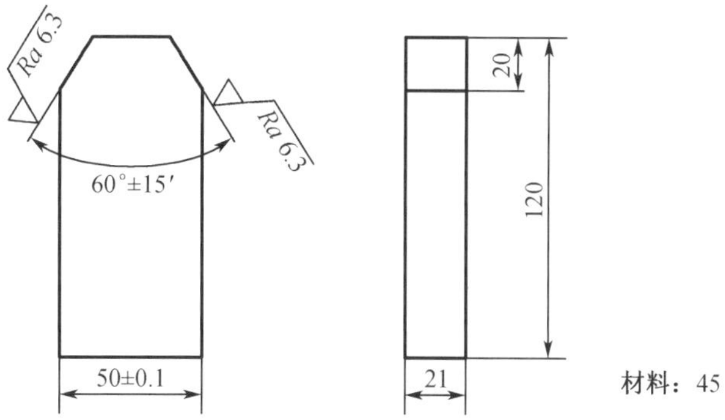

图 1-31　铣削图

（一）分析图样

（1）铣削工件上的两个斜面，保证的精度是：尺寸 20 mm；与长边的夹角为 30°±15°；加工斜面的表面粗糙度值 *Ra* 为 6.3 μm。

（2）工件材料为 45 钢，切削性能较好，可选用高速钢铣刀或硬质合金铣刀。

（3）预制件为 120 mm×50 mm×21 mm 的矩形工件。

（二）倾斜装夹工件铣斜面的工艺准备

（1）加工设备选 X8126A 型万能工具铣床，选用高速钢铣刀。

（2）采用机用平口钳装夹工件。工件找正定位时，以大平面为主要基准（限制 3 个自由度），以侧平面为导向基准（限制 2 个自由度），以上面为止推基准（限制 1 个自由度）。

（3）拟定倾斜装夹工件铣斜面的工序：预制件检验→划线→找正平口钳装夹、找正工件→安装铣刀→依次粗、精铣两斜面→铣斜面工序检验。

（4）选择刀具。根据图样给定的斜面宽度尺寸选择铣刀规格，选用外径为 ϕ5 mm、齿数为 3 的立铣刀。

（5）检验测量方法。用游标万能角度尺检验斜面角度。

（三）斜面工件铣削加工

1. 加工准备

（1）检验预制件。用游标卡尺检验预制件基本尺寸为 120 mm×50 mm×21 mm 的矩形坯件。

（2）安装、找正平口钳。将平口钳安装在工作台中间的 T 形槽内，安装时注意平口钳底面与工作台面的清洁度。用百分表找正平口钳与工作台纵向运动平行。

（3）在工件侧表面划出斜面线，并且同样冲打上样冲眼。

（4）装夹工件。在平口钳上以工件大平面为基准装夹工件。

（5）安装立铣刀。

（6）选择铣削用量。

粗铣：取铣削速度 $v_c=15$ mm/min，每齿进给量 $f_z=0.12$ mm/z（z 为立铣刀齿数），主轴转数 $n=1\,000v_c/(\pi D)=1\,000\times15/(3.14\times20)=239$（r/min），进给速度 $V_f=f_z zn=0.12\times3\times239=86$（m/min）。

实际选取主轴转数 $n=300$ r/min，实际进给速度 $v_f=108$ m/min。

精铣：取铣削速度 $v_c=15$ mm/min，每齿进给量 $f_z=0.10$ m/z，主轴转数 $n=190$ r/min，进给速度 $v_f=57$ mm/min。

2. 铣削工件斜面

（1）对刀。调整工作台，目测使斜面处于立铣刀端面刃的中间位置，紧固工作台，横向运动，在垂直方向对刀，使铣刀端面刀尖铣到工件最高点。

（2）选择背吃刀量。按斜面的加工余量，每一斜面采用 2~3 次纵向机动进给，完成铣削。

（3）铣削斜面后，预检工件夹角是否符合要求。如不符合要求，则需调整工件位置后再次铣削，直至合格。

（四）质量分析及注意事项

铣削过程中存在的主要问题是加工过程中的斜角偏差。在铣削过程中，要注意以下几方面的问题，以确保加工质量。

（1）采用小进给进刀，因为角铣刀的刃口强度不高，磨出的磨屑也比较少。

（2）在铣削过程中，通常要进行逆铣。

（3）在对钢材进行铣削时，要加入充足的切削液。

【学习产出】

请根据表 1-9 的总结评价内容对任务实施及职业素养养成情况进行综合评价。

表 1-9　总结评价内容

评价项目	内容	评价标准	学生评价		教师评价
			自评	互评	
任务实施	零件斜面铣削的加工工艺	能准确描述零件斜面铣削的加工工艺和加工过程			
	零件斜面铣削的加工	能正确使用铣床进行零件的斜面铣削加工，并符合零件的规格要求			
	零件的安装	加工后能准确进行零件的安装			

表 1-9(续)

评价项目	内容	评价标准	学生评价		教师评价
			自评	互评	
职业素养	安全操作	规范穿戴工作服、工作帽,合理使用拆装工具			
	管理规范	任务实施过程中按照5S(整理、整顿、清洁、清扫、素养)管理规范执行,仪器、器件、工具摆放合理,任务完成后工位保持整洁			

任务 4　零件键槽铣削

【学习目标】

态度:培养团队合作意识和不断创新的工匠精神。

知识:掌握零件键槽铣削加工特点和加工注意事项。

技能:能够按照操作规程安全操作数控铣床并对零件键槽进行铣削加工。

【相关课点】

零件键槽铣削加工工艺分析;零件键槽铣削加工实操。

【建议学时】

4 天。

【学习方法】

查找工具书;实践操作。

【前置任务】

1. 网络检索零件键槽铣削加工工艺分析;
2. 查看国家制图标准,识读零件图。

一、零件键槽铣削加工工艺分析

(一)铣削铣槽常用对刀方法

在铣削过程中,为了确保铣槽的对称性,需要对铣刀和工件的相对位置进行调节。常用的对刀方法如下。

1. 切痕对刀法

该法操作简单,是目前应用最为广泛的一种刀具对刀方法,其精度主要依赖于操作人员的熟练程度及目视精度。

(1)圆盘槽或三棱铣刀的切槽对刀[图 1-32(a)]:首先将被加工零件大致调至铣刀的中线位置,然后启动机器,在被加工面形成椭圆切口;接着,将工作台侧向移动,以将铣刀置于椭圆形的中部。

(2)键槽铣刀的刻槽对刀[图 1-32(b)]:除了键槽铣刀切出的切口为长方形的小面外,其他与三棱铣刀的切口对刀方法完全一样。对刀时,当铣刀的两个刃口转动时,此两个刃口都会掉到小面的中部。

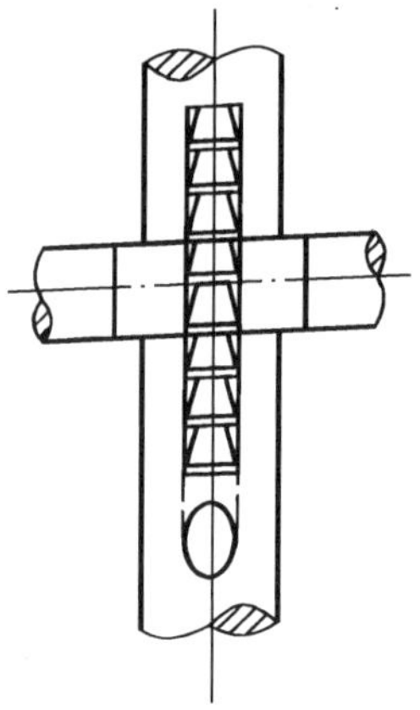

(a)圆盘槽或三棱铣刀的切槽对刀

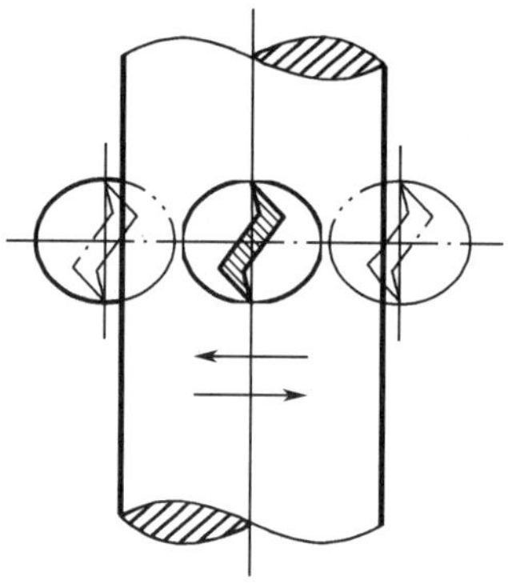

(b)键槽铣刀的刻槽对刀

图 1-32　切痕对刀法

2. 划线对刀法

首先,将划针的尖端与工件中心相距大约 12 个槽宽度,然后在工件上划一条横线。用分度头把工件转动 180°,把划针放在另一边,再划一条直线,再旋转 90°,这样划线就在工件上面了。只要把工作台调节到两条线之间就可以了。

3. 擦边对刀法

先在工件侧面贴一张薄纸,开动机床,当铣刀擦到薄纸后,向下退出工件,再横向移动工作台,移动距离为 *A*,如图 1-33 所示。

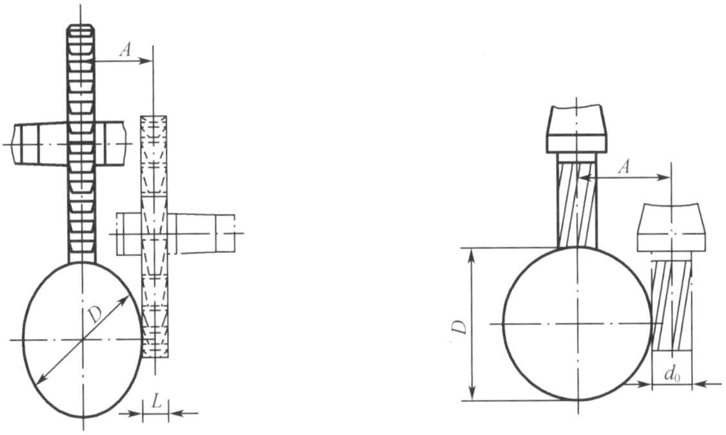

(a)用圆盘槽铣刀或三棱刃铣刀　　(b)用立铣刀或键槽铣刀

图 1-33　擦边对刀法

用圆盘槽铣刀或三棱刃铣刀时,A 值为

$$A=\frac{D+L}{2}+\text{纸厚}$$

用立铣刀或键槽铣刀时,A 值为

$$A=\frac{D+d_0}{2}+\text{纸厚}$$

式中　A——工作台横向移动距离,mm;

D——工件直径,mm;

L——立铣刀宽度,mm;

d_0——立铣刀直径,mm。

注意,在对刀过程中,如已把工件侧面切去一点,则要把公式中的"+纸厚"改为"-切除量"。

4. 百分表对刀法

把一只杠杆式千分表装到铣床中心轴上,使其上下运动,让它的测头和被测外圆周上最明显的素线接触,然后用手把它向前、向后旋转,记录最低读数。接着,把工作台往下移,收回工件,再把主轴旋转 180°,用相同的办法,在工件外圆的另一面,测出百分表的最小读数。对比前后两次读数,若相同,说明主轴已经对准了工件的中心;反之,则要根据两者之间的差异,对工作台的侧向位置进行调节,直至两个读数的差值都不超出容许的范围,如图 1-34(a)所示。如果用机器用平口钳夹持或者用 V 形块夹持,可以按照图 1-34(b)、图 1-34(c)的方式对中。

5. 检测平键槽

用内径测微器来测量平键槽的宽度。

两个内测爪的测量面比槽的宽度稍小一些,并将其平行放置在凹槽内,用其中一只作为支点,另外一只做小幅度的旋转,找到极小值,将测微器旋转到一定程度,直到有声音响起,再进行读取,如图 1-35 所示。如果要拆下读数,首先要拧紧螺丝,然后把测微器的测头放平。

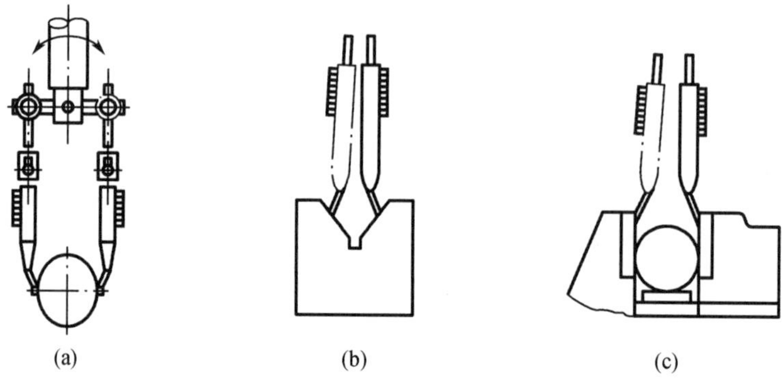

图 1-34 百分表对刀法

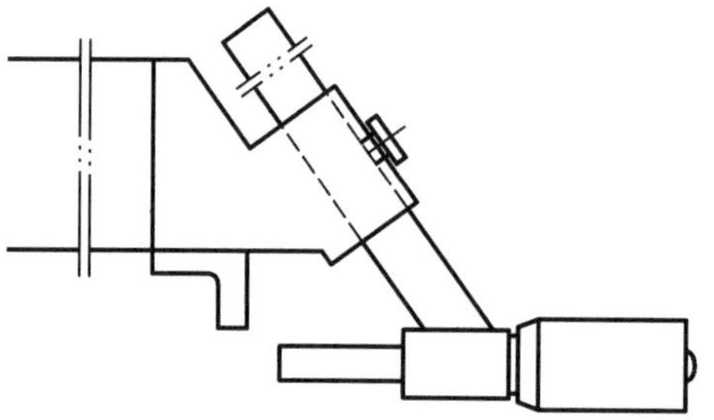

图 1-35 测量键槽尺寸

二、零件键槽加工实操

实例:铣半圆键槽

如图 1-36 所示工件,除半圆形键槽之外均已加工,本工序加工半圆键槽。

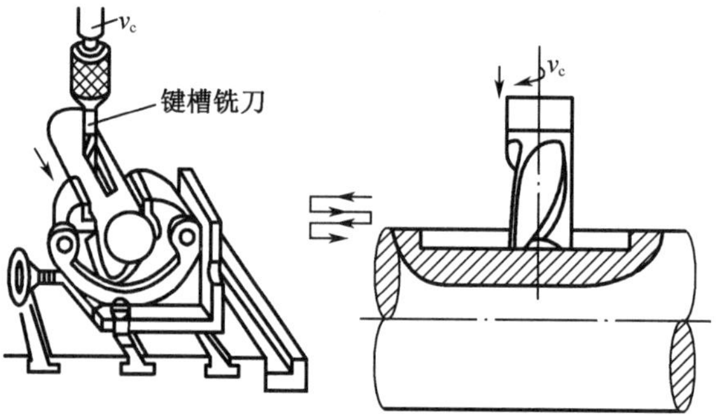

图 1-36 铣工件的半圆键槽

(1)在立铣刀上进行。

(2)将工件装入 V 形块,使工件的轴线与铣床的横导轨平行,从而使工件半圆的键槽部位悬空。

(3)根据半圆键槽基本尺寸,选择直径略大于半圆键直径、宽度精确的半圆键槽铣刀(属于立铣刀特殊类型)。同时,安装后要用百分表校正铣刀的端面圆跳动,控制在允许精度范围内。

(4)将涂有油脂的薄纸粘在轴身的一侧,用半圆键槽刀具的圆形周刃试切对刀,找出键槽的中心。

(5)用工具取出工件,启动机器,人工垂直向下铣削,深度为 8 mm。

(6)在铣削加工时,应确认铣槽的对称性和宽度。

【学习产出】

请根据表 1-10 的总结评价内容对任务实施及职业素养养成情况进行综合评价。

表 1-10　总结评价内容

评价项目	内容	评价标准	学生评价		教师评价
			自评	互评	
任务实施	零件键槽铣削的加工工艺	能准确描述零件键槽铣削的加工工艺和加工过程			
	零件键槽铣削的加工	能正确使用铣床进行零件的键槽铣削加工,并符合零件的规格要求			
	零件的安装	加工后能准确进行零件的安装			
职业素养	安全操作	规范穿戴工作服、工作帽,合理使用拆装工具			
	管理规范	任务实施过程中按照 5S(整理、整顿、清洁、清扫、素养)管理规范执行,仪器、器件、工具摆放合理,任务完成后工位保持整洁			

项目 3　零件的磨削加工

零件的磨削加工(图 1-37)是一种使用磨具(如砂轮)对零件进行切削加工的方法。磨削加工是一种精密的机械加工方法,其加工特点显著,能获得极高的加工精度和很低的表面粗糙度,可实现对硬材料的加工,被广泛应用于机械制造的各个领域。在磨削加工过程中,磨粒以高速切削工件表面,产生大量的切削热,需进行有效的冷却。在汽车制造领域方面,磨削加工用于发动机曲轴、凸轮轴等关键零部件的加工,以确保高精度和良好的表面质量。在模具制造领域,磨削加工可以制造出复杂形状的模具,以满足高精度的要求。在航空航天领域,磨削加工用于制造高精度的飞机发动机零件和航天器部件。总之,磨削加工以其高精度和良好的表面质量,在现代制造业中占据着重要地位。

图 1-37　磨削加工

零件的磨削加工项目选自机床产业学院。该项目主要利用磨削设备对工件进行高精度的表面加工,学生将学习如何选择合适的磨料、调整磨削参数,以达到所需的表面粗糙度和精度要求。例如,怎样根据不同材料选择最佳的磨削工艺?如何在提高磨削效率的同时保证加工质量?磨削加工在机械制造中起着关键作用,能为零件提供高精密的表面,被广泛应用于模具、精密仪器制造等领域。

任务1　磨削认知

【学习目标】

态度:培养团队合作意识和精益求精的工匠精神。

知识:掌握数控磨床基本类型和结构特点;掌握砂轮的安装方法和流程;理解数控磨床操作安全规程。

技能:能够识别常见的数控磨床;能够使用数控磨床进行零件加工。

【相关课点】

数控磨床概述;磨削加工的特点及磨削过程;数控磨床日常维护;数控磨床安全注意事项。

【建议学时】

2天。

【学习方法】

查找工具书;实践操作。

【前置任务】

1. 网络检索常见磨床结构及原理;

2. 查看国家制图标准,识读零件图。

一、数控磨床概述

(一)磨床的基本组成

磨床是一种用来研磨零件的机器,主要用来加工金属及非金属的高精度、高质量表面。磨床可利用砂轮、磨片等工具来研磨被加工零件,除去被加工物的表面杂质,加工出所要求的外形尺寸。总体而言,磨床是一种利用回转式砂轮对被加工零件进行高精度研磨,以获得理想的表面质量及几何尺寸的精密加工装备。

磨床的主要部件有床身、工作台、主轴、磨头(砂轮)、导轨、传动系统、控制系统等。其中,床身是支撑零件的基本结构;工作台是夹紧、定位工件的平台;主轴是驱动磨头转动的轴;磨头是进行实际研磨作业的工具。图1-38所示为磨床。

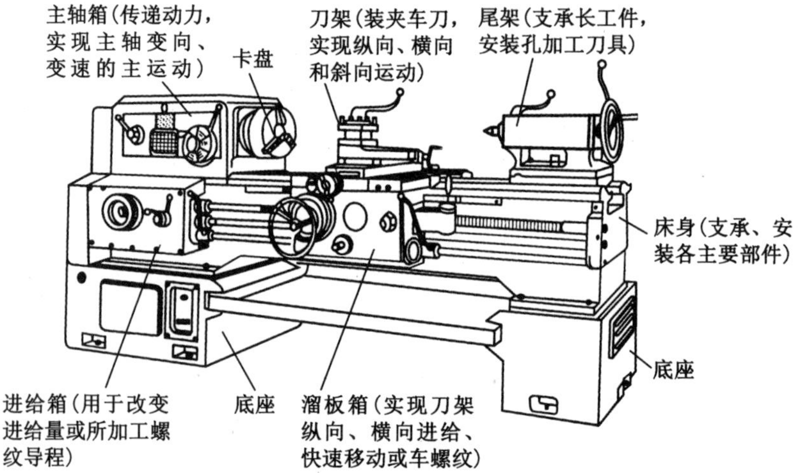

图 1-38 磨床

(二)磨床的型号

磨床的种类很多,按《金属刀削机床 型号编制方法》(GB/T 15375—2008),可将磨床分为三类:一般磨床为第一类,用字母 M 表示,读作“磨”;超精加工机床、抛光机床、砂带抛光机为第二类,用 2M 表示;轴承套圈、滚球、叶片磨床为第三类,用 3M 表示。齿轮磨床和螺纹磨床分别用 Y 和 S 表示,读作“牙”和“丝”。第一类磨床按加工对象不同分为以下几组:0—仪表磨床;1—外圆磨床(如 M1432A、MBS1332A、MM1420、M1020、MG10200 等);2—内圆磨床(如 M2110A、MGD2110 等);3—砂轮机;4—研磨机、珩磨机;5—导轨磨床;6—刀具刃磨床(如 M6025A、M6110 等);7—平面及端面磨床(如 M7120A、MG7132、M7332A、M7475B 等);8—曲轴、凸轮轴、花键轴及轧辊轴磨床(如 M8240A、M8312、M8612A、MG8425 等);9—工具磨床(如 MK9017、MG9019 等)。型号还指明了磨床的主要规格参数,一般以内、外圆磨床上加工的最大直径尺寸或平面磨床工作台面宽度(或直径)的 1/10 表示;曲轴磨床则表示最大回转直径的 1/10;无心磨床则表示基本参数本身(如 M1080 表示最大磨削直径为 80 mm)。应当注意,外圆磨床的主要参数代号与无心外圆磨床不同。磨床的通用特性代号位于型号第二位,如型号 MB1432A 中的 B 表示半自动万能外圆磨床。磨床结构性能的重大改进用顺序 A,B,C……表示,加在型号的末尾。

(三)磨床的磨削方式

磨床的磨削方式可分为平面磨削、圆柱磨削、内圆周磨削、表面磨削等,其结构及工作原理也不尽相同。磨床可完成粗磨、半精磨、精磨、抛光等多种研磨工序,适用于精密零件、模具、滚轴及刀具等的加工。

二、磨削加工的特点及磨削过程

（一）磨削加工的特点

（1）砂轮为一种磨料刀具（磨具），由磨料及黏结剂黏合而成。磨料颗粒是一种硬度比热处理钢更高、切削性能更好的非金属晶体。所以，它不仅适用于铜、铝、钢和铸铁等材质的磨削，也适用于非常坚硬的材料的磨削。

（2）专用的多刀刃研磨刀具。在研磨过程中，磨料颗料除能切割细小的金属颗粒以外，还对被加工材料的表面进行挤压、摩擦，研磨区的高温可达到400~1 000 ℃。

（3）利用该方法可以得到非常高的加工精度，以及非常小的表面粗糙度。单个磨料颗料的切削深度仅为数个微米，其精度可达IT6~IT7，且表面粗糙度值 Ra 可达0.08~0.05 μm，因此被广泛应用于精密加工。

（4）研磨是机械加工中的一种精加工过程，它是在对工件进行粗加工之后，仅从被加工对象的表面上去除很小的一层金属，从而实现对被加工零件的高质量的加工。在研磨过程中，刀具进给量非常小。

（5）普通的磨削方法，其切削金属的效率不高，而高速度、高强度的磨削，可以获得高的切削质量，尤其是在大范围内进行高速磨削，这就显得尤为重要。

（6）在研磨过程中，砂轮具有自锐性，磨料颗粒是脆的。砂轮"自锐作用"是一种新的加工方法。

（7）为了使砂轮具有适合的微刃，必须对其工作表面进行修锐处理。

（二）磨削过程

1. 磨削过程

磨削加工的实质是工件被磨削的金属表层在无数磨粒的瞬间挤压、刻划、切削、摩擦抛光作用下进行的。磨削瞬间起切削作用的磨粒的磨削过程可分为四个阶段：砂轮表面的磨粒与工件材料接触为弹性变形的第一阶段；磨粒继续切入工件，工件进入塑性变形的第二阶段；材料的晶粒发生滑移，使塑性变形不断增大，当磨削力达到工件的强度极限时被磨削层材料产生挤裂，进入第三阶段；最后被切离。磨削过程表现为力和热的作用。

2. 磨削力

磨削力是磨削加工时，工件材料抵抗砂轮磨削所产生的阻力。磨削力在空间上可分为三个分力：

（1）切削力 F_c。总切削力在主运动方向上的正投影。

（2）被向力 F_p。总切削力在垂直于进给运动方向上的分力。磨削时要特别注意被向力对加工精度的影响。

（3）进给力 F_f。总切削力在进给运动方向上的正投影。

3. 磨削热

磨削热是指工件表面的变形和分离以及砂轮与工件之间的摩擦所产生的热量。磨削产生的热量很大,热传递到砂轮上,被磨削的工件或切削液带走。但是,砂轮散热差,约80%的热被传递到工件上,造成磨粒的燃烧。由于磨削区温度过高,导致工件产生热变形,对加工精度有很大影响,应减少工件的热变形,避免工件表面出现烧伤、开裂等缺陷。

(三)磨削用量的概念

1. 磨削的基本运动

磨削的运动分为主运动和进给运动两种。

(1)外圆磨床的进给运动包括工件的圆周进给运动、工件的纵向进给运动和砂轮的横向吃刀运动。

(2)内圆磨削的进给运动与外圆磨削的相同。

(3)平面磨床的进给运动包括工件的纵向(往复)进给运动、砂轮或工件的横向进给运动和砂轮的垂直吃刀运动。

2. 磨削用量

磨削用量表示磨削加工中主运动及进给运动参数的速度或数量。磨削主运动的磨削用量为砂轮圆周速度,与磨削进给量有些区别。外圆磨床的磨削用量包括砂轮圆周速度 v_s、工件圆周速度 v_w、纵向进给量 f、背吃刀量 a_p。

三、数控磨床日常维护

(1)清洗及润滑:每日作业前后,必须将工具及各零件,如工作台、砂轮、夹具等,清洗干净。同时,要经常对导轨、丝杠和光杠等活动零件进行润滑,使机器能够正常工作。

(2)对冷却系统进行检测:对冷却介质进行定期检测,确保冷却介质的质量,并适时补充或替换。同时,要对冷却泵及冷却管道进行清洁,以避免发生堵塞、渗漏等情况。

(3)电气设备的维修:经常对电气设备如散热风扇、电源开关、接触器等进行检修,以保证电气设备的正常运行。另外,要经常清扫柜内的灰尘,以避免电气元器件发热、短路。

(4)对砂轮、卡具的检查:在每次切削之前,都要对砂轮、卡具进行检查,如果出现严重的磨损或损伤,应立即进行更换。同时,要经常清洗和维护砂轮,保证砂轮的正常更换。

(5)周期性检测机器的精度:定期检测并纠正机器的几何、定位及反复定位的精度。在测量过程中,若出现误差,要进行调节或检修。

(6)数控系统的维修:对数控系统中的参数及程序进行备份,以防止数据遗失。另外,还要经常对磨床内部进行清扫,保证磨床工作在干燥和通风的环境下。

(7)做好防锈处理:机器设备上的金属零件极易锈蚀,所以要经常涂上防锈油。另外,要注意保持机器的干燥,防止空气湿度过大而使机器生锈。

(8)定期检查液压、气压系统:对具有液压、气压的机器,要经常检查液压泵、气泵的压力及流量,并对液压缸、气缸中的杂物进行清洗,保证液压、气压系统的正常运行。

(9)经常更换易损零件:对机器中某些易磨损的零件,如密封环、轴承、传动带等,要视工作条件,定时进行更换,以免磨损零件发生损坏,造成机器失效。

(10)培养操作工:企业要对操作工进行定期的维修培训,强化他们的维修知识,提高他们的维修水平,让他们能正确、标准地使用和维修数控磨床。

四、数控磨床安全注意事项

为了保证工人的人身安全、机器的正常运转,我们必须制定一套作业安全规则。如下为在砂轮机上常用的安全规则。

(1)熟练使用说明书:在使用研磨机前,要熟知和掌握机床使用说明书,明白各种控制和作用,掌握操作程序及注意事项。

(2)佩戴个人防护用品(PPE):在使用砂轮机时,必须穿戴上合适的PPE,如安全眼镜、耳塞、手套、鞋子等,以防止眼睛、耳朵和手脚等受到损伤。

(3)保持机器的安全状况:在使用研磨机前,应先确认机器的状况,如砂轮有无损坏或磨损,固定螺钉是否拧紧,电源及导线是否完好。如果机器出现故障,请及时修理或更换。

(4)工件及夹具正确安装:在进行研磨之前,要对工件及夹具进行适当的固定,以避免移动、倾斜或脱离夹具而造成事故。

(5)精密调准:在研磨过程中,为了保证研磨的精度及工件的安全,一定要保证研磨头及台面的精密调节与定位。

(6)控制、调节研磨速度及研磨深度:在使用砂轮机时,应适当控制、调节研磨速度及研磨深度,以免因过度研磨而造成工件及研磨机损伤。

(7)切勿过度劳累:长期持续运转砂轮机,操作人员易造成身体疲劳,宜适当休息,以维持较佳之工作状况。

(8)清洁作业区:作业结束后,要对作业区进行清洁,并将研磨产生的废料、杂物及时清除,确保作业环境清洁、安全。

上述只是数控磨床的几个基本安全规则,具体的操作规则也要针对不同的砂轮机种类及作业要求加以补充与调整。在生产作业时,要严格按照公司及有关部门制定的安全规程及作业程序进行。

【学习产出】

请根据表1-11的总结评价内容对任务实施及职业素养养成情况进行综合评价。

表 1-11　总结评价内容

评价项目	内容	评价标准	学生评价		教师评价
			自评	互评	
任务实施	磨削刀具安装	能正确安装刀具,并可以使磨床正常运行使用			
	磨削零件	能正确使用磨床进行零件的磨削,并符合零件的规格要求			
	磨床维护	能准确找出磨床出现的问题,并进行维修保养			
职业素养	安全操作	规范穿戴工作服、工作帽,合理使用拆装工具			
	管理规范	任务实施过程中按照5S(整理、整顿、清洁、清扫、素养)管理规范执行,仪器、器件、工具摆放合理,任务完成后工位保持整洁			

任务 2　外圆磨削加工

【学习目标】

态度:培养团队合作意识和精益求精的工匠精神。

知识:掌握零件外圆磨削加工特点和加工注意事项。

技能:能够按照操作规程安全操作数控磨床并对零件外圆进行磨削加工。

【相关课点】

零件外圆磨削加工工艺分析;零件外圆磨削加工实操。

【建议学时】

3天。

【学习方法】

查找工具书;实践操作。

【前置任务】

1. 网络检索零件外圆磨削加工工艺分析;

2. 查看国家制图标准,识读零件图。

一、零件外圆磨削加工工艺分析

(一)外圆磨削加工工艺分析

1. 工艺流程

零件外圆磨床的工艺过程包括:选择磨削方式、选择砂轮、安装调试、粗研磨、精研磨、检验。

(1)合理的研磨模式:依据工件的材质、形状及大小,选用纵向研磨、横向研磨、切入研磨等不同的研磨方法。

(2)砂轮的选用:根据工件的材质及研磨需要,选用适当的砂轮,如粒度、硬度、结合剂等。

(3)安装调试:在研磨机上安装砂轮,调节砂轮与工件的间距及角度,以保证研磨加工的稳定性。

(4)粗研磨:通过增大进给速度和进给量,可以有效地消除被加工面的残余量,从而降低工件的表面粗糙度。

(5)精研磨:通过减小进给速度和进给量改善工件的加工质量。

(6)检验:利用量具对工件进行尺寸及外形的精确检查,以保证产品的品质。

2. 影响因素

(1)砂轮的选用:砂轮的性质,如粒度、硬度和结合剂等,都会对研磨结果产生很大的影响。一般而言,粗磨时选择粗砂、硬砂轮;细磨时选择细砂、软砂轮。

(2)选择合适的切割速度及进给速度能有效地改善研磨效果。高速切削将使砂轮的磨损加剧,使其表面粗糙度增大;大的进给速度将使磨削面产生波浪状振动痕迹。

(3)研磨液体:研磨液体能减小研磨时的摩擦阻力,改善研磨表面品质。选用适当的磨削液,能有效地提高磨削力。

(4)工件夹持:选择合适的工件夹持方式,能确保磨削过程中的平稳性,并能消除由振动、松弛等引起的加工误差。

3. 质量控制

(1)尺寸精度:采用适当的研磨方法及工艺参数,以保证工件的尺寸满足图样的要求。

(2)表面品质:选用适当的砂轮及合理的研磨工艺,以改善工件的表面粗糙度及抛光效果。

(3)型面精度:通过对研磨加工时的振动、变形进行控制,以保证产品的外形满足设计要求。

因此,在对工件进行外圆磨削时,应针对工件的特点,选用适当的磨削方法、砂轮及加工参数,并对加工工艺进行严格的控制,以保证工件的质量。

(二)外圆磨削方法

外圆研磨的方法有纵向研磨、横向研磨、综合研磨和深研磨等。外圆磨削方法主要有以下三种。

1. 滚动研磨法

在研磨过程中,以砂轮的高速转动为主要运动,而工件的旋转(圆周进给)及工作台的移动(纵向进给)为其进给。该工艺可以对工件进行加工,加工出的工件具有很好的加工性能,适合精密研磨和小批量加工。

2. 横向研磨法

在研磨过程中,工件仅做转动,而工作台并不做纵向的往复运动,所以砂轮必须在高速转动的情况下做连续的、缓慢的侧向运动。该工艺具有较高的加工效率,但加工精度不高,适合加工表面质量要求不高、刚性好、加工面小(比砂轮宽小)的零件及成型磨削。

3. 一体化研磨方法

该工艺首先对被测零件的全长进行分段横向磨削,在径向上保留 0.02~0.04 mm 的加工余量,接着采用纵向磨削法进行精加工,如图 1-39 所示。这种集成研磨方法具有高效、高品质等优点,因而得到了广泛应用。

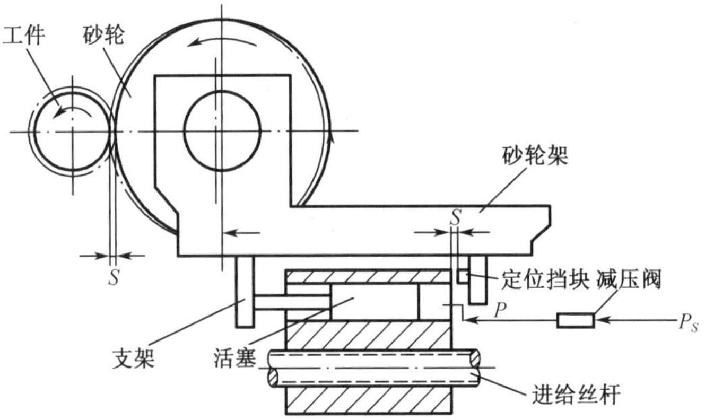

S—砂轮架(或工件)的横向进给量;P—液压系统中的压力;P_S—经过减压阀减压后得到的稳定压力值。

图 1-39 一体化研磨

二、零件外圆磨削典型工艺方法

(一)纵磨外圆柱面

纵磨外圆柱面应用场景如图 1-40 所示。砂轮架、头架、工作台都对齐;工件采用死顶尖支撑,通过拨棒驱动拨盘转动,头架主轴不旋转;采用油压驱动装置,使工作台做轴向往复运动,并可借助位于台面前方的控制制动器来调节行程。磨轮支架的断续式送料通常由人工送料。横向送料手轮具有两个刻度,在粗研磨时选用 0.01 mm/格,在精研磨时选择 0.002 5 mm/格。

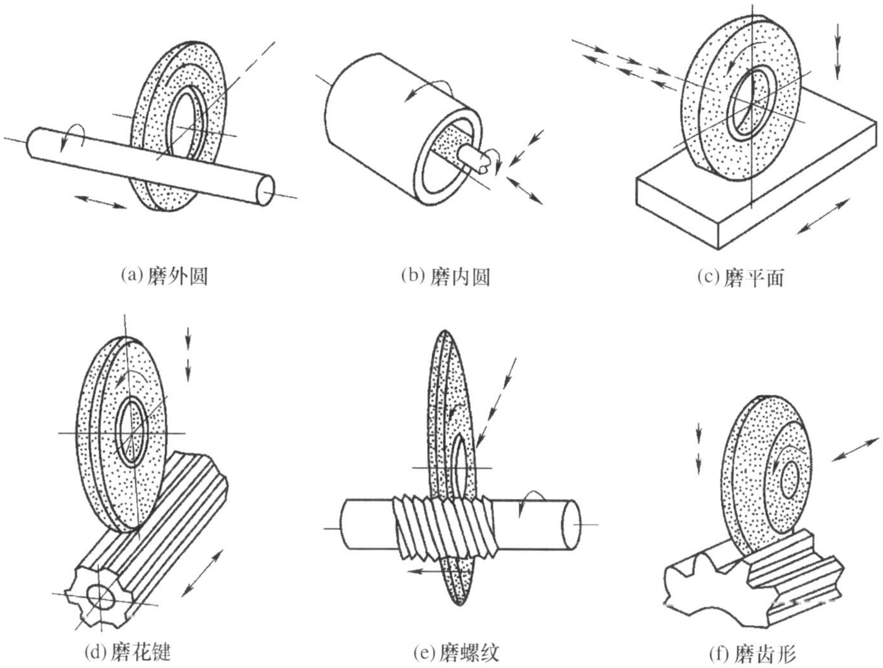

(a)磨外圆　(b)磨内圆　(c)磨平面

(d)磨花键　(e)磨螺纹　(f)磨齿形

图 1-40　纵磨外圆柱面应用场景

(二)纵向研磨表面

工件夹持及工作位移均与外圆周表面的纵向研磨一致。但是,上工作台的上半部与下半部的圆锥角要偏移,在研磨之前要经过精密的调整。

(三)横向研磨外圆

根据工件的结构特征,可选用双顶支撑,也可采用卡盘夹持。在研磨之前,必须将磨轮支架调节到水平面上,使工件的圆锥角降低一半。在研磨过程中,采用横向研磨进行外圆的研磨。

(四)纵向研磨锥形孔

用夹头夹紧工件。在研磨之前,先要把头架的水平侧移一半的锥形角,然后把研磨的内圆研磨器旋转到与工件的轴线平行的位置。内圆磨具的砂轮直径要比工件内孔的直径小,并且要与工件的内孔形状匹配。该磨床的进给和调节方式与纵向研磨的外圆柱面一致。

【学习产出】

请根据表 1-12 的总结评价内容对任务实施及职业素养养成情况进行综合评价。

表 1-12　总结评价内容

评价项目	内容	评价标准	学生评价		教师评价
			自评	互评	
任务实施	零件外圆磨削的加工工艺	能准确描述零件外圆磨削的加工工艺和加工过程			
	零件外圆磨削的加工	能正确使用磨床进行零件的外圆磨削加工,并符合零件的规格要求			
	零件的安装	加工后能准确进行零件的安装			
职业素养	安全操作	规范穿戴工作服、工作帽,合理使用拆装工具			
	管理规范	任务实施过程中按照5S(整理、整顿、清洁、清扫、素养)管理规范执行,仪器、器件、工具摆放合理,任务完成后工位保持整洁			

任务3　平面磨削加工

【学习目标】

态度:培养团队合作意识和精益求精的工匠精神。

知识:掌握零件平面磨削加工特点和加工注意事项。

技能:能够按照操作规程安全操作数控磨床对零件平面进行磨削加工。

【相关课点】

零件平面磨削加工工艺分析;零件平面加工实操。

【建议学时】

3天。

【学习方法】

查找工具书;实践操作。

【前置任务】

1. 网络检索零件平面磨削加工工艺分析;
2. 查看国家制图标准,识读零件图。

一、零件平面磨削加工工艺分析

平面磨削是一种常用的加工方式,广泛应用于平面、台阶、沟槽等加工表面。以下是对平面研磨处理过程的工艺分析。

(1)工件夹持:在做平面研磨前,必须先把被加工的零件安装到研磨机上。常见的夹紧方法有电磁吸盘、真空吸盘、机械式吸盘等。在夹紧过程中,要保证工件的精确位置,防止由装夹错误而引起加工误差。

(2)砂轮的选用:在平面磨削过程中,砂轮是一个非常重要的刀具,它的性能对工件的加工品质有很大的影响。应根据工件材质及工艺要求,选用适当的砂粒度、结合剂及砂轮硬度等。另外,在磨削过程中,还应根据加工精度及表面质量的要求,选用适当的砂轮修复器。

(3)加工模式的选取:平面研磨的方法有人工研磨与自动研磨两种。人工研磨适合单个、小批量的加工,具有灵活性,但生产率不高;全自动磨削机适合批量生产,其生产率高、精度高，但设备投入大。

(4)选择合适的切削液体：在平面研磨过程中，切削液具有冷却、润滑的功能，能有效地改善加工质量，提高工作效率。应根据被加工对象的材质及工艺要求，选用适当的切削液，例如水溶性切削液、油基切削液等。

(5)工艺参数的选取：工艺参数的选取直接关系平面磨削的质量与效率。通过研究磨削速度、进给速度和磨削深度等工艺参数对磨削性能的影响，选取适当的工艺参数，可以有效地改善零件的加工效率和质量。

(6)在线测试和反馈：利用在线测试装置对平面磨削工艺进行实时监控，并对工艺参数进行实时调节，以保证产品的质量符合设计要求。

(7)工艺路径规划：依据工件的结构及加工需求，对平面磨削的工艺路径进行了合理的规划。一般先进行粗磨，以除去较多的切削余量；其次，对工件进行半精加工，以确保工件的外形和尺寸精度；最后，对其进行精研磨，以获得最终的加工效果。

(8)机械加工的品质管理：在平面研磨时，必须严格控制产品的尺寸、外形、定位、表面粗糙度等品质。采用合理的生产技术，对产品进行严格的品质管理，以保证产品达到设计指标。

总结起来，平面磨削工艺分析包含了工件的装夹方式、砂轮的选用、加工模式的选取、切削液的选择、工艺参数的选择、工艺的实时监测与反馈、工艺路径的安排以及加工质量的监控等。通过对各影响因子的合理选取与优化，可有效地改善平面磨削的质量与效率。

二、零件平面磨削加工实操

平面垫板的零件如图 1-41 所示。

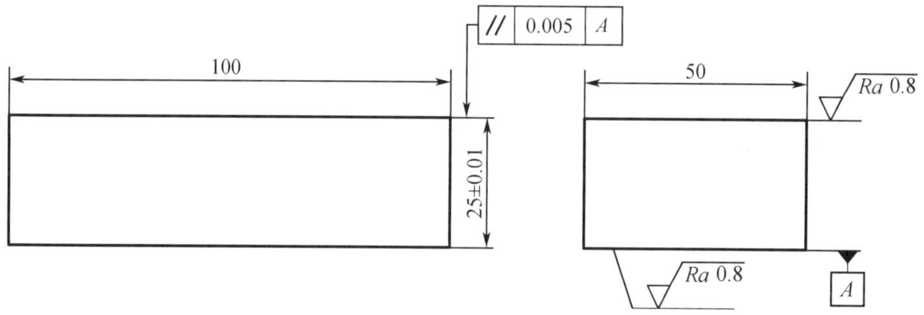

图 1-41　平面垫板的零件

平面垫板磨削加工工艺如表 1-13 所示。

表 1-13　平面垫板磨削加工工艺

步骤	序号	工序内容及要求	主要工艺装备
工艺准备	1	识读图样，检查机床；准备工具、夹具、量具等	
	2	擦拭电磁吸盘台面，清除工件表面毛刺、氧化皮等	
	3	将工件装夹在电磁吸盘上	
	4	修整砂轮	金刚石笔
	5	检查磨削余量	游标卡尺
	6	调整工作台挡铁位置	
磨削加工	7	粗磨上表面，留 0.08~0.10 mm 的精磨余量	千分尺、百分表（含表座）
	8	换面装夹，装夹前清除毛刺	抹布、锉刀、油石
	9	粗磨另一面，留 0.08~0.10 mm 的精磨余量；保证平行度误差不超过 0.005 mm	千分尺、百分表（含表座）
	10	精修砂轮	金刚石笔
	11	精磨平面，满足 $Ra \leqslant 0.8$ μm；保证另一面 Ra 为 0.08~0.10 mm	千分尺、百分表（含表座）、表面粗糙度比较样块
	12	换面装夹，装夹前清除毛刺	抹布、锉刀、油石
	13	精磨另一面，厚度为（25±0.01）mm；满足 $Ra \leqslant 0.8$ μm；平行度误差不超过 0.005 mm	千分尺、百分表（含表座）、表面粗糙度比较样块
检验	14	检验几何精度和表面粗糙度	千分尺、百公表（含表座）表面粗糙度比较样块

【学习产出】

请根据表 1-14 的总结评价内容对任务实施及职业素养养成情况进行综合评价。

表 1-14　总结评价内容

评价项目	内容	评价标准	学生评价		教师评价
			自评	互评	
任务实施	零件平面磨削的加工工艺	能准确描述零件平面磨削的加工工艺和加工过程			
	零件平面磨削的加工	能正确使用磨床进行零件的平面磨削加工,并符合零件的规格要求			
	零件的安装	加工后能准确进行零件的安装			
职业素养	安全操作	规范穿戴工作服、工作帽,合理使用拆装工具			
	管理规范	任务实施过程中按照5S(整理、整顿、清洁、清扫、素养)管理规范执行,仪器、器件、工具摆放合理,任务完成后工位保持整洁			

项目4　钳 工 加 工

钳工加工项目涉及多种技术和操作，是机械制造领域中不可或缺的一部分。钳工加工主要包括划线、锯削和锉削等内容。在加工特点方面，钳工主要以手工工具进行操作，灵活性高，可以完成机械加工难以达到的复杂形状的加工和高精度装配。钳工加工（图1-42）不受场地和设备限制，成本相对较低。同时，钳工加工对操作者的技能要求较高，需要其具备丰富的经验和精湛的技艺。钳工加工被广泛应用于机械制造、设备维修、模具制造等行业。在机械制造中，钳工负责零件的划线、钻孔、攻丝等工作，以及进行设备的装配和调试。在设备维修中，钳工能够对损坏的部件进行修复和更换。在模具制造中，钳工通过精细的手工操作，完成模具的装配和调试，确保模具的精度和质量。总之，钳工加工在现代工业中发挥着不可替代的作用。

图1-42　钳工加工

钳工加工项目选自机床产业学院。在这个项目中，学生将学习钳工的各项基本技能，包括划线、锯削、锉削、钻孔等。学生需要掌握如何精确测量和加工零件，以及解决在操作过程中遇到的问题。例如，如何提高锉削精度？怎样保证钻孔的垂直度？在现代制造业中,尽管自动化程度不断提高,但钳工在模具制造、设备维修等领域仍发挥着关键作用。

任务1 钳 工 认 知

【学习目标】

态度:培养团队合作意识和不断创新的工匠精神。

知识:掌握钳工加工方法、钳工的性质和特点。

技能:掌握常用设备和工具的使用与维护。

【相关课点】

钳工加工方法;钳工常用设备和工具;一般钳工安全技术操作规程;钳工车间文明生产。

【建议学时】

1.5 天。

【学习方法】

查找工具书;实践操作。

【前置任务】

1. 网络检索常见钳工工具;

2. 查看国家制图标准,识读零件图。

一、钳工加工方法

(一)钳工概论

钳工大都使用手持刀具,且常在台虎钳上做手工作业。有些用机械手段不合适或者无法解决的加工,例如,在工件加工中进行划线、精确加工(如刮削、削、制作样板和制作模具等)、检查和修理等,可以交给钳工来做。

钳工的类型如下。

(1)装配钳工:负责组装、修边、加工工件的人员。根据机器的组装工艺规范,将各零部件组装起来,并对其进行整体组装、调试、检查,使其最终成为一台合格的机器。

(2)机械钳工:主要负责各类机器设备的维护及初级和二级维护。机器在运行中发生故障、破损或因长时间使用而导致精度下降进而影响正常工作时,也应由机械钳工维修。

(3)工具钳工:主要负责生产、维修工具与模具。

(二)钳工基本功

钳工的基本操作包括划线、錾削、锯削、锉、攻牙、套螺纹、刮削、研磨、矫正及弯曲、铆以及机器的装配、调试、维护等。钳工的工位主要是工作台(图1-43)和台虎钳。

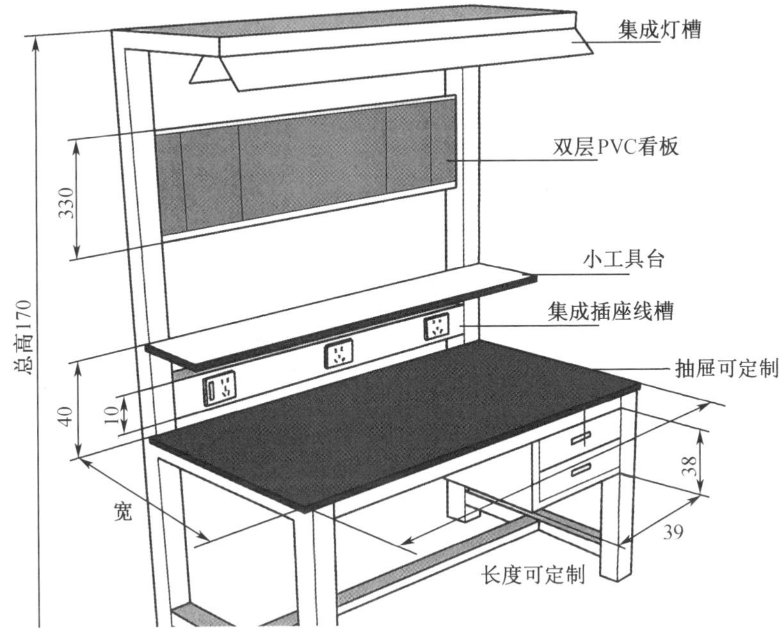

图1-43　工作台

二、钳工常用设备和工具

钳工通常使用下列工具。

(1)夹具工作台:夹具工作台是钳工工作的基本平台,一般都配备有夹具,用来夹紧工件,完成加工、组装等作业。

(2)锉刀:锉刀是一种钳工常用的金属切削刀具,主要用来对工件进行修整,去除毛刺等。

(3)钻孔机:钻孔机主要用于金属、木材等材料的钻孔,常用的有麻花钻、锪钻、扩孔钻等。

(4)扳手:扳手是一种对螺栓和螺母进行紧固的工具,常用的有开口扳手、梅花扳手、活动扳手等。

(5)改锥:改锥是一种用来拆除或固定螺钉的工具,有十字形、一字形、六角形等多种形式。

(6)锤子:锤子是一种钳工常用的击打工具,主要用来敲击或与其他工具配合使用。

(7)胡桃钳:胡桃钳是一种能提供更大力矩的固定装置,用来拆除或固定装置。

(8)千分尺:千分尺是一种精确的计量工具,用来测量被测零件的大小,并能测出微小的尺寸偏差。

(9)刀口尺:刀口尺是一种测量工件直线度的工具,一般用于划线,度量长、宽等。

(10)角尺:角尺是一种用来测量工件角度的工具,一般用于划线,测量角度、垂直度等。

(11)磨具:磨具包括砂轮、砂纸等,用以打磨加工工件的表面。

(12)其他辅具:剪刀、电锯、拉铆枪、电焊设备、钨极氩弧焊设备等,均为钳工所需之辅具及器材。

三、一般钳工安全技术操作规程

(1)钳工在工作场所必须穿着全套的劳动防护装备。

(2)在作业前,要对各类工具进行检查,确保其状态良好、可靠,以防作业时出现意外;在施工前,要对施工现场的各项维修工程进行彻底检测,确保没有任何不安全的因素存在。

(3)对设备进行维修或抢修时,应关闭电源,悬挂"警示标牌",禁止带电操作。

(4)在使用锤子的时候,必须戴好保护眼镜,不要戴手套。锤柄和锤头不能有毛边、裂缝、缺角。锤子前方 2.5 m 内,不能站人。

(5)在用台虎钳工作时,不能用套筒加力,也不能用锤子砸,夹住的工件不能超过钳头最大冲程的三分之二,要牢固地夹住,对长工件要有额外的支撑,以防掉下伤人。

(6)使用钢锯时,要把被锯的工件固定,用力要均匀,当工件被锯开时,要用手或支撑物支撑,以免滑倒伤人。

(7)切勿采用无柄刮刀、锉刀,且刮刀、锉柄应固定牢固,工作时应保持平衡,避免柄脱离伤人;錾子头不能有粗糙的地方,也不能有油脂,錾子工作时前面要有障碍物,不能用嘴吹锉屑、刮屑、錾屑,要用毛刷将其清理干净,以免进入眼睛。

(8)在同一工作台两侧作业(凿、铲)时,必须在中心设置防护网,且一张桌子的一面要贴着墙壁。

(9)采用活式扳手时,其扳口大小要符合螺母的规格,把手不得有套筒。高处作业时,须用腕箍将其固定。

(10)在使用便携式磨光机时,不可直接面对高速转动的砂轮,以免造成伤害。在研磨过程中,必须戴好防护眼镜、面罩和耳塞,禁止戴手套。

(11)在清洁零件的过程中,请适当佩戴保护性的眼镜和面罩,以避免有毒、有害物质进入身体。

(12)在高处作业时,一定要系好安全带,在工作区下面严禁站人,所有的器具和零配件都要放在稳固的地方,防止从高处掉下伤人。

(13)在用手吊着的零件下维修操作时,为保证安全,请用道木或托座等固定住零件。

(14)在用千斤顶工作时,要保证千斤顶的安全性。在吊装大型工件时,要在下部垫好垫子,上方要有绳子或者用手动葫芦来保护,使每一个支撑点都要均匀受力。在千斤顶的四周要安装一个防护罩,提升的高度不能超过千斤顶的最大行程,在工作中断期间,要对被架起的工件进行保护。

(15)在使用起重设备前,必须仔细检查起重设备的状况,如有损坏或开裂,则不能再用。

(16)对设备部件进行拆解时,不能直接敲打其外部表面,而是要用木板或铜板进行填充。

(17)在拆卸或拆卸机器中的某个零件时,其他零件都应进行紧固或拆卸,以免滑落伤人。

(18)拆卸或拆卸较大的零件时,应在底座上加垫,并使之牢固。组装时,切勿将手伸到接头表面或探入螺孔,取出垫板时,手指要按在垫板两边。

(19)在拆除较重的零件时,需要使用提升器,将其提升至一定的高度后,再进行拆除,不得直接拆除,多人作业应由专业人员指导。

(20)在高空作业时,必须遵守《高空作业安全技术规程》中的相关条款,并对零件进行检查。

(21)对故障的处理应由两名或更多人共同完成,不能由一名人员完成。

(22)在完成维修和调试之前,一定要仔细检查,确认没有任何的异样,然后在四周安装安全围栏,把所有的工作人员都疏散到一个安全的地方,然后才能进行电力测试。

四、钳工车间文明生产

(1)保持工作环境的清洁:装配车间要经常打扫,保持地面、工作台、设备等的清洁和整洁。工具等应按规定放置,不得堆放。

(2)严格执行作业规定:在作业过程中,钳工必须遵守作业规则,并佩戴适当的防护装备,如防护眼镜、手套、工作服等。

(3)正确使用工具及器材:钳工必须遵守正确的作业规程,避免因工具及器材的损坏而发生意外。

(4)注重原材料的节省:在装配过程中,要尽可能地降低原材料的损耗,并合理使用金属和木材等原材料。

(5)搞好设备的维修:对装配车间的设备要经常进行维修,使其处于最好的工作状态,以延长其使用年限。

(6)加强员工培训:企业要对员工开展日常作业、安全教育,提升员工的生产技术水平,增强员工的安全意识。

(7)严格的品质检验:装配车间要制定一套完整的品质检验体系,对所生产的成品进行检验,保证成品的品质达到规定的标准。

(8)做好生产记录:装配车间要将每日的产量、产品质量、设备运转情况等进行记录,以便于分析并改善生产工艺。

(9)服从公司的规章制度:钳工必须遵守公司的规章制度,准时上班,不得早退,保证生产任务的完成。

(10)与人建立良好的关系:在装配车间,工作人员之间只有相互尊重、团结合作,才能有效地推动工作的开展。

【学习产出】

请根据表 1-15 的总结评价内容对任务实施及职业素养养成情况进行综合评价。

表 1-15 总结评价内容

评价项目	内容	评价标准	学生评价		教师评价
			自评	互评	
任务实施	钳工的加工方法	能够掌握钳工的各类加工方法			
	钳工常用的设备和工具	能够明确钳工使用各类工具的作用			
	钳工安全技术操作规程和车间文明生产	遵守安全技术操作规程和车间文明生产规则			
职业素养	安全操作	规范穿戴工作服、工作帽,合理使用拆装工具			
	管理规范	任务实施过程中按照5S(整理、整顿、清洁、清扫、素养)管理规范执行,仪器、器件、工具摆放合理,任务完成后工位保持整洁			

任务2 划 线

【学习目标】

态度：培养团队合作意识和不断创新的工匠精神。

知识：掌握划线作用和划线工具。

技能：掌握常用划线工具的使用。

【相关课点】

划线作用和划线工具；划线工作。

【建议学时】

1天。

【学习方法】

查找工具书；实践操作。

【前置任务】

1. 网络检索常见划线工具；
2. 查看国家制图标准，识读零件图。

一、划线作用和划线工具

（一）划线作用

（1）确定工件表面的加工余量、确定孔的位置或划出加工位置的找正线，给机械加工以明确的标志和依据。

（2）检查毛坯外形尺寸是否合乎要求。对于加工余量小的毛坯，通过划线可以多补少，免于报废；对于误差大而无法补救的毛坯，也可通过划线及时发现，以避免继续加工，浪费机械加工工时。

（二）划线工具

常用的划线工具如图1-44所示，按用途可将其分为基准工具、量具、绘划工具和夹持工具。

（1）基准工具：如划线平台、方箱、直角铁等。

（2）量具：测量工件尺寸和角度的工具，如钢皮尺、游标高度尺、直角尺和角度规等。

(3)绘划工具:在工件上划线的工具,如划针、划规、划针盘、划卡和冲子等。

(4)夹持工具:夹持划线工件的工具,如 V 形铁、千斤顶等。

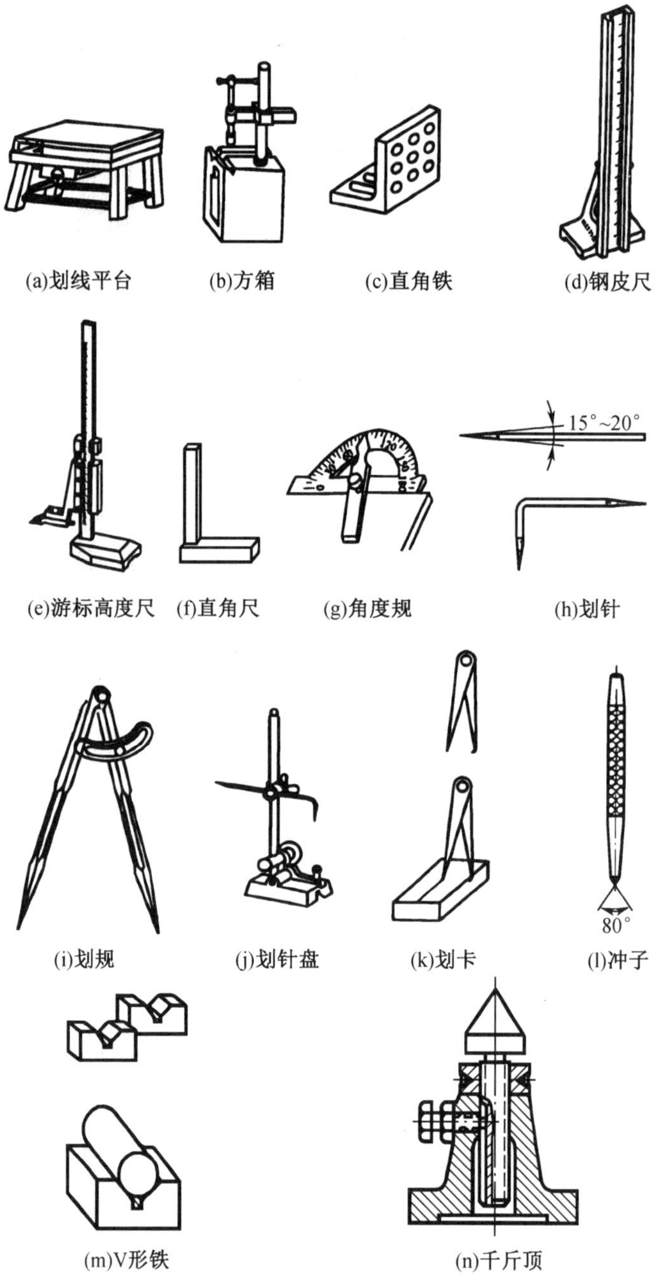

图 1-44　常用的划线工具

二、划线工作

(一)划线前的准备

为了使划线工作能顺利进行,在划线前必须认真做好以下准备工作。

1. 工件准备

工件的准备工作包括工件的清理、检查和表面涂色，必要时可在工件孔中安置中心塞块。

(1)工件的清理：清除铸件上的型砂、冒口、浇口和毛边；除去锻件上的飞边和氧化皮。其目的是便于工件的检查和涂色，并有利于划线和保护划线工具。

(2)工件的检查：工件清理后进行工件检查。其目的是发现毛坯上的裂缝、夹渣、缩孔以及形状和尺寸等方面的缺陷。

(3)表面涂色：为了使划出的线条清晰可见，在工件表面上应先涂上一层薄而均匀的涂料。常用的涂料有白灰浆、紫溶液和硫酸铜等。

(4)在工件孔中安置中心塞块：划线时为了在带孔的工件上找出孔的中心，便于用划规划圆，在孔中要安置中心塞块。常用的中心塞块有木塞块、铅塞块及可调节塞块。

2. 工具准备

划线前，按工件图纸要求合理选择所需工具，并检查和校验工具。如有缺陷，要进行调整和修理，以免影响划线质量。

(二)划线基准

划线时在工件上选择一个或几个面(或线)作为划线的根据，用它来确定工件的几何形状和各部分相对位置，这样的面(或线)就是划线基准。

1. 选择划线基准的原则

(1)可将零件图纸上标注尺寸的基准(设计基准)作为划线基准。

(2)如果毛坯上有孔或凸起部分，则以孔或凸起部分的中心作为划线基准。

(3)如果工件上只有一个已加工表面，应以此面作为划线基准。如果工件上都是毛坯表面，应以较平整的大平面作为划线基准。

2. 常用划线基准

(1)以两个互相垂直的平面为划线基准，如图 1-45(a)所示；

(2)以两条互相垂直的中心线为划线基准，如图 1-45(b)所示；

(3)以一个平面和一条中心线为划线基准，如图 1-45(c)所示。

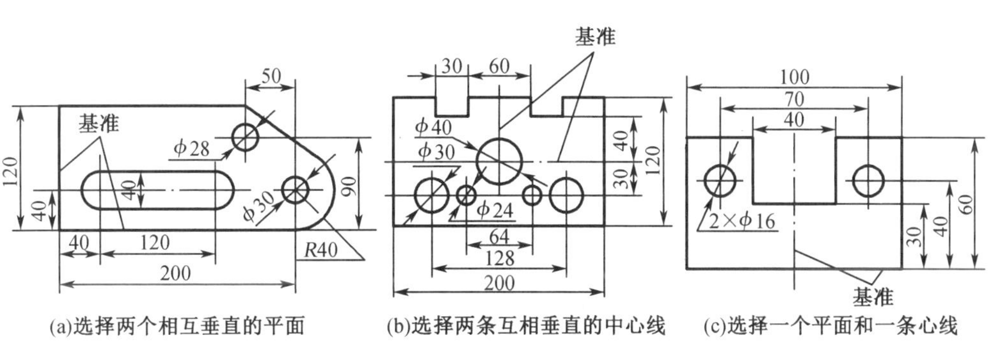

(a)选择两个相互垂直的平面　(b)选择两条互相垂直的中心线　(c)选择一个平面和一条心线

图 1-45　常用划线基准

(三)划线方法

划线方法有平面划线和立体划线两种。

1. 平面划线

平面划线与几何作图相同,在工件的表面按图纸要求划出线或点,如图 1-46 所示。对于批量大的工件,可用样板进行划线。样板按工件尺寸和形状要求用 0.5～2 mm 的钢板制成。

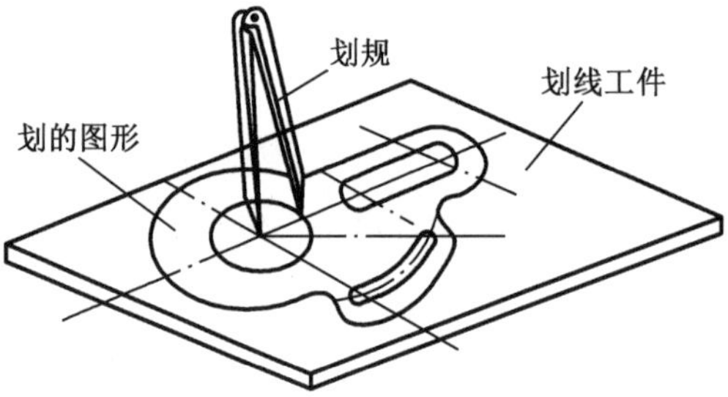

图 1-46　平面划线实例

平面划线后,为准确标注划线印迹,应在所划线条轮廓上打上样冲眼。平面划线实例如图 1-47 所示。

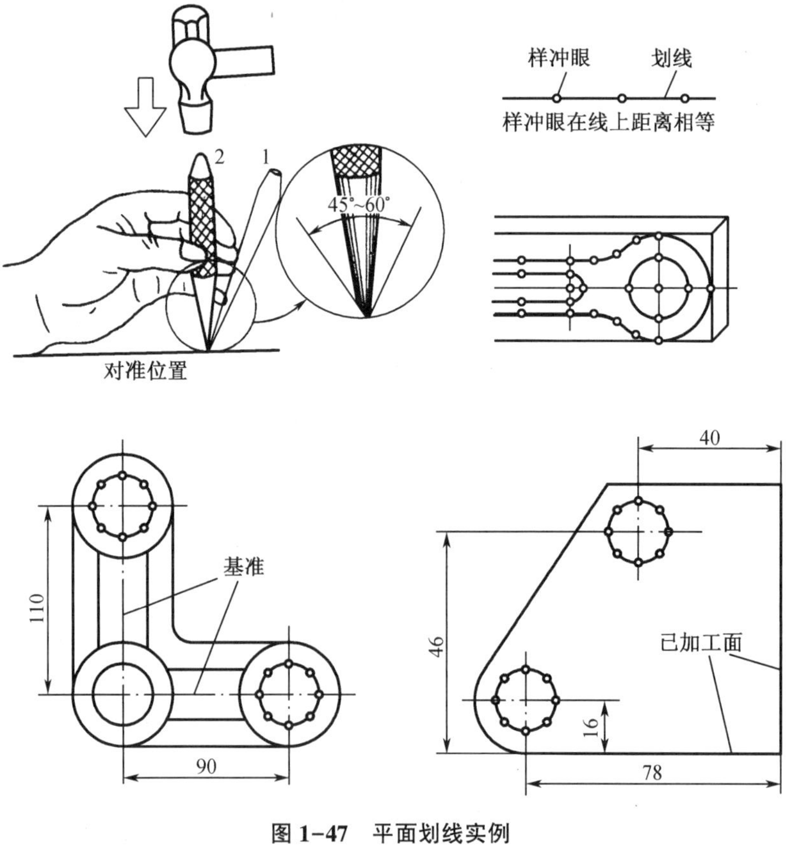

图 1-47　平面划线实例

2. 立体划线

以轴承座的立体划线为例,图 1-48 所示为立体划线的方法及步骤。

(1)根据孔中心及上平面,调节千斤顶,使工件水平;

(2)划底面加工线和大孔的水平中心线;

(3)转 90°,用直尺两个方向找正划螺钉孔、另一个方向的中心线及大端面加工线。

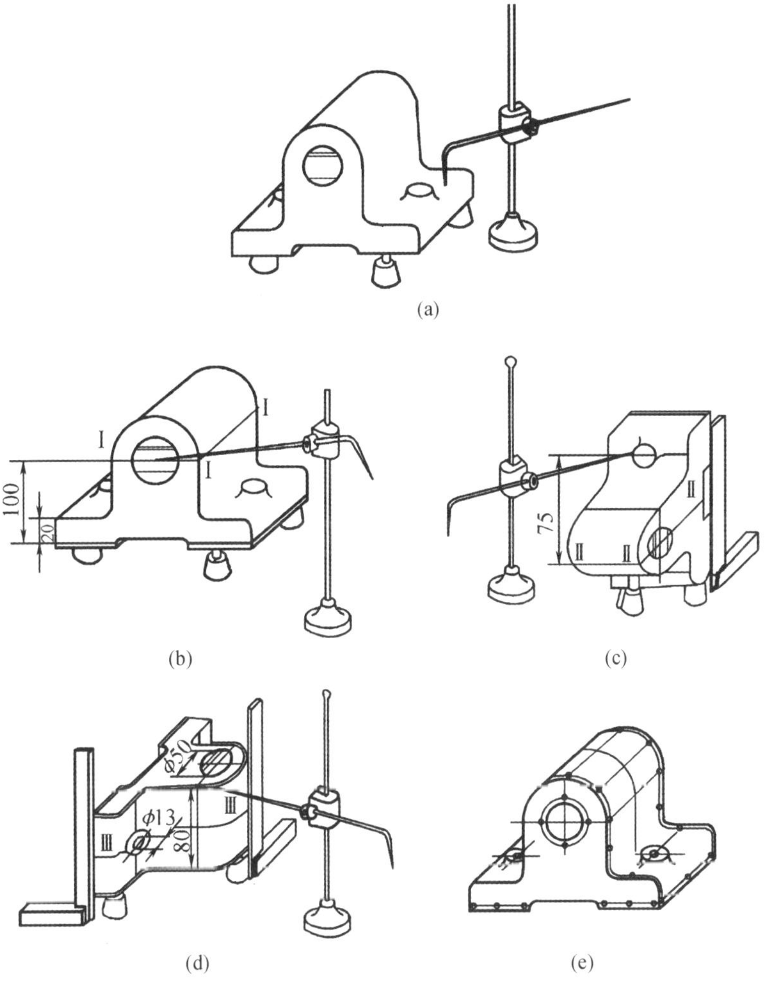

图 1-48　轴承座立体划线的方法及步骤

【学习产出】

请根据表 1-16 的总结评价内容对任务实施及职业素养养成情况进行综合评价。

表 1-16　总结评价内容

评价项目	内容	评价标准	学生评价		教师评价
			自评	互评	
任务实施	划线作用和划线工具的使用	正确使用划线工具			
	划线方法	熟练划线方法,能在工件的表面按图纸要求划出线或点			
职业素养	安全操作	规范穿戴工作服、工作帽,合理使用拆装工具			
	管理规范	任务实施过程中按照5S(整理、整顿、清洁、清扫、素养)管理规范执行,仪器、器件、工具摆放合理,任务完成后工位保持整洁			

任务 3　锉削与锯削

【学习目标】

态度:培养团队合作意识和不断创新的工匠精神。

知识:掌握常用锉刀和锯削工具种类。

技能:掌握锉削和锯削操作方法。

【相关课点】

锉刀种类;锯削工具;锉削方法;锯削方法。

【建议学时】

1.5 天。

【学习方法】

查找工具书;实践操作。

【前置任务】

1. 网络检索常见锉刀和锯削工具;
2. 查看国家制图标准,识读零件图。

一、锉削与锯削

锉是一种用锉刀在工件表面上切削的作业,是最基础的装配工艺。

锉削工艺操作简便,但技术含量高,适用面广。锉削可以加工平面、曲面、内外圆弧、凹槽和其他复杂曲面,也可以用来制作模具和型腔或用在零件和机器装配中。锉刀可以达到IT8~IT7的尺寸精度和0.8 μm的表面粗糙度。

锯削是利用锯条将物料或工件切割成沟槽的一种工艺,也是最基础的装配工艺之一。

二、锉刀

锉削所用的工具为锉刀。锉刀常用高碳工具钢T12A或T13A制成,经热处理淬硬,硬度可达60~62 HRC。锉刀由锉刀面、锉刀边、锉柄等组成。

锉刀的锉齿是在剁锉机上剁出来的。锉刀的锉纹多制成双齿纹,以利锉削时锉屑碎断,锉面不易堵塞,锉削时省力;也有单齿纹锉刀,一般用于锉铝等软材料。

按照用途不同,锉刀可分为普通锉、特种锉、整形锉等。其中普通锉刀应用最广。锉刀的规格一般用截面形状、锉刀长度、齿纹粗细来表示。

按照截面形状不同,普通锉刀可分为平锉、半圆锉、方锉、三角锉和圆锉等五种,如图1-49所示。

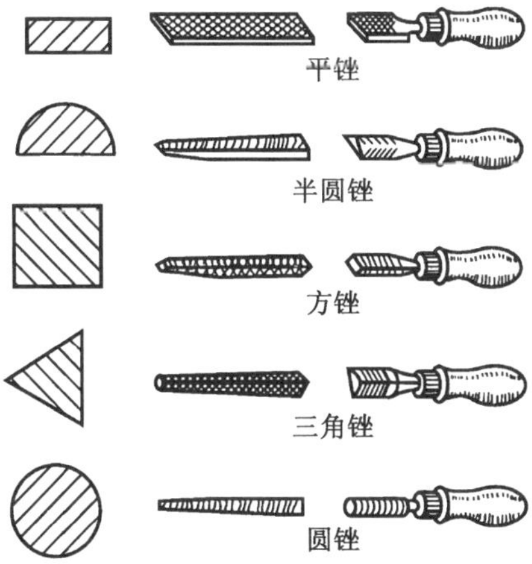

图1-49 普通锉刀的种类

其中,以平锉用得最多。锉刀大小可以其工作部分的长度表示,主要有100 mm、150 mm、200 mm、250 mm、300 mm、350 mm和400 mm七种。

按照齿纹不同,普通锉刀可分为单齿纹锉刀和双齿纹锉刀。

按照齿纹粗细不同,普通锉刀可分为粗齿锉刀、中齿锉刀、细齿锉刀和油光齿锉刀等。

三、锉削操作方法

(一)准备

1. 工件装夹

工件必须牢固地装夹在台虎钳钳口的中间,并略高于钳口。夹持已加工表面时,应在钳口与工件间垫以铜片或铝片。对于易于变形和不便于直接装夹的工件,可以用其他辅助材料设法装夹。

2. 正确选择锉刀

锉削前,应根据金属材料的硬度、加工余量的大小、工件的表面粗糙度要求来选择锉刀。加工余量小于 0. 2 mm 时,宜用细齿锉刀。

3. 锉刀的握法

大锉刀的握法如图 1-50(a)所示。右手心抵着锉刀木柄的端头,大拇指放在锉刀木柄的上面,其余四指放在下面,配合大拇指捏住锉刀木柄;左手掌部压在锉刀另一端,拇指自然伸直,其余四指弯曲扣住锉刀前端。

中锉刀的握法如图 1-50(b)所示。右手握法与大锉刀的握法相同;左手用大拇指和食指捏住锉刀的前端。

小锉刀的握法如图 1-50(c)所示。右手拇指和食指伸直,拇指放在锉刀木柄上面,食指靠在锉刀的刀边。

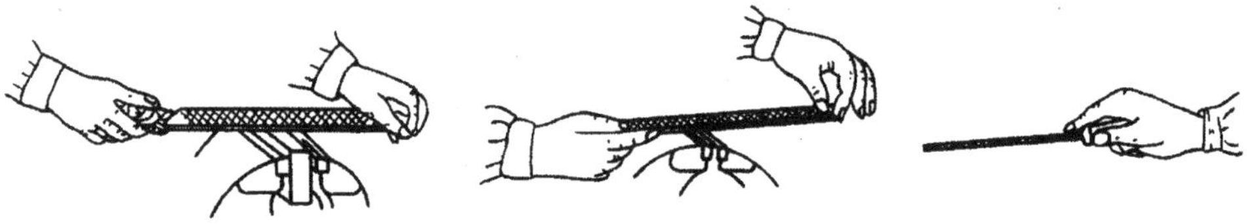

(a)大锉刀的握法　(b)中锉刀的握法　(c)小锉刀的握法

图 1-50　锉刀的握法

(二)锉削力与锉削速度

在锉削的过程中,双手施加在锉刀上的力量要均匀,如图 1-51 所示。在前进过程中,用右手来控制推力,用双手来控制压力。要使锉刃顺利推进,就必须使锉刃的前部和后部对工件施加相同的扭矩。随着锉刀角度的变化,双手的压力也会随之变化。

锉削时的速度一般为每分钟 30~60 次。速度太快,容易疲劳和加快锉齿的磨损。

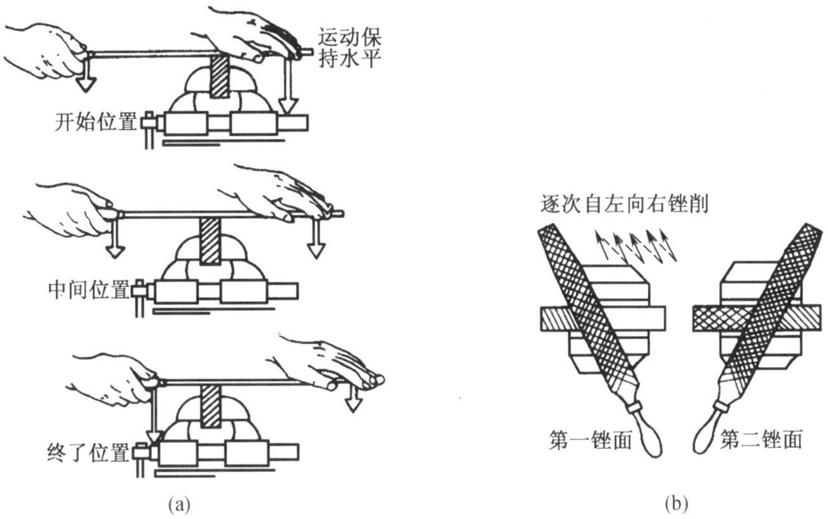

图 1-51 锉刀的使用

(三)锉削姿势和要领

正确的锉削姿势和动作,能减少疲劳,提高工作效率,保证锉削质量。只有勤学苦练,才能逐步掌握这项技能。锉削姿势与使用的锉刀大小有关,用大锉刀锉平面时,正确姿势如下。

1. 站立姿势(位置)

两脚立正面向虎钳,站在虎钳中心线左侧,与虎钳的距离按大小臂垂直、端平锉刀、锉刀尖部能搭放在工件上来掌握。然后迈出左脚,迈出距离从右脚尖到左脚跟约等于锉刀长。左脚与虎钳中心线约成30°角,右脚与虎钳中心线约成75°角,如图1-52所示。

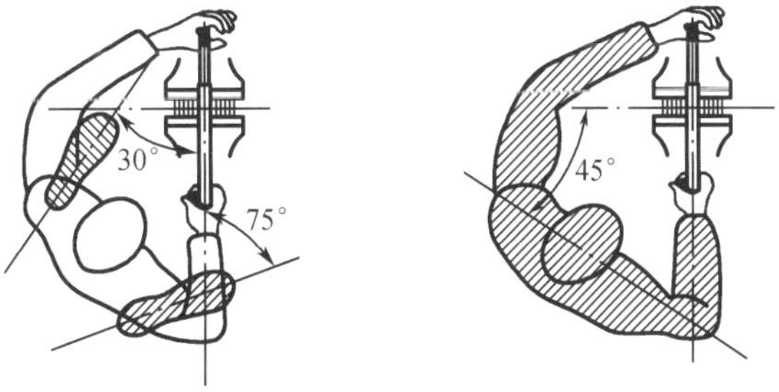

图 1-52 锉削时站立姿势

2. 锉削姿势

锉削时,左腿弯曲,右腿伸直,身体重心落在左脚上。两脚始终站稳不动,靠左腿的屈伸做往复运动。手臂和身体的运动要互相配合。锉削时要使锉刀的全长充分利用。

开始锉削时,身体要向前倾斜10°左右,左肘弯曲,右肘向后,但不可太大,如图1-

53(a)所示。锉刀推到三分之一时,身体向前倾斜 15°左右,使左腿稍弯曲,左肘稍直,右臂前推,如图 1-53(b)所示。锉刀继续推到三分之二时,身体逐渐倾斜到 18°左右,使左腿继续弯曲,左肘渐直,右臂向前推进,如图 1-53(c)所示。锉刀继续向前推,把锉刀全长推尽,推锉终止时,两手按住锉刀,身体恢复至原来位置,不给锉刀压力或略提起把它拉回,身体随着锉刀退回到 15°位置,如图 1-53(d)所示。

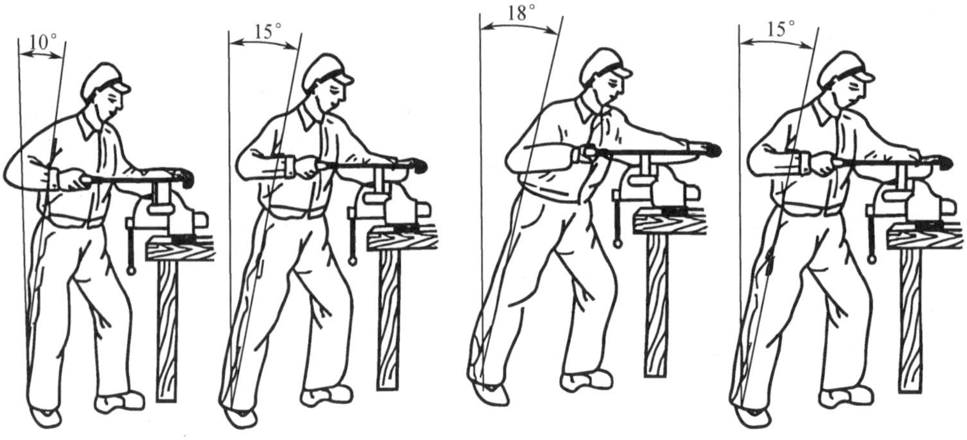

(a) (b) (c) (d)

图 1-53 锉削时的姿势

(四)锉削方法

1. 平面的锉削

顺向锉法:如图 1-54(a)所示,锉刀只有单向的移动。在每一次退挡过程中,将锉刀向前移动 5~10 mm。

交叉锉法:如图 1-54(b)所示,锉刀的移动方向呈十字。这种方法提供了一种简单、方便、易于加工的加工面,特别适合加工有大尺寸余量的工件。

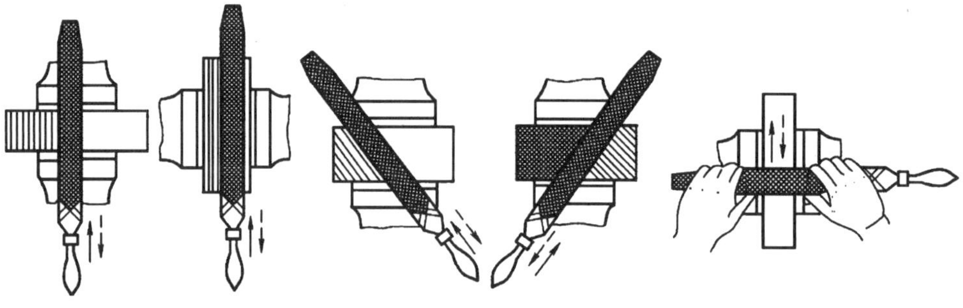

(a)顺向锉法　(b)交叉锉法　(c)推锉法

图 1-54 平面锉削方法

推锉法:如图1-54(c)所示,用双手平握锉刀,大拇指压着锉边,使其沿着工件的表面平滑移动。

推拉锉刀可以获得光滑的表面,该方法常用于对工件进行修光。当工件的表面已被磨得光滑,且有很少的余量时,为了减少工件的粗糙度,可以在锉刀上抹一些白垩土,或者用砂纸垫着锉刀。

2. 圆弧面的锉削

锉削外圆弧表面时,锉刀除了向前移动外,还必须沿着被加工的表面做一道圆弧移动,如图1-55(a)所示。

锉削内圆弧表面时,锉刀除了向前移动外,还会左右转动,如图1-55(b)所示。

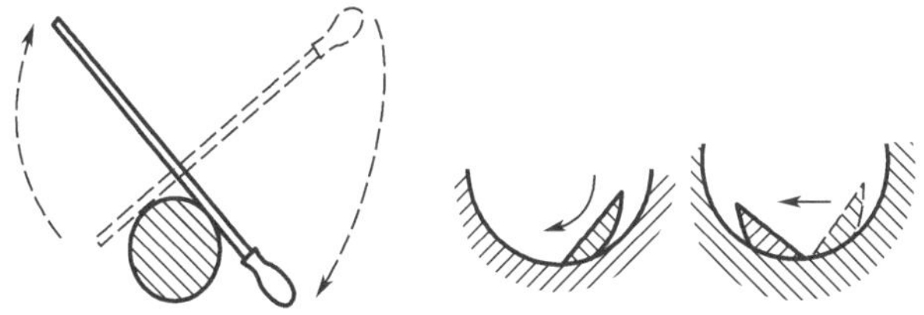

(a)锉削外圆弧面　　(b)锉削内圆弧面

图1-55　圆弧面锉削

锉通孔时,根据工件通孔的形状、工件材料、加工余量、加工精度和表面粗糙度来选择所需的锉刀。通孔的锉削方法如图1-56所示。

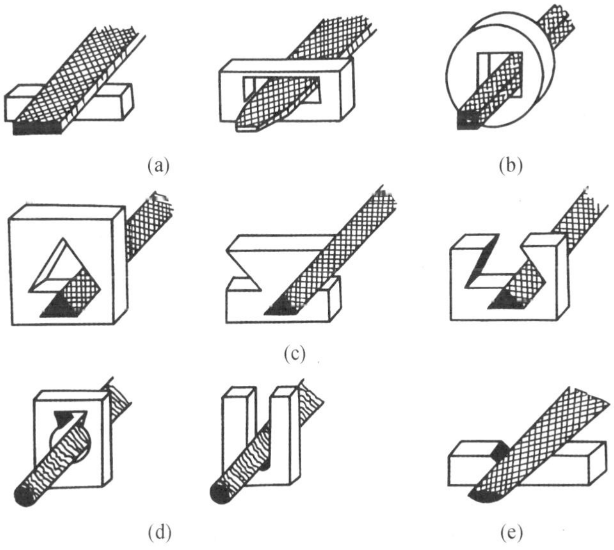

图1-56　通孔的锉削

四、锯割工具

钳工锯割主要是用手锯进行。手锯由锯弓和锯条组成。

(一)锯弓

锯弓的作用是安装和张紧锯条。它有可调式和固定式两种,图 1-57 所示为可调式锯弓。可调式锯弓由锯柄、锯弓、方形导管、夹头和翼形螺母等组成。夹头上安有装锯条的销钉。夹头的另一端带有拉紧螺栓,并配有翼形螺母,以便拉紧锯条。

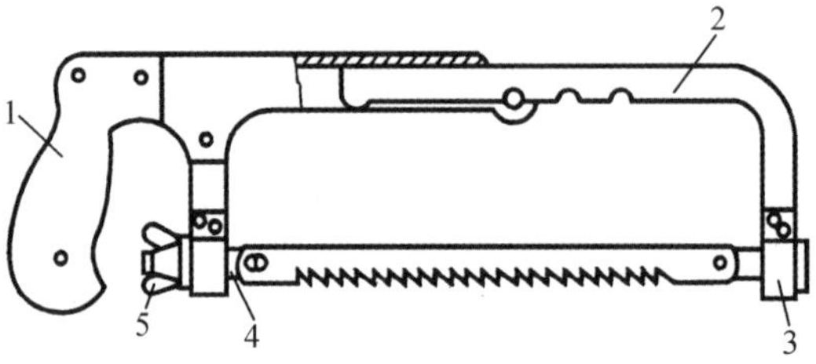

1—锯柄;2—锯弓;3—方形导管;4—夹头;5—翼形螺母。

图 1-57　可调式锯弓

(二)锯条

锯条是用碳钢刀具制造的,经过硬化处理。普通的手锯是 300 mm 长、12 mm 宽,0.8 mm 厚。为适应不同硬度及厚度的工件锯割,根据 25 mm 长度内的齿数,将锯条齿间距划分为 3 种:14~16 齿(粗锯齿)、18~22 齿(中锯齿)、24~32 齿(细锯齿)。锯割较柔软或较厚的物料时,宜选择粗锯齿;锯割较薄的物料时,宜选择细锯齿。

五、锯割方法

(一)锯条的安装

安装锯条,锯齿尖必须向前,如图 1-58 所示。锯条安装在锯弓上不要过紧或过松。锯缝深度超过锯弓高度时,应将锯弓相对于锯条转 90°。

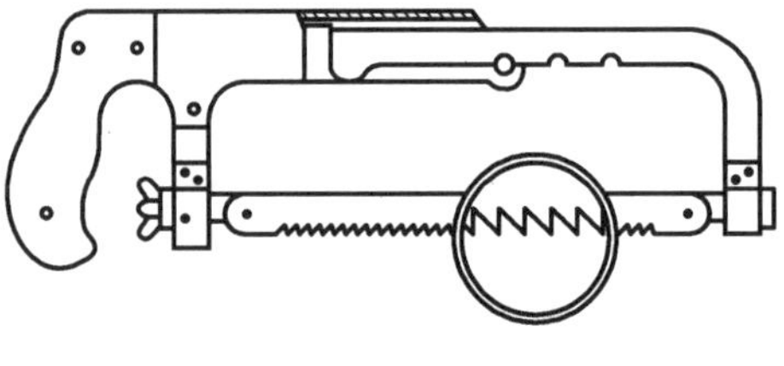

图 1-58　锯条的安装

(二)起锯方法

起锯时,锯条必须与工作面垂直,用左手大拇指压住锯条,这样才能把锯条准确地锯到需要的位置。起锯角 θ(锯条和工件的表面倾角)为 10°左右,这样锯条就能同时与工件接触。若起锯角太小,锯面变大,锯齿难以切入工件,容易引起锯条拉坏;若起锯角太大,锯条卡在工件上,会导致锯条断裂。在锯完锯齿之后,把锯弓慢慢调到水平。整个过程如图1-59所示。

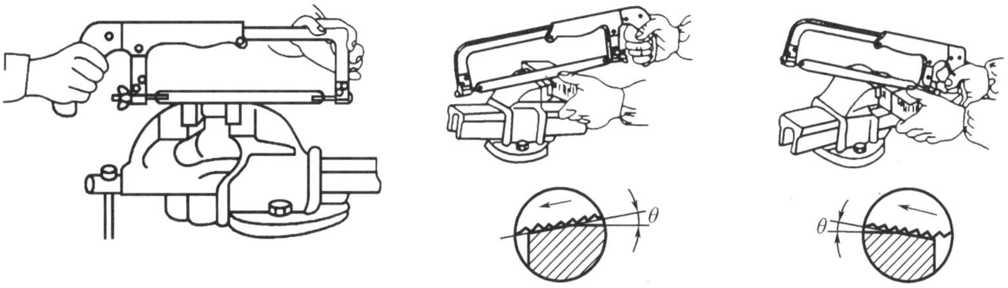

(a)　(b)　(c)

图1-59　手锯的使用

(三)对锯条的压力和转速进行分析

当向前推进锯条的时候,它具有切割的功能,应该施加合适的压力;回程时不要切割,要轻微地提起锯条,或者让锯条在工件表面滑动,以减小磨损。快锯的时候,要用很小的力气,不要弄疼胳膊。锯割的速度要视被加工的材质和硬度而定,对于坚硬的物料,锯得速度慢一些;对于较柔软的物料,锯得速度快一些。

【学习产出】

请根据表1-17的总结评价内容对任务实施及职业素养养成情况进行综合评价。

表1-17　总结评价内容

评价项目	内容	评价标准	学生评价		教师评价
			自评	互评	
任务实施	锉削和锯割的工具种类	能区分常用的锉削和锯割的工具种类			
	锉削和锯割的操作方法	能正确使用锉刀和锯割工具进行零件的加工			
职业素养	安全操作	规范穿戴工作服、工作帽,合理使用拆装工具			
	管理规范	任务实施过程中按照5S(整理、整顿、清洁、清扫、素养)管理规范执行,仪器、器件、工具摆放合理,任务完成后工位保持整洁			

任务 4　攻螺纹和套螺纹

【学习目标】

态度:培养团队合作意识和不断创新的工匠精神。

知识:掌握螺纹的应用和代号。

技能:掌握攻螺纹和套螺纹方法。

【相关课点】

螺纹的应用范围;螺纹的代号;攻螺纹;套螺纹。

【建议学时】

1.5 天。

【学习方法】

查找工具书;实践操作。

【前置任务】

1. 网络检索常见螺纹种类;
2. 查看国家制图标准,识读零件图。

一、螺纹的应用范围

各种螺纹的牙型如图 1-60 所示。

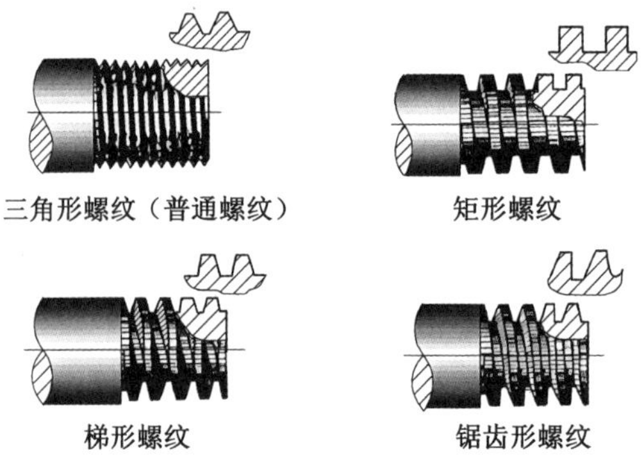

图 1-60　各种螺纹的牙型

三角形螺纹:适用范围非常广,主要用于机械部件的连接。

矩形螺纹:用于传递或承受压力的机器,例如机器中的螺杆传动。

梯形螺纹:多用于管道的连接,例如管道接头、球头螺钉等。

锯齿形螺纹:多用于受单侧压力的机器,例如冲压机上的螺丝。

二、螺纹的代号

各种螺纹有统一规定的代号,如表1-18所示。一般在使用时,都采用普通螺纹,只在某些配件上采用英制螺纹。

表1-18 标准螺纹代号

螺纹类型	牙形代号	代号示例	代号示例说明
粗牙普通螺纹	M	M10	粗牙普通螺纹,外径为10 mm
细牙普通螺纹	M	M16×1	细牙普通螺纹,外径为16 mm,螺距为1 mm
梯形螺纹	T	T36×12/2-3左	梯形螺纹,外径为36 mm,导程为12 mm,头数为2,3级精度,左旋
锯齿形螺纹	S	S70×10	锯齿形螺纹,外径为70 mm,螺距为10 mm
圆柱管螺纹	G	G3/4″	圆柱管螺纹,管子内径为3/4 in
55°圆锥管螺纹	ZG	ZG5/8″	55°圆锥管螺纹,管子内径为5/8 in
60°圆锥管螺纹	Z	Z1″	60°圆锥管螺纹,管子内径为1 in

注:1 in=2.54 cm。

(一)不带螺纹的

常规螺纹的截面角度为60°,且顶端被磨平,螺帽与螺丝在上下端间有空隙。

该类螺纹规格以毫米为单位,分为粗细两类,粗齿螺纹分三挡精度,细齿螺纹分四挡精度。其中,最常用的是厚齿螺纹,1级精度适用于震动和承受可变负荷的机械,以及干涉连接的螺纹;2级精度适用于有震动的重要部件;3级精度适用于普通的螺纹接头。

(二)英制

英制螺纹的截面角度为55°,其顶端被削去,并且在螺帽与螺钉接合时上下两部分间也会有空隙。螺纹直径的大小用英寸(in)表示。

(三)管螺纹

管螺纹用于管道的连接,分为圆筒形和锥形两种。该类螺纹的截面形状有两种,一种是扁平形,另一种是圆形。管道的连接要有良好的密封性。管螺纹名义上的直径为管道内径,而非螺纹外直径。

三、攻螺纹

(一)丝锥和铰杠

1. 丝锥

丝锥是加工内螺纹的工具。手用丝锥是用碳素工具钢 T12A 或合金工具钢 9SiCr 经滚牙(或切牙)、淬火和回火制成的。丝锥的前端为切削部分,起主要切削作用;中间为修正部分,起修正和引导丝锥的作用;尾端为方头,以便铰杠夹持。

丝锥工作部分沿轴向开有几条容屑槽,并形成切削刃和前角,同时能容纳切屑;切削部分磨出切削锥角,使切削负荷分布在几个刀齿上。这样刀齿受力均匀,不易崩刃或折断,同时也使丝锥容易正确切入。

每种尺寸的手用丝锥一般由两支组成一套,分别称为头锥和二锥。两支丝锥的区别在于切削部分的锥度大小不同。

2. 铰杠

铰杠是用来夹持丝锥、铰刀的手工旋转工具。常用的铰杠是可调式铰杠,转动手柄,可调节方孔大小,以便夹持各种不同尺寸的丝锥。

(二)螺纹底孔的确定

攻丝时,丝锥以切割金属为主,同时也伴有强烈的挤出效应,将在齿尖上形成金属突起,并将其推向齿尖,从而导致钻出的螺纹孔内径比原始底孔小。所以,攻牙的底径要比螺纹的内径略大。否则在攻牙时,由于受到挤压,齿顶和齿底的间隙不够,会造成丝锥夹齿甚至断口,这种情况在攻塑性材料时尤为明显。但是,如果开得太大,则会导致螺纹的齿高不足,从而导致强度下降。

底孔直径的大小要根据工件的塑性好坏及钻孔扩张量考虑。

(1)加工钢和塑性较好的材料时,在中等扩张量的条件下,钻头直径为

$$D=d-P$$

式中 D——攻螺纹前,钻螺纹底孔用钻头直径;

d——螺纹直径;

P——螺距。

(2)加工铸铁和塑性较差的材料时,在较小扩张量条件下,钻头直径为

$$D=d-(1.05\sim1.1)P$$

(三)攻螺纹的操作方法

攻螺纹时,将头锥垂直地放入已倒好角的工件孔内,先旋入 1~2 圈,用目测或 90°角尺在相互垂直的两个方向上检查,然后用铰杠轻压旋入。当丝锥的切削部分已经切入工件后,可只转动而不加压,每转一圈应反转 1/4 圈,以便切屑断落,如图 1-61 所示。攻完头锥后继续攻二锥。攻丝锥时,先把丝锥放入孔内,旋入几扣后,再用铰杠转动,旋转铰杠时不

需加压。攻钢料工件时，加机油润滑可使螺纹光洁，并能延长丝锥的使用寿命。攻铸铁件时，可加煤油润滑。

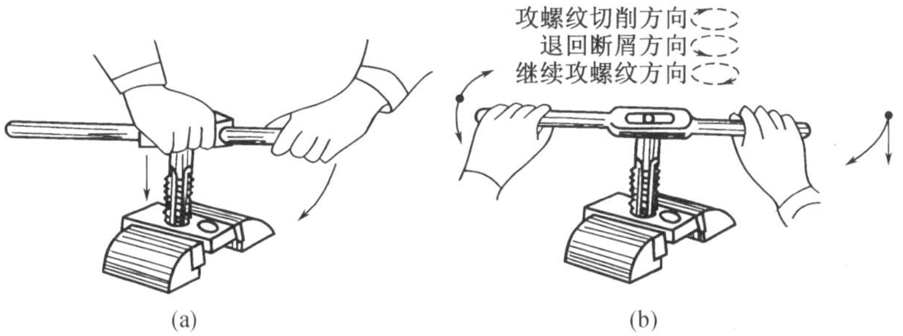

图 1-61　攻螺纹方法

四、套螺纹

（一）板牙和板牙架

1. 板牙

板牙是加工外螺纹的工具，是用合金工具钢 9SiCr、9Mn2V 或高速钢经淬火回火制成的。板牙由切削部分、校准部分和排屑孔组成，如图 1-62 所示。它本身就像一个圆螺母，只是在它上面钻有几个排屑孔，并形成切削刃。

切削部分是板牙两端带有切削锥角的部分，起着主要的切削作用。校准部分位于板牙中间，也是套螺纹的导向部分。板牙的外圈有一条深槽和四个锥坑。深槽可微量调节螺纹直径大小；锥坑用来定位和紧固板牙。调整螺钉压入锥坑，可以传递扭矩。

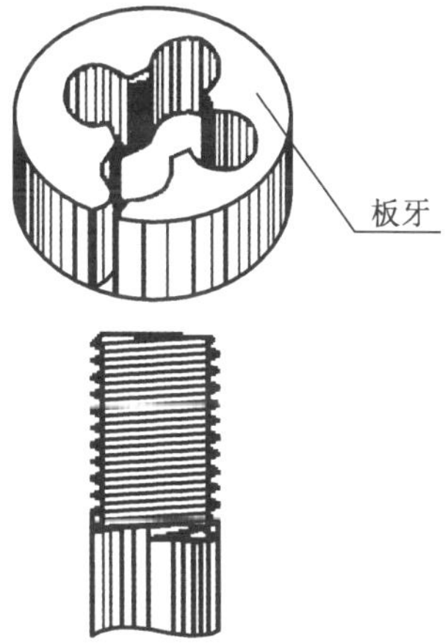

图 1-62　板牙

2. 板牙架

板牙架是用来夹持圆板牙的工具，如图 1-63 所示。

3. 套螺纹前圆杆直径的确定

套螺纹前应检查圆杆直径，太大难以套入，太小则套出的螺纹不完整。圆杆直径可用下面经验公式计算：

圆杆直径≈螺纹外径-螺距

4. 套螺纹操作方法

在套螺纹之前，将圆棒头的倒角设计成圆角，这样可以更好地对齐工件的中心，便于开槽。在保证所需长度不变的情况下，工件伸出钳口的长度应该尽可能短。在图 1-64 中，套线的方法和攻螺纹的方法类似。

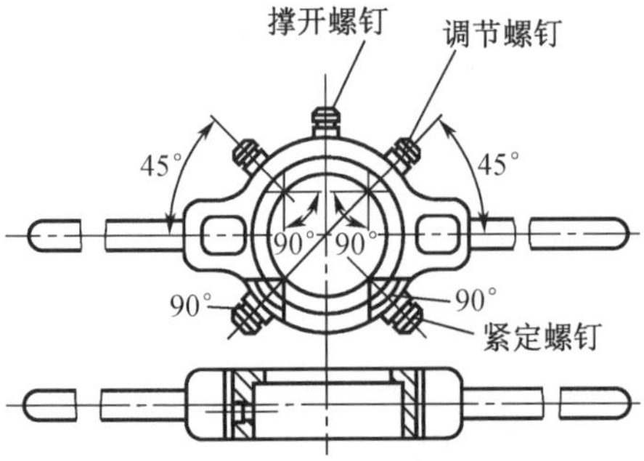

图 1-63　板牙架

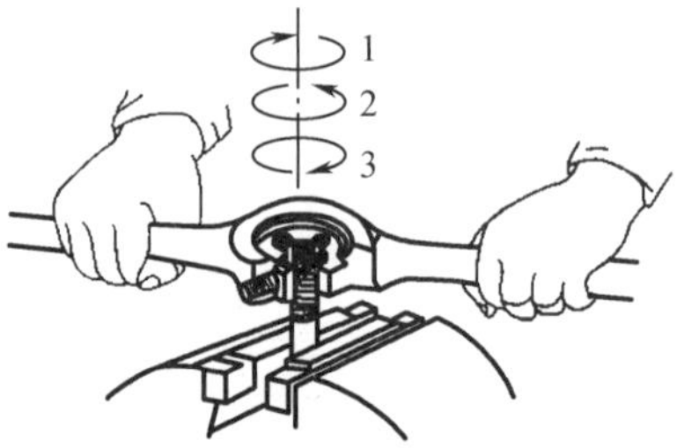

图 1-64　套螺纹

【学习产出】

请根据表 1-19 的总结评价内容对任务实施及职业素养养成情况进行综合评价。

表 1-19　总结评价内容

评价项目	内容	评价标准	学生评价		教师评价
			自评	互评	
任务实施	螺纹的应用和代号	能掌握螺纹的应用范围,区分螺纹的代号类别			
	攻螺纹和套螺纹的方法	能掌握攻螺纹和套螺纹的方法			
职业素养	安全操作	规范穿戴工作服、工作帽,合理使用拆装工具			
	管理规范	任务实施过程中按照5S(整理、整顿、清洁、清扫、素养)管理规范执行,仪器、器件、工具摆放合理,任务完成后工位保持整洁			

项目 5　零件的测量检验

零件的测量检验(图 1-65)是一个重要的环节,其目的是确保加工后的零件符合设计要求和质量标准。因此在金工实习中,学生需要熟练掌握各种常用量具的使用方法。这些量具包括游标卡尺、千分尺、高度尺、量角器、百分表等。例如,可以使用游标卡尺和千分尺配合测量外圆尺寸,以提高尺寸精度。

图 1-65　零件的测量检验

零件的测量检验项目选自机床产业学院。该项目主要教授学生使用各种精密测量工具对零件进行准确测量和检验。学生将学习如何操作量具,如游标卡尺、千分尺、三坐标测量仪等,确保零件尺寸精度符合要求。同时该项目还解决了测量误差等问题。例如,如何提高测量的准确性?怎样判断测量结果的可靠性?零件的测量检验在机械制造中至关重要,是保证产品质量的关键环节。

通过上述测量检验方法,学生能够全面了解零件的尺寸、形状、位置精度以及表面质量等各项指标,从而确保加工出的零件达到设计要求。这些技能不仅有助于提高学生的动手能力,也为其未来从事机械制造相关工作打下坚实的基础。

任务 1　测 量 认 知

【学习目标】

态度:培养团队合作意识和严谨认真的工匠精神。

知识:掌握常用量具的基本类型和结构,理解零件的检测方法。

技能:能够根据零件检验指标选择合适的测量工具。

【相关课点】

零件测量检验概述。

【建议学时】

1 天。

【学习方法】

查找工具书;实践操作。

【前置任务】

1. 网络检索常见测量工具;
2. 查看国家制图标准,识读零件图。

一、零件测量检验概述

零件的尺寸、形状、位置等几何参量的检测,是机械制造中十分关键的步骤。以下概要介绍了部分测量检验。

(1)计量方式的划分:部件的计量检查可以分为两大类,即直接计量法和间接计量法。直接计量法是指使用工具直接测量工件,如用卡尺测量工件的尺寸,用测微计测量工件的形位等。间接计量法是指用其他方式得到工件的几何参数,如用三坐标测量仪测定工件上的坐标,然后求出所需要的几何参数。

(2)计量器具的选用:依据被测构件的计量需求及精度级别,选用适当的计量器具。常用的计量器具有游标卡尺、千分尺、百分表、三坐标测量仪、投影仪、显微镜等。计量器具的选用要综合考虑量程、分辨力和准确度等方面的因素。

(3)测试环境:为确保测试结果的准确,必须在适宜的环境下开展测试。测试环境必须具备适宜的温度、湿度以及较高的洁净度等。为了获得较高的精度,必须综合考虑振动和空气压力等因素。

测量检验一般由下列步骤组成。

(1)工件的清洗及制备:清除工件表面的污物、毛刺等,以保证工件表面的光洁度。

(2)选用适当的计量方法及计量器具:依据计量需要及元件特性,需选用适当的计量方法及计量器具。

(3)校验计量器具:计量之前,必须校验计量器具,以保证计量器具的正常运行。

(4)实施测量:根据所选择的测量方法及测量程序,对测定结果进行记录。

(5)资料的处理及分析:通过对实测资料的处理、分析,求出所需要的几何参量。

(6)检验结果的确定:将所计算出的几何参数同设计及品质规范相对照,判定产品的合格与否。

测试结果的表示:测试结果一般以尺寸公差、形状公差、位置公差等来表示。尺寸公差在一定范围内是允许变化的;形状误差是指工件的外形与理想外形之间存在的误差;位置公差是指部件间的相对位置误差。

测量误差分析:在实际应用中,不可避免地会出现测量误差,应掌握其产生的原因及影响因素,从而降低其误差,提高测量精度。

在机械制造工艺中,必须对零件进行测量与分析,以保证产品符合设计及质量标准。

【学习产出】

请根据表1-20的总结评价内容对任务实施及职业素养养成情况进行综合评价。

表1-20　总结评价内容

评价项目	内容	评价标准	学生评价		教师评价
			自评	互评	
任务实施	掌握常用量具的基本类型和结构	能够掌握常用量具的基本类型和结构			
	掌握常用量具的使用方法	能够根据零件检验指标选择合适的测量工具			
职业素养	安全操作	规范穿戴工作服、工作帽,合理使用拆装工具			
	管理规范	任务实施过程中按照5S(整理、整顿、清洁、清扫、素养)管理规范执行,仪器、器件、工具摆放合理,任务完成后工位保持整洁			

任务 2　使用游标卡尺检验零件

【学习目标】

态度:培养团队合作意识和严谨认真的工匠精神。

知识:掌握游标卡尺的结构。

技能:能够按照操作规程用游标卡尺测量零件。

【相关课点】

游标卡尺的结构;游标卡尺的使用方法。

【建议学时】

1.5 天。

【学习方法】

查找工具书;实践操作。

【前置任务】

1. 网络检索游标卡尺的读数方法;
2. 查看国家制图标准,识读零件图中的尺寸。

一、游标卡尺的结构

游标卡尺是目前被广泛使用的一种量具,可对被测工件的内、外、深及阶高等进行测量。它主要包括主尺、游标、测深尺、螺丝、锁合机构、把手组件。

(1)主尺:主尺是游标卡尺的主要组成部分,其上刻有刻度,一格为 1 mm。主尺一端与固定卡爪相连,另一端与可移动卡爪相连;设有防滑花纹,可提高摩擦力,防止打滑。

(2)游标:定位在主尺之上的游标与主尺平行,是用来测定小数部分的。游标也有刻度,但是尺寸要小于主尺,常用的有 0.02 mm、0.05 mm、0.1 mm。游标的运动通过螺丝连接在可动夹头上,活动夹头一动,游标也跟着动。

(3)测深尺:测深尺安装在游标尺的一面,用以测定测深及阶高。深尺头上有一小钩子,可将被测物品的边沿钩住。测深尺和主标尺的刻度是一样的,一格是 1 mm。

(4)螺丝:螺丝用来调节光标的零点,并将光标对准主标尺。在使用游标卡尺前,必须调节螺丝,以确定游标与主尺的零点对准。

(5)锁合机构:锁合机构设在游标器的柄部,用以将游标与可动卡爪定位。在检测时,转动锁合机构,使游标与可动卡爪互相锁定,从而避免了滑动。

(6)把手:把手装在游标卡尺的顶端,用来握住、操纵游标卡尺。一般在把手上有一个按键,用来开启或推动可移动的掣子。

游标卡尺工作的基本原理是通过游标和主尺之间的相对位移读出十进制分量,达到准确测量工件尺寸的目的。在使用游标卡尺时,首先要调节螺丝,让游标与主尺对齐,再用游标的两端夹住待测物品,将把手移向被测对象,使其与被测物保持紧密接触,最后读出主标尺与游标的刻度值,并将其加总即为最终的测试结果。

二、游标卡尺的使用方法

游标卡尺的使用方法如下。

(1)选用适当的游标卡尺:根据所测尺寸的大小及精度要求,应选用适当的游标卡尺。主要检查游标卡尺量度表面是否平整、是否干净,锁合机构是否灵敏。

(2)零点校正:在使用游标前,要对游标的零点进行校正。用游标卡尺上的两个卡爪相扣紧,转动螺丝以保证游标与主尺的零点对准。

(3)内部尺寸的测定:用游标卡尺的两个卡爪,分别插入被测对象的内部,以保证其与被测对象的内面相接触。为防止测量误差,请务必保证夹爪与工件的表面垂直。再按压锁合机构,将游标与可动爪位置进行定位,最终读出主标尺与游标刻度值,并将其累加,即可得出内径测量值。

(4)外部尺寸的测定:用游标卡尺两端夹住被测对象的外表面,以保证其与被测对象的表面相平行。为防止测量误差,请务必保证夹爪与工件的表面垂直。再按压锁合机构,将游标与可动爪位置进行定位,最终读出主标尺与游标刻度值,并将其累加,即为外径测量值。

(5)测深、测高:用游标卡尺的深尺尖端的小钩钩在被测物的边上,再把游标卡尺的可动卡爪贴近被测物的底面。为防止测量错误,请务必使测深尺与被测物的表面呈正交。再按压锁合机构,将游标与可动爪位相定位,最终读出测深尺上的刻度,就是测深或测高的结果。

(6)读出刻度值:在读出游标卡尺的刻度时,首先读出主尺上的整数值,然后读出游标上的小数。用游标卡尺的精确度(如 0.02 mm、0.05 mm、0.1 mm)乘上游标的刻度,就是小数部分。整数与小数相加,就是最后的测量结果。

用完后应将游标卡尺擦拭干净放入专门的箱内,防止磕碰、潮湿。

注:使用游标卡尺时,要小心搬运,防止磕碰、跌落,否则会破坏量具表面及刻度。同时,要经常标定游标卡尺,以保证其测量的准确性。

【学习产出】

请根据表 1-21 的总结评价内容对任务实施及职业素养养成情况进行综合评价。

表 1-21　总结评价内容

评价项目	内容	评价标准	学生评价		教师评价
			自评	互评	
任务实施	掌握游标卡尺的主要结构	熟悉游标卡尺各主要结构的作用			
	掌握游标卡尺的使用方法	掌握游标卡尺的使用方法			
职业素养	安全操作	规范穿戴工作服、工作帽,合理使用拆装工具			
	管理规范	任务实施过程中按照5S(整理、整顿、清洁、清扫、素养)管理规范执行,仪器、器件、工具摆放合理,任务完成后工位保持整洁			

任务3　使用千分尺检验零件

【学习目标】

态度:培养团队合作意识和严谨认真的工匠精神。
知识:掌握千分尺的结构。
技能:能够按照操作规程用千分尺测量零件。

【相关课点】

千分尺的结构;千分尺的使用方法。

【建议学时】

2天。

【学习方法】

查找工具书;实践操作。

【前置任务】

1. 网络检索千分尺的读数方法；

2. 查看国家制图标准，识读零件图中的尺寸。

一、千分尺的结构

千分尺，也称螺旋测微器，是一种常用的测量工具，主要用于小尺寸的测量，如应用在机械工程和制造业中。它由以下组件组成。

(1)测量框架：这是千分尺的主要部分，包括固定框架和移动框架。固定框架上有一个螺钉，可调节移动框架。

(2)螺旋测微仪：这是一个螺纹轴，位于固定框架内，并与移动框架相连。当移动框架相对于固定框架移动时，螺旋测微仪会旋转。

(3)指针：这是位于螺旋测微仪上的细长指针，随着螺旋测微仪的旋转而移动。指针相对于标有毫米刻度的圆盘进行移动。

(4)锁紧螺钉：这个螺钉位于螺旋测微仪旁边，用于锁定移动框架和螺旋测微仪的位置，以便进行准确的测量。

(5)手柄：这是千分尺的顶部部分，用于操作螺旋测微仪和移动框架。

千分尺可用于测量直径、厚度、深度和其他小尺寸。它是一种高度精确的测量工具，可提供比普通卷尺或卡钳更精确的测量结果。

二、千分尺的使用方法

在使用千分尺时，要遵循下列程序。

(1)对测微螺杆的准确性进行验证：在使用千分尺前，应先检查测微螺杆的准确性。千分尺若被破坏或破损，就不能得到精确的读数。

(2)选用适当的千分尺：根据所测得零件的大小，选用适当的千分尺。千分尺的种类很多，例如外径千分尺、内径千分尺和深度千分尺等。

(3)校准零点：在开始使用千分尺前，首先要把它调回零点。为了达到这一目的，把两块砧台(静止的和可移动的)放在一起，然后转动螺丝，以便把指针对准“0”。

(4)手持千分尺：用右手拿着千分尺的把手，把你的食指和大拇指放在旋钮上。

(5)安放千分尺：把千分尺置于待测物体侧位，并让千分尺与待测面相接触。然后轻轻地转动螺纹千分尺，让可移动的砧座与被测物体的表面相接触。

(6)阅读数字：让千分尺位于视线与被测物体的表面，然后观察指针的指向。读数时，从毫米级开始，再读十进制级。

(7)锁紧：用锁紧螺钉将刻度定位，避免读数过程中出现不正常的运动。

(8)存放：在测量完成后，应小心操作，将其储存于干燥的安全处。

在使用千分尺的时候，一定要小心，不要用力过猛。若被测物体过大或硬度过高，则不能用千分尺。另外,在读数值的时候,一定要注意指针的位置。

【学习产出】

请根据表 1-22 的总结评价内容对任务实施及职业素养养成情况进行综合评价。

表 1-22　总结评价内容

评价项目	内容	评价标准	学生评价		教师评价
			自评	互评	
任务实施	掌握千分尺的结构	熟悉千分尺各结构的作用			
	掌握千分尺的使用方法	能够按照操作规程用千分尺测量零件			
职业素养	安全操作	规范穿戴工作服、工作帽,合理使用拆装工具			
	管理规范	任务实施过程中按照5S(整理、整顿、清洁、清扫、素养)管理规范执行,仪器、器件、工具摆放合理,任务完成后工位保持整洁			

任务 4　使用内径百分表检验零件

【学习目标】

态度:培养团队合作意识和严谨认真的工匠精神。

知识:掌握内径百分表的结构。

技能:能够按照操作规程用内径百分表测量零件。

【相关课点】

内径百分表的结构;内径百分表的使用方法。

【建议学时】

2 天。

【学习方法】

查找工具书;实践操作。

【前置任务】

1. 网络检索内径百分表的读数方法;

2. 查看国家制图标准,识读零件图中的尺寸。

一、内径百分表的结构

内径百分表,也称内径测微计,是一种用来测量内孔或其他内部尺寸的量具。它包括下列组成部分。

(1)机体:机体是内径百分表的重要组成部分,包括一个把手、一个固定框架、一个活动框架。

(2)砧座:砧座是内径百分表的顶端,用来测量内径。根据试验结果,将试验分成两批,一批是固定的,一批是活动的。

(3)千分尺:一根装在固定机架上的带螺纹的杆,与活动机架相连。随着可动机架相对于静止机架运动,千分尺也跟着转动。

(4)针:这是一根长形的针,装在千分尺上,并与之一起运动。当指针转动时,表盘上的刻度就会显示出来。

(5)锁定螺丝:这颗螺丝紧靠着千分尺,用来将活动支架和螺丝定位,以便精确测量。

(6)刻度盘:这是内径百分表的一个显示部件,用来显示被测的数值。刻度盘上有一个刻度,它可以随着千分尺转动。

采用内径百分表测量时,先把它放在被测的孔中,然后调节对顶针,就可以测出内径。测量完成后要妥善保存,避免对测量砧台造成损伤。

二、内径百分表的使用方法

使用内径百分表测量时要遵循下列规则。

(1)内径刻度表的准确性:在使用前,应先检查其准确性。如果内径百分表已经破损或者已经被磨损,就不能得到精确的读数。

(2)零点调节:在使用内径百分表前,需要先把它调到零点。首先将两个砧座(静止的和活动的)放在一起,然后转动螺丝,让指针对准“0”。

(3)拿着内径规:用右手抓住内径规的手柄,把食指和大拇指放在外规上。

(4)安放内径百分表:将内径百分表插进要测的孔里,然后让静止的砧座与孔的内壁相接触。接着,轻柔地转动内径百分表,以使得活动的砧座与孔的内面相接触。

(5)阅读数字:把内径百分表放在视线与被测物体之间,然后观察指针的方向。读数的时候,要从毫米级开始,再读十进制级。

(6)读取内径百分表:用锁定螺丝将内径百分表定位,避免读数过程中出现不正常的运动。

(7)储存内径百分表:在测量完成后,应小心操作,将其储存在于干燥的安全处。

在使用内径百分表的时候,一定要小心,不要用力过猛。若被测物体过大或硬度过高,则不应使用内径百分表。另外,在读数值的时候,一定要注意指针的位置。

【学习产出】

请根据表 1-23 的总结评价内容对任务实施及职业素养养成情况进行综合评价。

表 1-23 总结评价内容

评价项目	内容	评价标准	学生评价		教师评价
			自评	互评	
任务实施	按照操作规程用内径百分表测量零件	熟悉内径百分表各部分结构的作用			
	掌握内径百分表的使用方法	能够按照操作规程用内径百分表测量零件			
职业素养	安全操作	规范穿戴工作服、工作帽,合理使用拆装工具			
	管理规范	任务实施过程中按照5S(整理、整顿、清洁、清扫、素养)管理规范执行,仪器、器件、工具摆放合理,任务完成后工位保持整洁			

第 2 部分　数控车床装配实习

项目1　数控车床的机械结构

本项目来源于以 CKA40100V 型数控车床(图 2-1)为例进行的拆装实习。在此项目中,要完成包括 CKA40100V 型数控车床的布局及机械结构辨识。

图 2-1　CKA40100V 型数控车床

数控车床整体结构包括床身、主传动系统及主轴、进给传动系统、卡盘、刀架、尾座、数控装置等部件。主传动系统及主轴部分的功能是使刀具或工件产生主切削运动;进给传动系统是使工件或刀具产生进给运动并实现定位。数控车床的基础部件主要指床身、尾座等,其他辅助装置包括润滑、切削液等系统及装置等。

任务1　数控车床的机械结构辨识

【学习目标】

态度:培养团队合作意识和科学严谨的工作态度。

知识:掌握数控车床主要机械结构的组成;掌握数控车床的布局;了解数控车床机械结构的特点。

技能:能够区分典型数控车床的类型;能够区分数控车床的布局形式;能够说出数控车

床主要机械结构的特点及功能。

【相关课点】

数控车床的机械结构。

【建议学时】

2.5 天。

【学习方法】

查阅工具书;实践操作。

【前置任务】

了解车床的整体结构。

【任务实施】

一、观察数控车床的机械结构

(1)在数控车床静止状态下(图 2-2),找出床身、主轴箱、卡盘、溜板箱、刀架、尾座、数控装置等部件,并在表 2-1 中正确填写。

图 2-2 静止的数控车床

(2)通电启动车床,由实习指导教师在确保安全状态下运转车床。在手动模式下起动主轴,实现主轴的变速及换向;实现滑板沿 Z 轴和 X 轴正负两个方向的运动;实现刀架的换刀动作。

二、认识数控车床典型部件

根据表 2-1 中的图,指出该数控车床部件名称及基本功能。每项 2 分,其中名称和基本功能各 1 分,均正确为合格。

表 2-1　数控机床典型部件名称及基本功能

序号	图示	名称	基本功能
1			
2			
3			

表 2-1(续)

序号	图示	名称	基本功能
4			
5	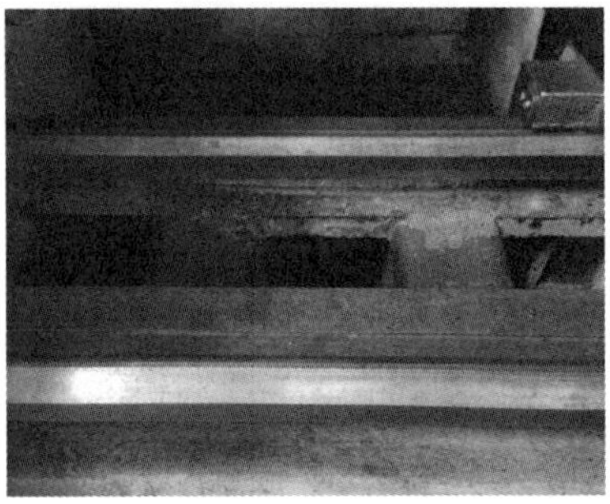		
6			

【操作提示】

(1)观察数控车床的机械结构,检查车床机械部件时应遵循操作规程,确保人身安全。

(2)观察车床运动过程,由专人操作,服从指导教师管理,可拍摄视频,以便同学之间交流。

(3)认真学习数控车床安全操作规程。

【学习产出】

根据表2-2的总结评价内容对任务实施及职业素养养成情况进行综合评价。

表2-2 总结评价内容

评价项目	内容	评价标准	学生评价		教师评价
			自评	互评	
任务实施	数控车床机械结构认识	能正确识别基础部件,记录各部件的功能;分别在静止和运行模式下,仔细观察各类运动功能,完成零件的常规检测			
	知识技能的延伸	能正确识别基础部件,记录各部件的功能,分别在静止和运行模式下,仔细观察各类运动功能,完成零件的常规检测			
		能正确识别基础部件,记录各部件的功能;分别在静止和运行模式下,仔细观察各类运动功能,完成零件的常规检测			
职业素养	安全操作	规范穿戴工作服、工作帽,合理使用拆装工具			
	管理规范	任务实施过程中按照5S(整理、整顿、清洁、清扫、素养)管理规范执行,仪器、器件、工具摆放合理,任务完成后工位保持整洁			

项目 2　数控车床主轴部件的拆卸与装配

本项目主要完成对 CKA40100V 型数控车床主轴部件的拆卸与装配。在学习过程中，需要在了解结构后再进行其他操作。

主轴部件是数控车床的核心部件，其运转精确度、耐磨性能、防振性能、机械强度等都会影响工件加工的质量。此外，机械加工操作过程中还会有环境以及人为因素的影响。因此数控车床的主轴结构设计以及主轴的日常维护等极为重要。

任务 1　数控车床主轴部件的识别

【学习目标】

态度：培养精益求精的工作态度。

知识：了解数控车床主传动系统的特点；了解主轴端部结构的类型；掌握主轴机械结构各部分的基本用途及工作原理。

技能：能熟练进行主轴构成部件的识别。

【相关课点】

主轴部件的结构。

【建议学时】

2.5 天。

【学习方法】

查阅工具书；实践操作。

【前置任务】

熟悉数控车床主轴的作用及特点；了解数控车床主轴部件的构成。

【任务实施】

一、主轴部件的结构

车床主轴零件的旋转精度直接关系到零件的制造质量,而车床的动力和旋转速率又直接关系到车床的工作效率。所以,对主轴零件的转动精度、刚度、抗振动及耐高温的要求都很高。

(一)主轴端部结构

数控车床的主轴端部结构对工件或刀具的精确定位、其安装和拆卸的便捷性以及夹紧装置的精确牢固性有着至关重要的影响。在一些具有代表性的数控车床加工设备中,其主轴端部的结构如图 2-3 所示。

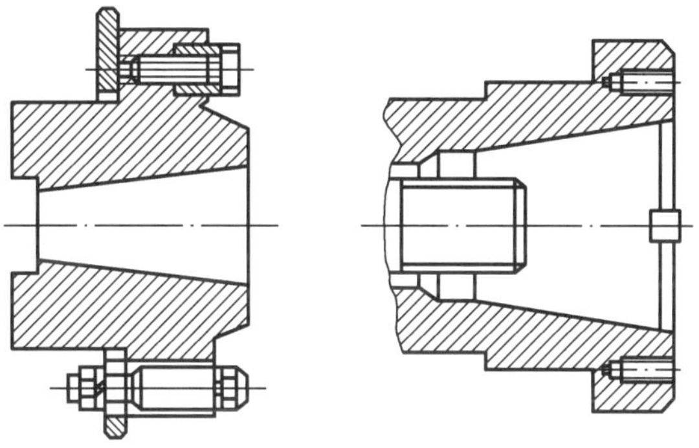

(a) (b)

图 2-3 部分典型数控车床的主轴端部结构

在图 2-3 中,可以看到数控车床的主轴端部设计采用了圆锥法兰盘式结构。这种独特的设计不仅保证了主轴具有极高的定心精度,而且由于主轴悬伸长度被大大缩短,进一步增强了主轴的整体刚度。其结果是,在高速旋转和精确定位的操作过程中,能够提供更稳定可靠的性能。

(二)主轴部件的机械结构

主轴作为车床的关键构件,其结构、尺寸、外形、加工精度、材料和热处理等均直接关系到车床的工作特性。主轴的构造设计依据主要传动系统的功能和需求,形成了多样化的结构布局。

由于其两端安装了重达数吨的卡盘,这就对主轴的强度和稳定性提出了极高的要求。同时为了提高卡盘和主轴端部之间的刚性,还需要设计出合适的连接端,以增强两者间的机械强度和稳定性。图 2-4 是一种典型的数控车床主轴零件的机械构造。

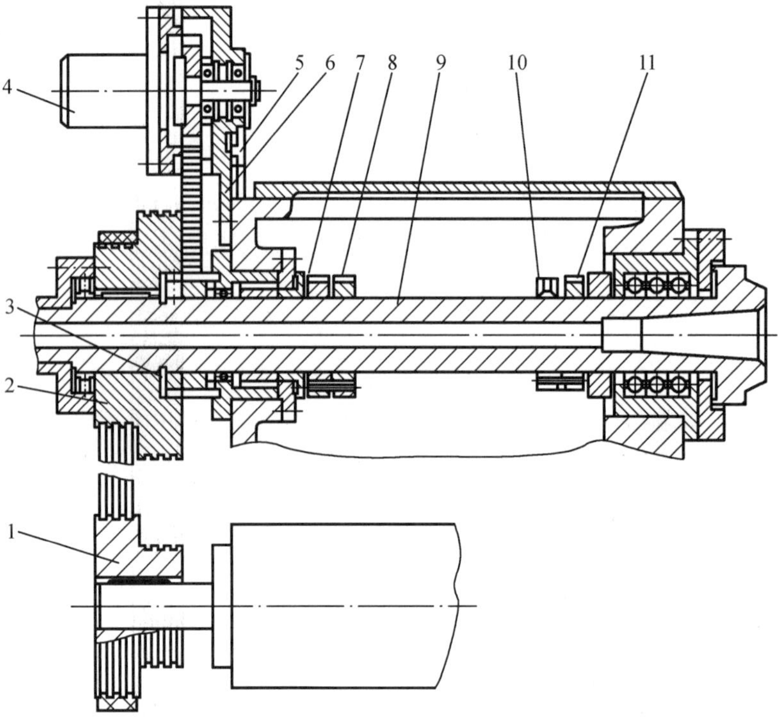

1、2—带轮；3、7、11—螺母；4—主轴脉冲发生器；5—螺钉；
6—脉冲发生器支架；8、10—锁紧螺母；9—主轴。

图 2-4　一种典型的数控车床主轴的机械结构

二、主轴部件识别

主轴部件是车床的一个关键部件，正确识别其组成并了解各组成部分的作用，对后续的拆装很重要。

（一）主轴箱

主轴箱如图 2-5 所示。

作用：主轴箱通常用铸铁铸造而成，主要用于安装主轴零件、主轴电动机、主轴润滑系统等。

（二）主轴本体

主轴本体如图 2-6 所示。

作用：主轴是主传动系统最重要的零件，主轴材料的选择主要由刚度、载荷特点、耐磨性和热处理变形等因素确定。

图 2-5　主轴箱

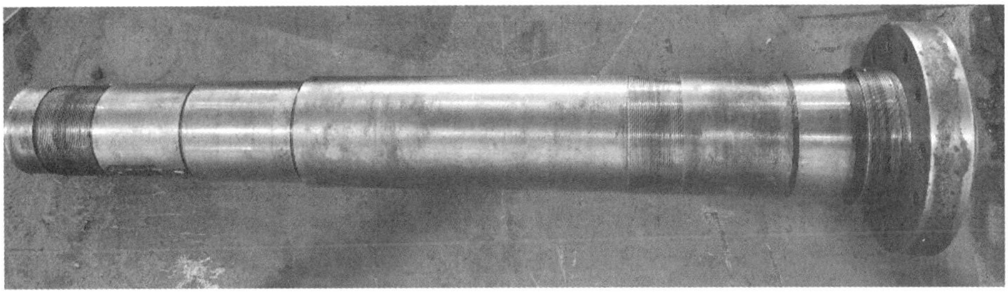

图 2-6　主轴本体

(三)轴承

轴承如图 2-7 所示。

作用:轴承用于支承主轴。

图 2-7　轴承

(四)同步带轮

同步带轮如图 2-8 所示。

作用:固定在主轴上,与同步带啮合传动,带动主轴。

图 2-8　同步带轮

(五)同步带

同步带如图 2-9 所示。

作用:同步带与同步带轮啮合传动,将主轴电动机动力传递给主轴。

图 2-9　同步带

(六)主轴电动机

主轴电动机如图 2-10 所示。

作用:主轴电动机是车床加工的动力源。

图 2-10　主轴电动机

根据图 2-4 所示,主轴部件的基本工作原理可概括如下。

交流主轴电动机通过带轮 1、2 以及配套传动带将动力平稳、精确地传输至主轴 9,从而驱动车床进行各种复杂的切削动作。主轴由前后两个支承支撑,确保其能够稳定而高效地工作。前支承是由三个角接触球轴承构成。每个轴承的前两个大口朝向外部(朝向主轴前端),而另一个大口则朝向内部(朝向主轴后端),形成了一种背靠背的组合形式,为了保证轴承的预紧程度,螺母 11 被安装到轴承上,通过预紧螺母来控制预紧量。后支承采用双列圆柱滚子轴承,它由若干个滚子均匀排列组成,能够承受重负荷的同时又保持了良好的精度。为了调整径向间隙,螺母 3 和螺母 7 被用作调节工具。在整个机械系统中,锁紧螺母 8 和螺母 10 起着保护作用,防止因松动导致的机械故障。它们通过端面上的圆柱销与螺母 7

和螺母11相连接,从而实现对轴承的锁紧。主轴脉冲发生器4是由一对带轮和同步带驱动的,它与主轴一起运转,同步运行。同步带的张紧度需要通过螺钉5来调节。在调整过程中,首先要将机床上用于固定脉冲发生器支架6的螺钉松开,然后进行必要的螺钉拧松操作,以便能够轻松调节同步带。调整完毕后,再次拧紧螺母5,并紧固支架,确保脉冲发生器处于正确位置,从而发挥出最佳性能。

【任务实施】

(1)认识主轴部件,在表2-3中填写各部件名称。每处1分,共4分,得3分为合格。

表2-3　主轴各零部件及其名称

图示	名称	图示	名称

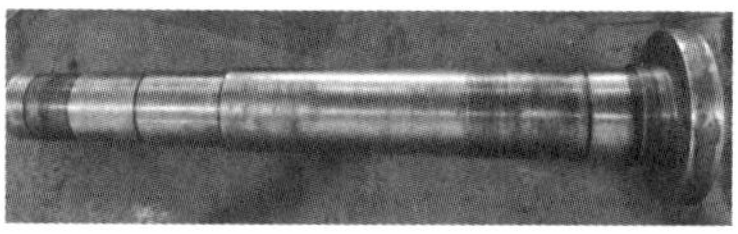			

(2)根据表 2-4 所列的主轴部件维护内容完成相应维护。以一周七天作为一个维护期,每天维护,并且填写好表格。每空 1 分,共 28 分,得 20 分为合格,更重要考核认真的态度。

表 2-4 主轴部件维护内容

序号	内容	一	二	三	四	五	六	七
1	检查润滑是否正常							
2	冷却过滤有无堵塞							
3	主轴孔内有无切屑							
4	机床罩壳及周围场地是否整洁							

【学习产出】

请根据表 2-5 的总结评价内容对任务实施及职业素养养成情况进行综合评价。

表 2-5 总结评价内容

评价项目	内容	评价标准	学生评价		教师评价
			自评	互评	
任务实施	绘制主轴零件图	按照主轴上键槽、孔等部位的精度要求,规范绘制主轴零件图			
	主轴部件的结构认知	熟练掌握典型数控车床的主轴结构			
	主轴部件的维护保养	能对典型车床主轴部件进行基本的维护和保养			
职业素养	安全操作	规范穿戴工作服、工作帽,合理使用拆装工具			
	管理规范	任务实施过程中按照5S(整理、整顿、清洁、清扫、素养)管理规范执行,仪器、器件、工具摆放合理,任务完成后工位保持整洁			

任务 2　主轴部件的拆卸与装配

【学习目标】

态度:培养精益求精的工作态度。

知识:掌握主轴部件的拆卸与装配原则及要领;熟悉轴类、齿轮等零件图。

技能:能对主轴进行拆卸与装配。

【相关课点】

主轴部件的拆卸与装配。

【建议学时】

2.5 天。

【学习方法】

查阅工具书;实践操作。

【前置任务】

熟悉主轴部件的名称与连接及装配知识;学习拆卸与装配的相关知识。

【任务实施】

一、准备主轴拆装工具

准备铜棒、橡胶锤、长铝棒、套筒扳手、撬杠、活扳手、内六角扳手等,如图 2-11 所示。每种工具 1 分,共 7 分,至少准备 5 种正确为合格。

二、拆卸和装配主轴

(一)拆卸主轴

主轴的拆卸过程与装配过程相反,步骤如下。

第 1 步:拆卸传动带和同步带轮。

第 2 步:用内六角扳手旋开盖板后,取下锁紧螺母和垫圈。

第 3 步:选择适当的内六角扳手拆卸卡盘及法兰盘。

第 4 步:松下盖板上的固定螺母后,把主轴从轴承座上取下。

第 5 步:在取下主轴的过程中依次取下主轴前端的轴承和后端的轴承。

第 6 步:全部零部件取下后进行清洗和上润滑脂。

图 2-11　主轴拆装工具

(二)装配主轴

按下面的顺序进行主轴装配。每一步骤 1 分,共 12 分,得 8 分为合格。

第 1 步:依次装上主轴头部盖板和垫圈(图 2-12)。

注意事项:安装顺序与正反方向是否正确。

第 2 步:装入圆柱滚子轴承(图 2-13)

注意事项:润滑脂涂抹均匀,装入轴承。

图 2-12　依次装上主轴头部盖板和垫圈

图 2-13　装入圆柱滚子轴承

第 3 步:依次装入两个角接触球轴承。

第 4 步:装入前轴承套(图 2-14)。

注意事项:外阔宽边相对。

第 5 步:旋入锁紧螺母(图 2-15)。

注意事项:旋入并锁紧。

图 2-14　装入前轴承套

图 2-15　旋入锁紧螺母

第 6 步:将装好轴承的主轴本体装入轴承座中(图 2-16)。

注意事项:因主轴本体较重,需两人配合安装,注意操作安全。

图 2-16　将装好轴承的主轴本体装入轴承座中

第 7 步：主轴后端装入圆柱滚子轴承（图 2-17）。
注意事项：慢慢装入轴承，以免轴承损坏。

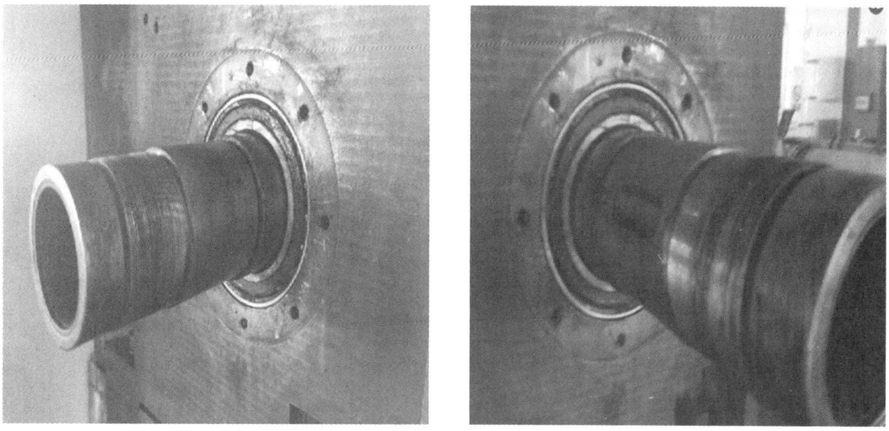
(a)　　(b)

图 2-17　主轴后端装入圆柱滚子轴承

第 8 步：装入端盖（图 2-18）。
注意事项：清理表面后装入。

图 2-18　装入端盖

第 9 步：嵌入垫圈（图 2-19）。
注意事项：旋入并锁紧。

图 2-19　嵌入垫圈

第 10 步:旋入锁紧螺母并嵌入键(图 2-20)。

注意事项:旋入并锁紧。

图 2-20　旋入锁紧螺母并嵌入键

第 11 步：装入带轮（图 2-21）。

注意事项：边安装边拨动带轮旋转，按照旋转方向装入传动带。

图 2-21　装入带轮

第 12 步：主轴前端装好法兰盘和卡盘（图 2-22）。

注意事项：两人配合操作，注意人身安全和机床的安全。

图 2-22　主轴前端装好法兰盘和卡盘

【操作提示】

拆下卡盘及法兰盘时,要小心将一条铜杆插进主轴内,以防碰伤床身,使机器受损。

拆卸下来的轴承和螺母等零件要按照一定的次序排列好,并给它们编号,以备装配之用。

拆卸及装配部件时,对拆卸或组装有困难的部位,要用铜棒轻敲。如果无法拆卸或装配,切勿硬装,必须先分析原因,然后再进行拆卸。

拆卸时对重要构件进行拍照,以避免组装时发生错误。

在拆卸和装配完成后,请将机器清洗干净,并将已用的工具清理干净。

【学习产出】

请根据表 2-6 的总结评价内容对任务实施及职业素养养成情况进行综合评价。

表 2-6　总结评价内容

评价项目	内容	评价标准	学生评价		教师评价
			自评	互评	
任务实施	拆卸同步带轮	能正确进行同步带轮的拆卸,拆下零件应摆放整齐			
	拆卸卡盘和法兰盘	能正确进行卡盘和法兰盘的拆卸,拆下零件应摆放整齐			
	拆卸轴承	能正确进行轴承的拆卸操作,感受轴承的转动过程			
	装配轴承	能正确进行轴承的装配,感受轴承的转动过程			
	装配同步带轮	能正确进行同步带轮的装配			
	装配卡盘和法兰盘	能正确进行卡盘和法兰盘的装配			

表 2-6(续)

评价项目	内容	评价标准	学生评价		教师评价
			自评	互评	
职业素养	安全操作	规范穿戴工作服、工作帽,合理使用拆装工具			
	管理规范	任务实施过程中按照5S(整理、整顿、清洁、清扫、素养)管理规范执行,仪器、器件、工具摆放合理,任务完成后工位保持整洁			

项目 3　数控车床进给传动部件的装配与调试

CKA40100V 型数控车床由数控车床电气系统、十字滑台、刀架等组成,其中滚珠丝杠副、滚动导轨、联轴器等部件是数控车床进给传动系统中应用最为广泛的装置。

床身是整个数控车床的基础,是主要的载体。床身采用高强度铸铁材料制成,具有优良的刚性和稳定性。床身上面装有主轴箱、主轴箱前架、动力头和进给机构。主轴箱包括主轴、主轴马达和齿轮传动机构,主要用于驱动工件旋转。主轴箱前架通过螺栓连接在主轴箱上面,主要用于支撑车刀和伺服电机。

本项目选自机床产业学院,主要完成数控车床进给传动部件的装配与调试。在本项目中,学生将学习如何操作滚珠丝杠副的装配与调试、联轴器与电机安装等问题。同时,还会探讨如何提高加工效率、降低成本。

CKA40100V 型数控车床是一个具有高精度、高速度、高稳定性等特点的数控机床。它采用了先进的数控技术和现代化的机床设计,具有广泛的应用前景。

数控车床具有广泛的应用前景,掌握数控车床进给传动部件的装配与调试具有重要意义。本项目旨在培养高素质的数控车床安装与调试人才,为促进制造业的发展贡献力量。

任务 1　滚珠丝杠副的装配与调试

【学习目标】

态度:培养安全意识和精益求精的工作态度。

知识:熟悉的滚珠丝杠副的种类和基本结构;了解滚珠丝杠副的日常维护与保养。

技能:能正确使用工具、量具完成滚珠丝杠副的装配与调试。

【相关课点】

滚珠丝杠副的装配与调试。

【建议学时】

2.5 天。

【学习方法】

查阅工具书;实践操作。

【前置任务】

熟悉滚珠丝杠副的基本结构和分类,学习滚珠丝杠副的工作原理、结构及装配与调试方法步骤,能够正确使用相关工具。

【任务实施】

一、工具和量具的准备

准备好杠杆百分表及磁性表座、内六角扳手、套筒、锤子等工具和量具,如图 2-23 所示。每样工具 1 分,3 分为合格。

图 2-23　工具和量具

二、装配滚珠丝杠副

根据以下步骤进行滚珠丝杠副的正确装配。每个步骤 1 分,共 8 分,全部正确为合格。

第 1 步:安装轴承座(图 2-24)。

注意事项:使用内六角扳手拧紧螺钉。

第 2 步:安装推力球轴承(图 2-25)。

注意事项:利用套筒、锤子将轴承装入丝杠。

图 2-24　安装轴承座

图 2-25　安装推力球轴承

第 3 步:装配游动端(图 2-26)。

注意事项:装配时使轴承紧贴轴承座的止口,确保安装到位。

第 4 步:装配固定端(图 2-27)。

注意事项:装配时应使轴承紧贴轴承孔止口,使其装配到位,并拧紧电动机支座的螺钉。

第 5 步:测量丝杠上母线相对于导轨的平行度误差(图 2-28)。

注意事项:将螺母移动到最右端,用杠杆百分表测量,测量时用手转动螺母,读取最大值并记录。

图2-26　装配游动端

图2-27　装配固定端

图2-28　测量丝杠上母线相对于导轨的平行度误差

第 6 步:测量丝杠上母线相对于导轨的平行度误差(图 2-29)。

注意事项:将螺母移动到最左端,用杠杆百分表测量,测量时用手转动螺母,读取最大值并记录。将两端数值相减,得出的差值即为上母线相对于导轨的平行度误差,应小于或等于 0.05 mm。

图 2-29　测量丝杠上母线相对于导轨的平行度误差

第 7 步:固定螺母支座(图 2-30)。

注意事项:用内六角扳手拧紧固定螺母。

图 2-30　固定螺母支座

【操作提示】

(1) 安装丝杠时,注意不能和其他部件相撞。

(2) 拆下的螺栓等物品,应按顺序依次摆放整齐。

(3) 在测量时注意杠杆百分表测头不能和其他部件碰撞。

(4) 安装时注意轴承座的安装方向。

【学习产出】

请根据表 2-7 的总结评估内容对任务实施及职业素养养成情况进行综合评价。

表 2-7　总结评价内容

评价项目	内容	评价标准	学生评价		教师评价
			自评	互评	
任务实施	正确安装轴承座、丝杠	能正确安装轴承座、丝杠			
	测量丝杠上母线相对于导轨的平行度误差	能正确测量上母线相对于导轨的平行度误差,记录数据			
	测量丝杠侧母线相对于导轨的平行度误差	能正确测量侧母线相对于导轨的平行度误差,记录数据			
职业素养	安全操作	规范穿戴工作服、工作帽,合理使用拆装工具			
	管理规范	任务实施过程中按照5S(整理、整顿、清洁、清扫、素养)管理规范执行,仪器、器件、工具摆放合理,任务完成后工位保持整洁			

任务2　联轴器与电动机的安装

【学习目标】

态度：培养精益求精的工作态度。

知识：熟悉联轴器基本结构。

技能：能正确进行联轴器与电动机的连接。

【相关课点】

联轴器的分类；联轴器与电动机的安装。

【建议学时】

2.5天。

【学习方法】

查阅工具书；实践操作。

【前置任务】

熟悉联轴器的基本结构和分类；学习相关的工作原理结构及安装与调试方法；能够正确使用相关工具。

一、联轴器的分类

根据连接方式的不同，联轴器可以分为刚性联轴器和挠性联轴器。

（一）刚性联轴器

刚性联轴器只能传递运动和转矩，不具备其他功能，包括凸缘联轴器（图2-31）、套筒联轴器（图2-32）、夹壳联轴器（图2-33）等。

（二）挠性联轴器

挠性联轴器有很好的缓冲性、减振性，承载力适中，更重要的是挠性联轴器允许主动轴和被动轴之间存在一定的安装误差。根据结构的不同挠性联轴器可分为齿式联轴器（图2-34）、滑块联轴器（图2-35）、膜片联轴器（图2-36）等。

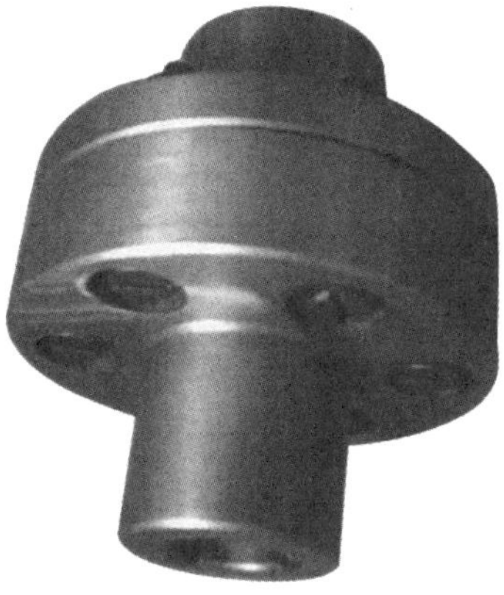

图 2-31　凸缘联轴器

图 2-32　套筒联轴器

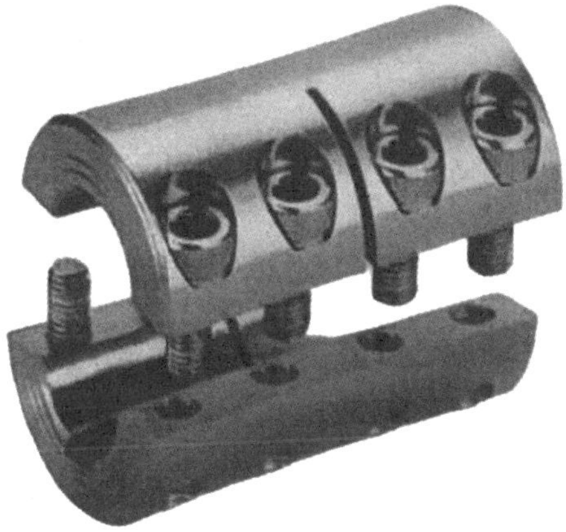

图 2-33　夹壳联轴器

图 2-34　齿式联轴器

图 2-35　滑块联轴器

图 2-36　膜片联轴器

二、联轴器与电动机的安装

(一)联轴器连接丝杠

将联轴器与丝杠进行装配并预紧联轴器左端的螺钉。

(二)安装电动机

将电动机与电动机支架连接并固定,将电动机轴装入联轴器,预紧螺钉。

(三)拧紧螺钉

拧紧联轴器的螺钉,完成安装。

【任务实施】

一、工具准备

准备好内六角扳手、煤油、抹布等,如图 2-37 所示。每样工具 1 分,得 3 分为合格。

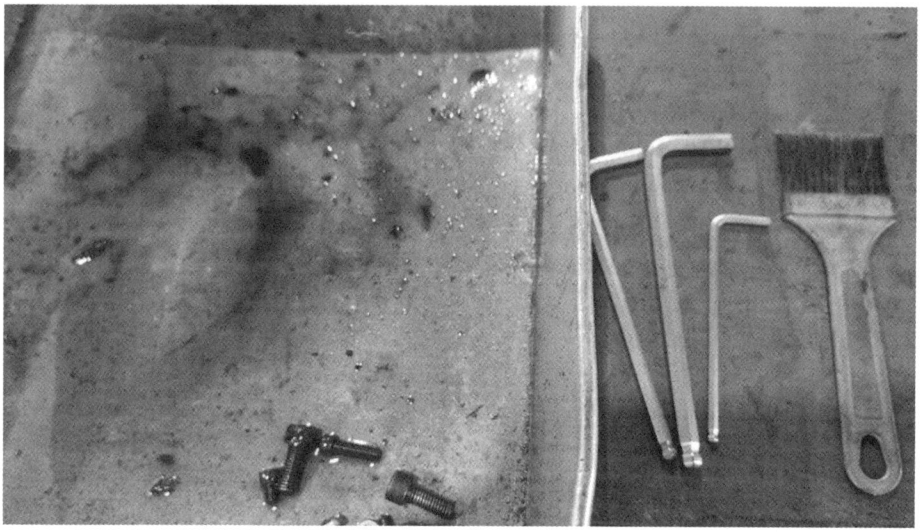

图 2-37 工具准备

二、安装步骤

本任务以挠性联轴器为例介绍其安装过程。每个步骤 1 分,共 4 分,完成为合格。
第 1 步:清洗联轴器(图 2-38)。
注意事项:将联轴器放入煤油中进行清洗,用干净的抹布擦净。

图 2-38　清洗联轴器

第 2 步:连接联轴器与丝杠(图 2-39)。

注意事项:将联轴器与丝杠连接,预紧联轴器上的螺钉。

图 2-39　连接联轴器与丝杠

第 3 步:安装电动机(图 2-40)。

注意事项:将电动机安装在电动机支座上,拧紧螺钉。

第 4 步:拧紧联轴器上的螺钉(图 2-41)。

注意事项:拧紧联轴器上的螺钉,完成安装。

图 2-40　安装电动机

图 2-41　拧紧联轴器上的螺钉

【操作提示】

(1)正确使用工具,工具摆放应整齐规范。

(2)按照安装次序进行安装,安装完成后清洁工作台面。

【学习产出】

请根据表 2-8 的总结评价内容对任务实施及职业素养养成情况进行综合评价。

表 2-8　总结评价内容

评价项目	内容	评价标准	学生评价		教师评价
			自评	互评	
任务实施	联轴器的清洗	能正确清洗联轴器及其相关部件			
	联轴器的安装	安装顺序正确，部件安装牢固，轴运行平稳			
职业素养	安全操作	规范穿戴工作服、工作帽，合理使用拆装工具			
	管理规范	任务实施过程中按照 5S(整理、整顿、清洁、清扫、素养)管理规范执行，仪器、器件、工具摆放合理，任务完成后工位保持整洁			

项目4　数控车床刀架部件的拆装与调试

随着数控车床的发展,数控刀架开始向快速换刀、电液组合驱动和伺服驱动方向发展。

数控刀架的市场分析:国产数控车床今后将向中高档发展,中档采用普及型数控刀架配套,高档采用动力型刀架配套,兼有液压刀架、伺服刀架、立式刀架等品种,近年来需要量可达1 000~1 500台。

本项目选自机床产业学院,主要完成数控车床刀架部件的装配与拆卸。在本项目中,学生将学习如何操作数控车床回转刀架的装配与拆卸等问题。同时,还会探讨如何提高加工效率、降低成本。

任务1　数控车床回转刀架的装配与拆卸

【学习目标】

态度:培养精益求精的工作态度。

知识:熟悉回转刀架的机械结构、转位过程;掌握回转刀架的装配和拆卸过程。

技能:能按照操作规范进行刀架装配与调试。

【相关课点】

典型刀架的分类;四方回转刀架的结构;回转刀架的装配与拆卸。

【建议学时】

2.5天。

【学习方法】

查阅工具书;实践操作。

【前置任务】

熟练掌握四个位置的刀架的结构以及换刀动作的步骤;能够选择合适的刀具及量具进行四方回转刀架的装配与拆卸,并能准确地运用相应的刀具。

一、典型刀架的分类

数控车床使用的刀架是最简单的自动换刀装置。按照其结构形式可分为排刀式刀架、转盘式刀架、转塔式刀架(即回转刀架)等,如图 2-42 至图 2-44 所示;按照其驱动形式可分为液压驱动刀架和电动机驱动刀架(即电动刀架)两种,如图 2-43、图 2-44 所示。

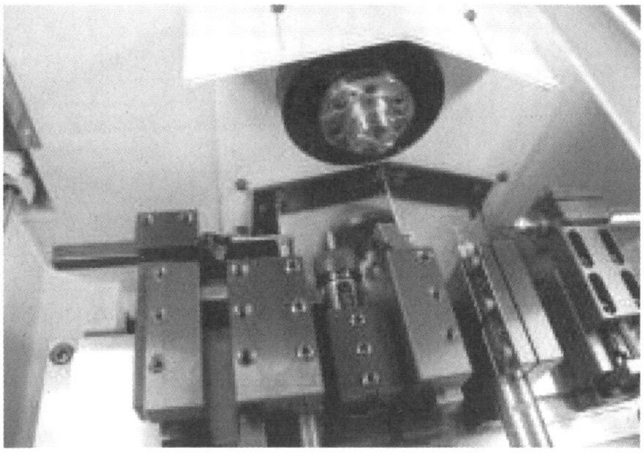

图 2-42　排刀式刀架

图 2-43　转盘式液压驱动刀架

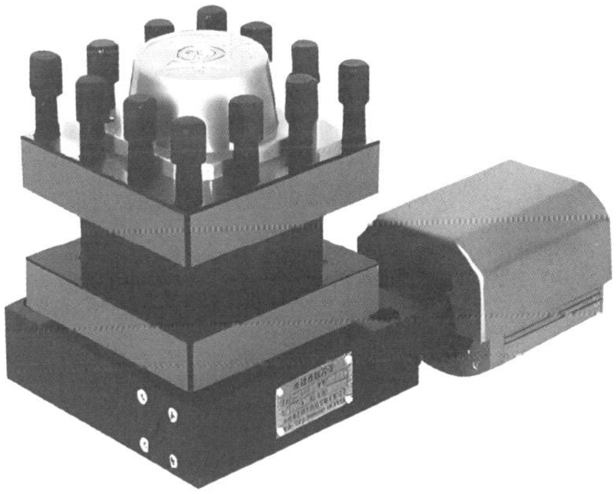

图 2-44　转塔式电动机驱动刀架

二、四方回转刀架的结构

图 2-45 是四方回转刀架的结构简图,它的转轴和机器的主轴是垂直排列的,具有很好的构造,是一种比较经济的数控加工设备。旋转刀架上旋转头的各个刀架是用来装配多种功能的工具的,通过旋转头的转动、分度和定位来完成机器的自动更换。

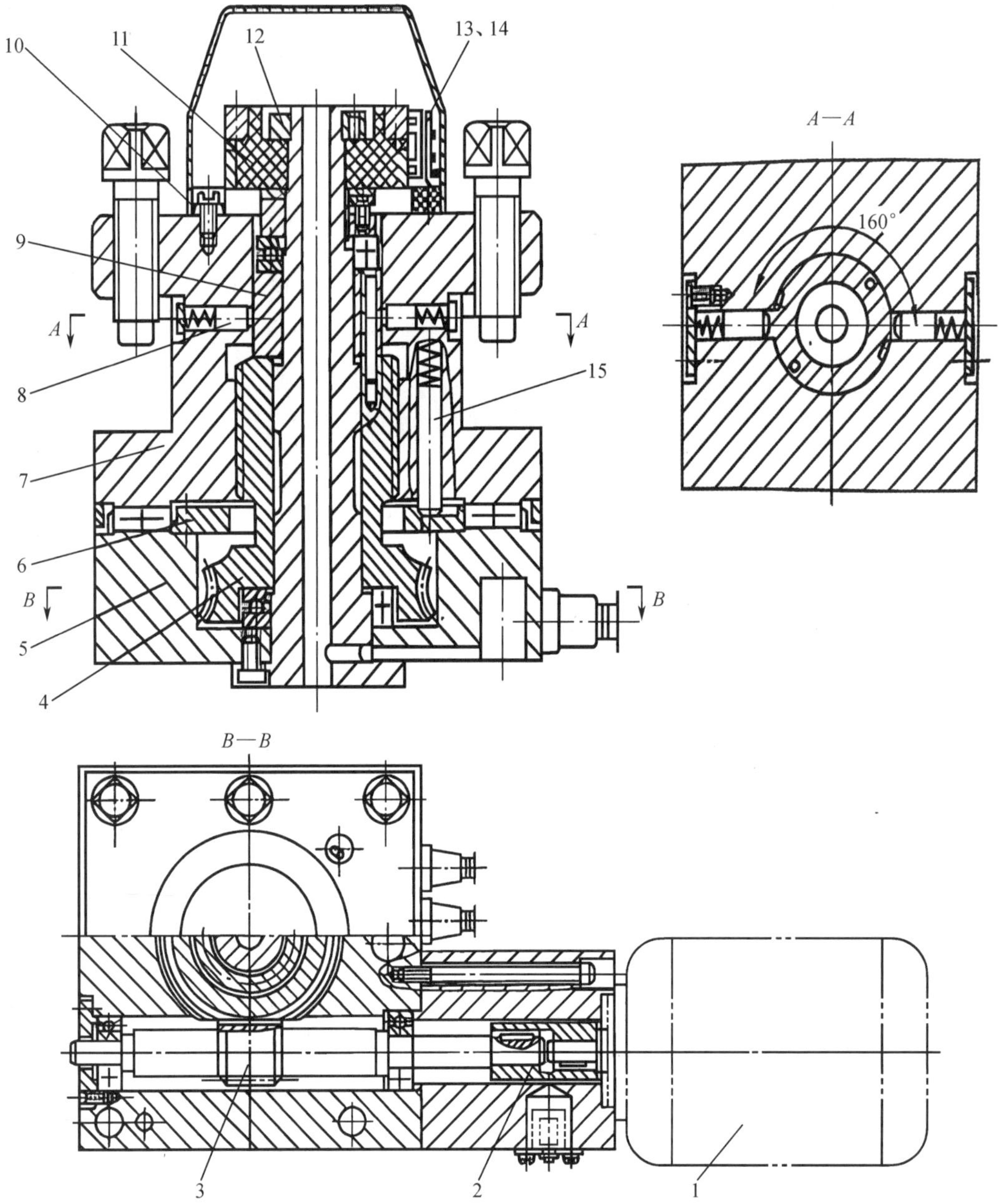

1—刀架电动机;2—平键套筒联轴器;3—蜗杆;4—蜗轮丝杠;5—刀架底座;6—粗定位盘;7—刀架体;8—球头销;9—转位套;10—电刷座;11—发信盘;12—螺母;13、14—电刷;15—粗定位销。

图 2-45　四方回转刀架的结构简图

【任务实施】

一、工具准备

每件工具1分,得6分为合格。

准备好铜棒、螺钉旋具、橡胶锤、套筒扳手、活扳手、内六角扳手等工具

二、回转刀架的拆卸

回转刀架的拆卸,过程中要注意选择合适的工具。每个步骤1分,共12分,全部正确为合格。

第1步:拆卸上防护盖(图2-46)。

第2步:拆卸发信盘连接线(图2-47)。

图2-46　拆卸上防护盖

图2-47　拆卸发信盘连接线

第3步:拆卸发信盘锁紧螺母(图2-48)。

第4步:拆卸磁钢(图2-49)。

第5步:拆卸转位盘锁紧部件(图2-50)。

第6步:拆卸转位盘(图2-51)。

第7步:拆卸刀架体(图2-52)。

第8步:旋出刀架体(图2-53)。

第9步:拆卸粗定位盘(图2-54)。

图 2-48　拆卸发信盘锁紧螺母

图 2-49　拆卸磁钢

图 2-50　拆卸转位盘锁紧部件

图 2-51　拆卸转位盘

图 2-52　拆卸刀架体

(a)

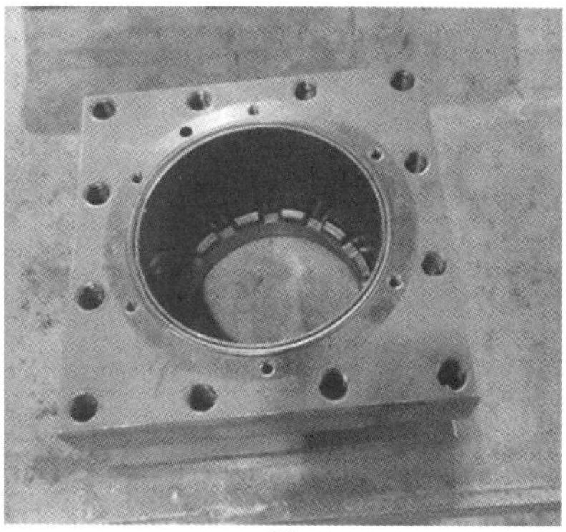

(b)

图 2-53　旋出刀架体

图 2-54　拆卸粗定位盘

第 10 步：拆卸刀架底座(图 2-55)。

图 2-55　拆卸刀架底座

第 11 步：拆卸刀架蜗杆（图 2-56）。

图 2-56　拆卸刀架蜗杆

第 12 步：拆蜗轮（图 2-57）。

图 2-57　拆蜗轮

三、回转刀架的装配

装配过程是拆卸过程的反过程，把各零件装配起来，以实现刀架的校位功能。其过程如下：

(1)清洗各部件，注意两对销子不能搞错，并在旋转部位加注清洁黄油。端齿部位及刀架底座旋转面加注清洁机油。

(2)将蜗轮、推力轴承垫圈、推力轴承、主轴从刀架底座底部装入。

(3)从上面装上丝杠，丝杠下部的两凸台装入蜗轮的两个槽中。

(4)将两个反靠定位销蘸上黄油后插入螺母上的两个孔，将刀架体、外端齿、螺母旋入丝杠，旋至丝杠超出螺母1~2mm，从螺母上面将弹簧和离合销分别装入两个反靠定位销孔中。装上离合盘(离合盘与丝杠连接的圆柱销孔是不对称的，注意位置)。转动刀架体，使离合销插入离合盘槽中。

(5)装上轴承、小键、止退垫圈、大螺母。大螺母的松紧以刀架在松开状态时大螺母旋紧后再反向松开30°~40°为准。

(6)手动旋转蜗杆轴端内六角，使每个刀位能正常锁紧、松开、转位。如刀架转到位后锁不下去，有可能是由于蜗轮、轴承、主轴的尺寸有积累误差而影响离合销、反靠定位销的总长，可通过适当缩短离合销的长度来解决。如刀架锁紧时错位，有可能是离合销和反靠定位销加起来的总长短了，可增加离合销的长度。刀架在锁紧时，离合销与反靠定位销的总长以比反靠定位销在离合盘的下平面的长度短0.1~0.15 mm为准。

(7)拧上大螺母上的防松螺钉。

(8)装上发信盘，接上信号线。注意发信盘的霍尔元件位置基本与磁钢对齐，红线接“+”，绿线接“-”，其他根据刀位号以顺时针黄、橙、蓝、白连接。

(9)将刀架装上机床，通电试运行，观察是否正常。

四、回转刀架的日常维护工作

回转刀架的维护与维修一定要紧密结合起来，维修中容易出现故障的地方，就要重点维护。回转刀架的日常维护主要包括以下几个方面。

(1)在每次工作之前，清除掉回转刀架表面的尘土及碎屑。刀架上的零件上很容易残留一些碎屑，如果粘在一起，就很难清理干净，而且还会和切削液混合，造成氧化腐蚀。由于刀架都是在转动的时候提升起来，在就位的时候就会倒转掉下，很有可能会把没有来得及清理干净的切屑留在其中。所以，在每一次工作结束之前，都要清理掉回转刀架表面的切屑和灰尘，以避免它进入刀架内部。

(2)应及时清理刀架体上的异物，避免其进入刀架内部(图2-58)。确保回转刀架的换向平稳顺畅，有助于维持回转刀架的旋转精度；要及时拆卸和清洗旋转刀架内的机械接口，否则很容易出现故障，例如内齿盘中有切屑将引起夹持不稳或引起切削尺寸的偏差。应定期清理回转刀架，拆卸回转刀架，定位齿盘。

图 2-58　清理刀架体上的异物

(3)严禁超负荷使用。

(4)严禁撞击、挤压通往回转刀架的连线。

(5)降低回转刀架不连续冲击(断续切割)的概率,养成良好的使用习惯,避免与卡盘、尾座等零件发生碰撞。

(6)保持回转刀架的润滑,并经常检查回转刀架内的润滑状况,如图 2-59 所示。若润滑不好,容易使旋转零件卡死,刀架无法启动。

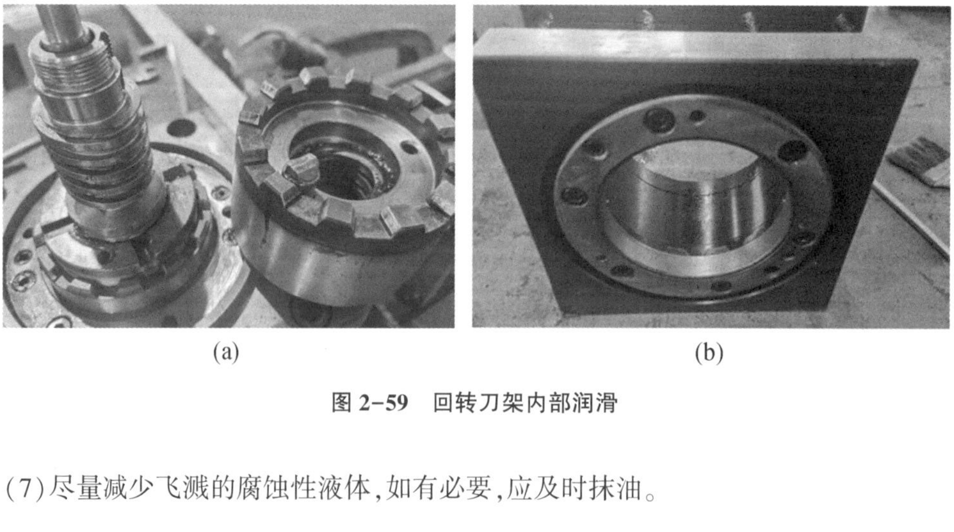

(a)　(b)

图 2-59　回转刀架内部润滑

(7)尽量减少飞溅的腐蚀性液体,如有必要,应及时抹油。

(8)注意回转刀架预紧力大小要调节适度,如过大会导致回转刀架不能转动。

(9)要经常检查导线、传感器元件盘(发信盘)、电磁铁,注意发信盘螺帽连接是否拧紧,如果松了,容易造成刀架越位(超)或旋转不到位。

(10)要经常检查刀架内的机器配合,若配合不好很容易导致刀架夹持不住。

(11)经常检查刀架内侧的反靠销、弹簧、后靠棘轮等,防止机器卡住。

【操作提示】

(1)在刀架的拆卸过程中,应将各零部件集中放置,特别要注意细小零件的存放,避免遗失。

(2)刀架的装配基本上是拆卸的逆过程,按正确的安装顺序把刀架装好即可。操作时要注意保持双手的清洁,并注意零部件的保护。

【学习产出】

请根据表 2-9 的总结评价内容对任务实施及职业素养养成情况进行综合评价。

表 2-9　总结评价内容

评价项目	内容	评价标准	学生评价		教师评价
			自评	互评	
任务实施	回转刀架的拆卸	能正确进行回转刀架的拆卸			
	回转刀架的装配	能正确进行回转刀架各零件的装配			
	通电试运行	每个刀位能正常锁紧、松开、转位			
职业素养	安全操作	规范穿戴工作服、工作帽,合理使用拆装工具			
	管理规范	任务实施过程中按照5S(整理、整顿、清洁、清扫、素养)管理规范执行,仪器、器件、工具摆放合理,任务完成后工位保持整洁			

任务2　回转刀架内部换刀机构的安装与调试

【学习目标】

态度:培养精益求精的工作态度。

知识:熟悉回转刀架的调试方法;了解回转刀架的日常维护与保养。

技能:能按照操作规范进行回转刀架内部换刀机构的安装与调试。

【相关课点】

回转刀架内部换刀机构的安装与调试。

【建议学时】

2.5天。

【学习方法】

查阅工具书;实践操作。

【前置任务】

熟悉离合盘及离合销;认识止退垫圈、键、轴承;能安装离合盘、离合销、弹簧、反靠定位销等零件;能够正确使用相关工具。

【任务实施】

一、回转刀架内部换刀机构概述

数控车床上使用的回转刀架是一种最简单的自动换刀装置,根据不同加工对象,可以设计成四方刀架和六角刀架等多种形式。回转刀架上分别安装着四把、六把或更多的刀具,并按数控装置的指令换刀。

回转刀架在结构上应具有良好的强度和刚性,以承受粗加工时的切削抗力。由于车削加工精度在很大程度上取决于刀尖位置,对于数控车床来说,加工过程中刀尖位置不进行人工调整,因此更有必要选择可靠的定位方案和合理的定位结构,以保证回转刀架在每一次转位之后具有尽可能高的重复定位精度。

数控车床回转刀架动作的要求是:刀架抬起、刀架转位、刀架定位和夹紧刀架。为完成上述动作要求,要有相应的机构来实现。

二、回转刀架内部换刀机构的安装

(一)工具准备

准备好铜棒、螺钉旋具、锤子、套筒扳手、活扳手、内六角扳手等工具,如图 2-60 所示。每件工具 1 分,得 6 分为合格。

图 2-60　工具准备

(二)回转刀架内部换刀机构的安装

完成回转刀架内部换刀机构的安装,安装过程中注意选择合适的工具。每个步骤 1 分,共 21 分,步骤全部正确为合格。

第 1 步:清洗刀架(图 2-61)。

注意事项:安装前,用柴油清洗所有待安装的零部件。

图 2-61　清洗刀架

第 2 步:清洗并安装蜗杆(图 2-62)。

注意事项:用柴油清洗轴承(角接触轴承)和蜗杆,再将轴承安装到蜗杆上(注意面和背的朝向)。安装轴承要涂润滑脂。

图 2-62 清洗并安装蜗杆

第 3 步:安装联轴器和电动机座(图 2-63)。

注意事项:将平键固定好,安装好联轴器。用内六角螺钉固定好电动机座。

图 2-63 安装联轴器和电动机座

第 4 步:固定端盖(图 2-64)。

注意事项:将端盖固定好。

图 2-64　固定端盖

第 5 步:安装蜗轮(图 2-65)。

注意事项:用柴油清洗干净蜗轮,涂上润滑脂,将其安装到刀架底座,与蜗杆配合。

图 2-65　安装蜗轮

第 6 步:固定中心轴(图 2-66)。

注意事项:选取合适的垫片,使用螺钉固定中心轴。

图 2-66　固定中心轴

第 7 步:安装霍尔元件(图 2-67)。

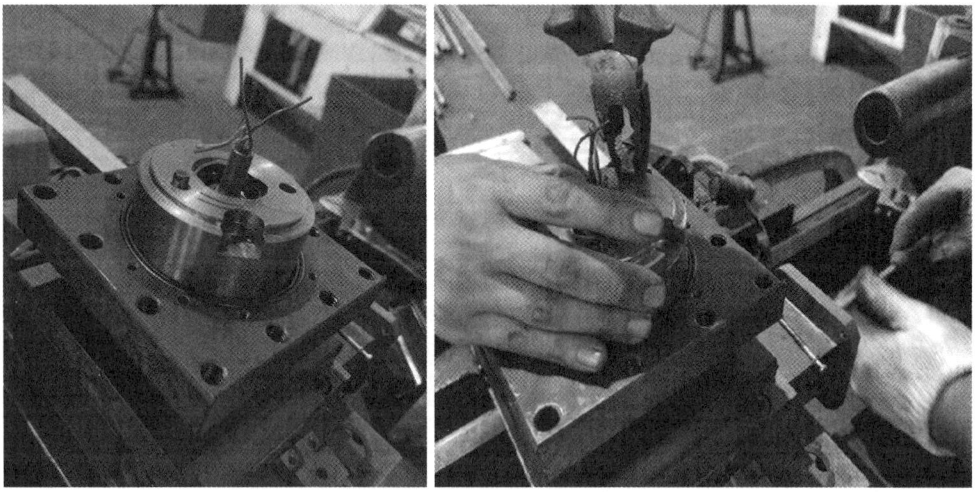

图 2-67　安装霍尔元件

第 8 步:安装电动机(图 2-68)。

注意事项:将刀架电动机安装好。

图 2-68　安装电动机

第 9 步:固定电动机罩(图 2-69)。
注意事项:拧紧螺丝。

图 2-69　固定电动机罩

第 10 步:安装小螺母(图 2-70)。
注意事项:将小螺母旋紧。

图 2-70　安装小螺母

第 11 步:安装线圈(图 2-71)。

图 2-71　安装线圈

第 12 步:安装定位盘(图 2-72)。

注意事项:用螺钉将磁钢定位盘固定

图 2-72　安装定位盘

(三)转塔式刀架的调试

1. 刀架不能启动

(1)机械方面

①刀架预紧力太大。用六角扳手插进蜗轮的末端,转动起来很困难,而用力的话,就能转动,但下一次夹持后,刀柄仍然无法启动。这一现象是由于预紧过度造成的,可以通过调整刀片架马达的夹持电流来解决。

②刀架的机械部分卡住了。蜗轮端面旋转蜗轮不能顺时针旋转,其原因为机械卡滞。首先,要查看锁紧机构的反向抵靠在棘齿凹槽中的定位销,如果有,就需要转动反靠棘齿与螺杆连接销孔,转动一定角度再穿孔连接;其次,先查看锭子螺帽的锁紧情况,若锁紧了,再进行调节;最后,因润滑不佳而使转动零件死掉,这时要将其拆下,视具体状况而进行润滑。

(2)电气方面

①电源不通,马达也不转了。检查熔体状态是否良好,电源开关是否接通,开关是否处于适当的位置。用万用表测定电容器的电压,发现其电压值在允许的范围之内,可以采取相应的方法,如更换熔断器,调整开关位置,使接通部位接触良好等。另外,还应该考虑到刀架和控制器有没有断线、刀架内部有没有断线、刷式霍尔元件的位置是否发生了改变,造成的不能正常工作。

②电源接通后,刀架电机反向转动,可以判断为刀架电机的倒相。检查线路,变换相序,排除故障。

③手动换刀正常、机控不换刀。此时应重点检查计算机与刀架控制器引线、计算机 I/O

接口及刀架到位回答信号。

2. 刀架连续运转、到位不停

因为刀架可以持续工作,因此不会有机械上的问题,主要是从电学上进行检测。

检测刀架的定位信号,如果没有定位的信号,就说明传送盘有问题。在这种情况下,可以检查发送盘的弹性触头有没有磨损,发送盘的地线有没有断开、接触不良或漏接,要不要更换弹性片触头或者重新制作,根据线路中的继电器接触情况、限位开关接触情况、线路连接情况来判断线路故障。

当仅出现某个刀位不能定位时,则一般是该刀位信号线断路所致。

3. 刀架越位过冲或转不到位

刀架越位过冲故障的机械原因可能性较大,主要是反靠装置不起作用。

检查反靠定位销是否灵活,弹簧是否疲劳。若是,应修复反靠定位销使其灵活或更换弹簧。检查反靠棘轮与蜗杆连接是否断开,若断开,需更换连接销。若仍出现过冲现象,则可能是由于刀具太长或过重引起,此时应更换弹性模量稍大的定位销弹簧。

如果说刀架运行不到位(有时候会在半路上停住),那就是因为传信板接触件和弹性件接触没有对准,也就是说,刀位信号胶木盘的位置发生了固定的偏差,所以要对发信板和弹性片接触件的位置进行调整,并将其牢固地固定住。

4. 刀架不能正常夹紧

当发生此错误时,可以按照下列方式进行故障检修:

(1)检查夹紧开关位置是否固定不当,并调整至正常位置。

(2)用万用表检查其相应线路继电器是否能正常工作,触点接触是否可靠。若仍不能排除,则应考虑刀架内部机械配合是否松动。有时会出现由于内齿盘上有碎屑造成夹紧不牢而使定位不准,此时应调整其机械装配并清洁内齿盘。

【学习产出】

请根据表 2-10 的总结评价内容对任务实施及职业素养养成情况进行综合评价。

表 2-10　总结评价内容

评价项目	内容	评价标准	学生评价		教师评价
			自评	互评	
任务实施	回转刀架的拆卸	能正确进行回转刀架的拆卸			
	回转刀架的装配	能正确进行回转刀架各零件的组装与调整			
	回转刀架试运行	每个刀位能正常锁紧、松开、转位			

表 2-10(续)

评价项目	内容	评价标准	学生评价		教师评价
			自评	互评	
职业素养	安全操作	规范穿戴工作服、工作帽，合理使用拆装工具			
	管理规范	任务实施过程中按照5S(整理、整顿、清洁、清扫、素养)管理规范执行，仪器、器件、工具摆放合理，任务完成后工位保持整洁			

项目5　数控车床其他部件的拆装与调试

数控车床中的其他零件主要有卡盘、尾座等。卡盘是一种常用的机床夹具,通过在卡盘主体上均匀分布的可动爪的径向运动实现对工件的定位与夹持。在数控车削中,尾座的功能就是利用安装在其上的顶头对工件进行顶压,以保证加工的稳定。其运动分为两部分:一是尾部本体的运动;二是尾部套管的运动。尾座本体的运动具有两大功能:一种功能是对轴类零件进行加工,使其处于工作状态;另一种功能是在进行短、盘等工件的加工过程中,使其处于无干扰状态。运动尾座套可以顶起或松动工件。

本项目选自齐三机床有限公司,主要通过对数控车床其他部件进行拆装与调试的过程,使学生熟悉卡盘、尾座的结构,使学生能按照操作标准对其进行拆装,并符合工艺要求。在此过程中,应使学生学会使用工具、量具,注意人身和设备的安全,培养具有团队合作意识的高素质人才,为促进制造业的发展贡献力量。

任务1　数控车床卡盘的拆装与调试

【学习目标】

态度:培养团队合作意识。

知识:熟悉数控车床卡盘的基本结构与常见种类;掌握数控车床卡盘的拆卸和装配过程。

技能:按照操作规范进行数控车床卡盘的拆卸与装配,拆卸零件时应摆放整齐,安装零件时要操作规范,整体达到技术要求。

【相关课点】

数控车床卡盘的分类;数控车床卡盘的装配。

【建议学时】

2.5天。

【学习方法】

查阅工具书；实践操作。

【前置任务】

熟悉数控车床卡盘的基本结构和分类；学习数控车床卡盘的安装与调试方法；能够正确使用相关工具。

【任务实施】

一、数控车床卡盘的分类

按驱动卡爪所用动力不同，一般数控车床用卡盘可分为手动卡盘和动力卡盘两种。

手动卡盘为通用附件，常用的有自定心卡盘和每个卡爪可以单独移动的单动卡盘。

动力卡盘多为自定心卡盘，配以不同的动力装置（气缸、液压缸或电动机），便可组成气动卡盘、液压卡盘或电动卡盘。

（一）自定心卡盘

自定心卡盘一般由卡盘体、活动卡爪和卡爪驱动机构三部分组成。卡盘体直径最小为 ϕ65 mm，最大可达 ϕ1 500 mm，中央有通孔，以便通过工件或棒料，背部有圆柱形或短锥形结构，直接或通过法兰盘与车床主轴端部连接，如图 2-73 所示。

（二）单动卡盘

单动卡盘的每个卡爪底面有内螺纹与丝杠连接，用扳手转动各个丝杠便能分别使相连的卡爪做径向移动。单动卡盘适用于夹持四方形或不对称形状的工件，如图 2-74 所示。

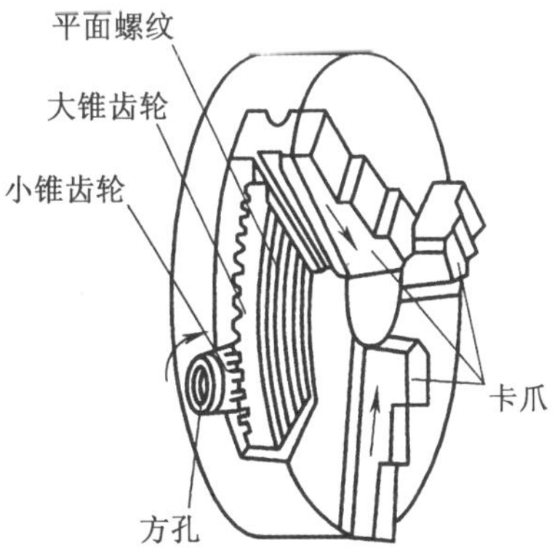

图 2-73　自定心卡盘

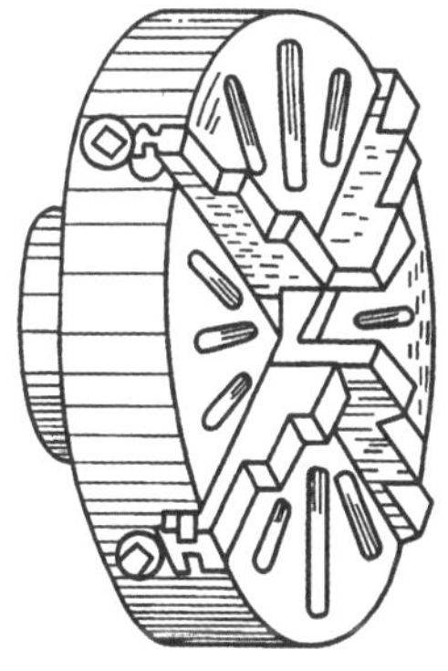

图 2-74　单动卡盘

(三)液压卡盘

数控车床的液压卡盘主要由固定在主轴后端的液压缸和固定在主轴前端的卡盘两部分组成。其夹紧力大小可通过调整液压系统的压力进行控制,具有结构紧凑、动作灵敏、能实现较大夹紧力的特点。

图 2-75 所示为 MJ-50 型数控车床上采用的一种液压卡盘。卡盘体 9 用螺钉 10 固定安装在主轴前端,回转液压缸 1 固定在主轴后端。卡盘的松开过程是:回转液压缸 1 内的压力油推动活塞和空心拉杆向卡盘的方向移动,即图示向右移动。驱动滑套 4 向右移动,然后卡爪座 11 带着卡爪 12 沿径向移动。由于滑套上的楔形槽的导向作用,卡盘松开。反之,当活塞和拉杆向主轴后端移动时,即图示向左移动时,即可实现卡盘的夹紧。

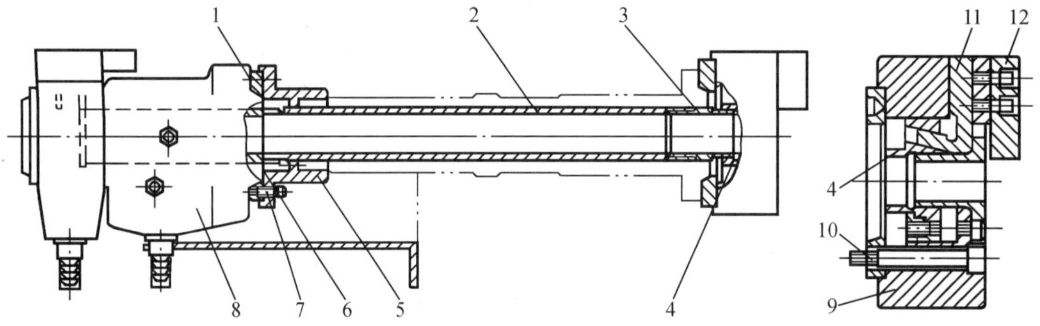

1—回转液压缸;2—空心拉杆;3—连接套;4—滑套;5—接套;6—活塞;7、10—螺钉;
8—回转液压缸箱体;9—卡盘体;11—卡爪座;12—卡爪。

图 2-75　MJ-50 型数控车床上采用的一种液压卡盘

(四)楔形套式动力卡盘

楔形套式动力卡盘也是自定心卡盘的一种,配以不同的动力装置(气缸、液压缸或电动机),便可以组成气动卡盘、液压卡盘或电动卡盘。气缸或液压缸装在机床主轴后端,用穿在主轴孔内的拉杆或拉管推拉主轴前端卡盘体内的楔形套,由楔形套的轴向进退使三个卡爪同时径向移动。这种卡盘动作迅速,卡爪移动量小,适用于大批量生产。图 2-76 所示为 K55 系列楔形套式动力卡盘示意图,卡盘配置梳齿坚硬的卡爪和软爪各一副,适用于高速(转速小于或等于 4 000 r/min)全功能数控车床上进行各种棒料、盘类零件的加工。

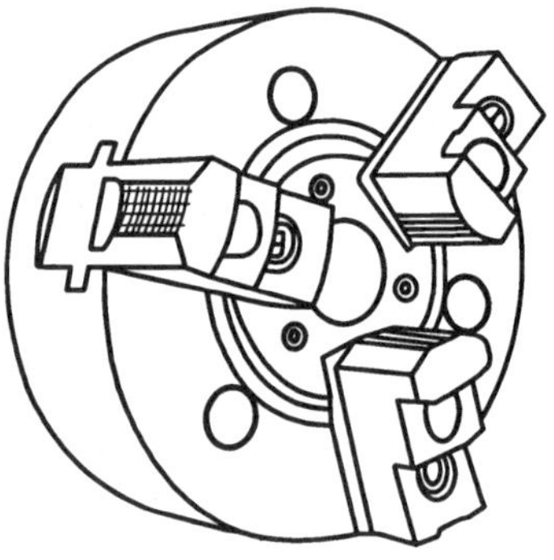

图 2-76　K55 系列楔形套式动力卡盘

二、数控车床卡盘的装配

(一)工具准备

备好螺丝扳手,套筒扳手,活扳手,六角扳手,夹头扳手,三爪卡盘的前、后两个角,等等。图 2-77 是卡盘扳手和内六角扳手。每种刀具 1 分,得 5 分为及格。

(二)安装主轴端法兰

全部步骤正确为合格。

先安装主轴端的法兰,图 2-78 所示为主轴端法兰安装完毕。

图 2-77　卡盘扳手和内六角扳手

图 2-78　主轴端法兰安装完毕

(三)安装卡盘体

全部步骤正确为合格。

在床身卡盘下方加木板,以防夹头脱落压坏床身。接着将卡盘体装在心轴上,用内六角扳手和夹盘扳手两手协作拧紧,如图 2-79(a)所示。图 2-79(b)为卡盘体的实视图。

(四)正、反卡爪的装配及拆卸过程

每个步骤 1 分,共 3 分,全部步骤正确为合格。

(a)　　(b)

图 2-79　安装卡盘体

1. 正卡爪的安装

在安装之前,应该仔细清洁卡盘和卡爪,然后将卡盘扳手的方榫插入卡盘体上的方孔中,按顺时针方向旋转,驱动大锥齿轮回转,当其背面的平面螺纹的螺头转到接近槽时,将卡爪插入卡盘体的槽内;安装好卡爪后,继续沿顺时针方向旋转卡盘扳手,将另一个卡爪插入卡盘体的另一槽内:卡爪安装好后,继续沿顺时针方向转动卡盘扳手,安装最后一个卡爪。安装三个卡爪时,应按顺时针方向进行,在一圈之内三个卡爪全部装上,防止平面螺纹的螺纹头转过头。随着卡盘扳手的继续转动,三个卡爪同步沿径向向心移动,直至汇聚于卡盘的中心。

2. 正卡爪的拆卸

将夹头扳手顺时针转动,三卡爪在径向上同时做离心运动,直到离开夹头本体为止。当卡爪退出卡盘本体的时候,一定要小心,以免卡爪从卡盘本体上脱落而损坏。

3. 反卡爪的安装与拆卸

因加工需要更换反卡爪时,可按同样的方法进行反卡爪的安装和拆卸。

【操作提示】

(1)在装、卸夹头之前,必须先切断马达的电源,然后关掉机器的主电源。

(2)三卡爪安装时,要顺时针转动,三卡爪要在一个循环内安装好,以避免出现问题。

(3)把夹头扳手上的方榫插入夹头本体的方形方槽内,沿径向转动,可使夹头沿径向向内运动,从而达到夹持工件的目的;顺时针转动,使夹爪在径向上做离心运动,即可卸料。使用后的夹头扳手应立即拆除。

(4)在拆卸和安装自复位卡盘时,要按照序号顺序依次进行,小心不能落下。

【学习产出】

请根据表 2-11 的总结评价内容对任务实施及职业素养养成情况进行综合评价。

表 2-11　总结评价内容

评价项目	内容	评价标准	学生评价		教师评价
			自评	互评	
任务实施	法兰盘的安装	能正确安装法兰盘			
	卡盘的安装	能正确安装卡盘			
	正卡爪的安装	能正确安装三个正卡爪			
	正卡爪的拆卸	能正确拆卸三个正卡爪			
	反卡爪的安装	能正确安装三个反卡爪			
	反卡爪的拆卸	能正确拆卸三个反卡爪			
职业素养	安全操作	规范穿戴工作服、工作帽,合理使用拆装工具			
	管理规范	任务实施过程中按照 5S(整理、整顿、清洁、清扫、素养)管理规范执行,仪器、器件、工具摆放合理,任务完成后工位保持整洁			

任务 2　数控车床尾座的拆卸与装配

【学习目标】

态度:培养团队合作意识。

知识:掌握数控车床尾座的结构及动作过程;学会数控车床尾座的拆卸与装配。

技能:按照操作规范进行数控车床尾座的拆卸与装配,拆卸零件时应摆放整齐,安装零件时应操作规范,整体达到技术要求。

【相关课点】

数控车床尾座的分类;数控车床尾座的装配;数控车床尾座的保养。

【建议学时】

2.5天。

【学习方法】

查阅工具书；实践操作。

【前置任务】

熟悉数控车床尾座的基本结构和分类；学习数控车床尾座的拆卸与装配方法及步骤；能够正确使用相关工具。

【任务实施】

一、数控车床尾座的分类

尾座是数控车床的一个重要组成部分，用来支撑轴类零件的车削和钻削。在数控车削轴类件时，把顶头装在尾座上，对工件进行顶紧，确保了加工的稳定。如图2-80所示，采用一夹一顶的方式装夹工件，"一顶"即用装在尾座上的顶头对工件进行顶压，然后用夹头夹住工件的另一头。

图2-80　采用一夹一顶的方式装夹工件

根据传动机构的不同，数控车削加工可分为手动操纵式和液压操纵式两种。图2-81是一种液压传动式的尾座，在它的后部装有一个进、出油的管道，用于控制尾部座套筒的运动。

图2-82所示为一种普通手动操纵式尾座。在其顶头的外侧设有一套筒，该套筒的外侧设有一可滑动的钥匙，它的主要功能是引导套管的伸缩。在该套筒中还装有一带有梯形齿的螺帽，该螺帽可与梯形齿的螺杆相旋。其运动由尾部本体的运动和尾部套筒的运动两

部分组成。其中尾部本体的运动由操作者手动推动,而尾部套筒的运动则由手动手轮来完成,并由螺杆机构将转动运动转变为套筒的线性伸缩运动。

图 2-81　液压传动式尾座

图 2-82　手动操纵式尾座

尾座尾末端装有一个固定凸缘(用来对螺杆进行定位),凸缘上装有一个轴承。将把手装在手轮上,并用两块扁平垫片和螺帽将其紧固。用手扳动手轮上的把手,带动螺杆旋转,就可实现套筒的往复运动。

二、数控车床尾座的装配

(一)工具和量具的准备

准备好铜棒、螺钉旋具、橡胶锤、杠杆百分表、套筒扳手、活扳手、内六角扳手等工具。图 2-83 所示为部分拆装工具。每件工具 1 分,得 5 分为合格。

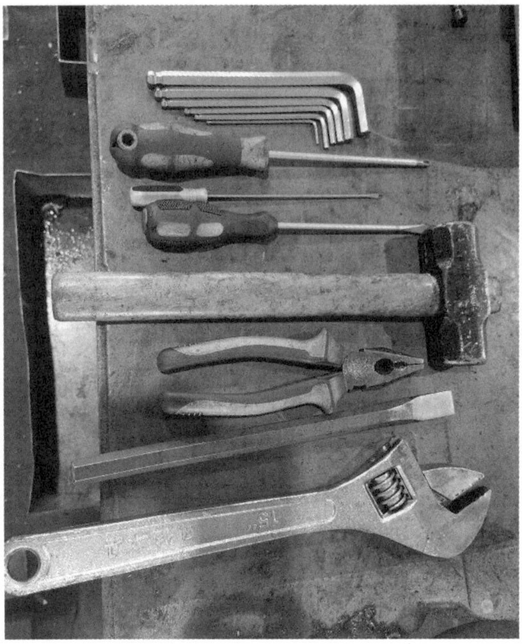

图 2-83　部分拆装工具

(二)尾座的拆卸与装配

1. 尾座的拆卸

每个步骤 1 分,共 7 分,全部步骤正确为合格。

尾座的主要拆卸步骤如下:

(1)首先,取下位于尾部的锁定螺母。图 2-84 显示了两个待拆卸的锁紧螺母。拆卸下来的锁紧螺母如图 2-85 所示。

图 2-84　两个待拆卸的锁紧螺母

图 2-85　拆卸下来的锁紧螺母

(2)拆卸尾座与导轨的连接螺母。图 2-86 所示为拆卸螺母。

图 2-86　拆卸螺母

(3)把尾座从导轨上取出。图 2-87 所示为拆卸下来的尾座;图 2-88 所示为拆卸下来的主要零件。

图 2-87　拆卸下来的尾座

图 2-88　拆卸下来的主要零件

(4)拆卸手轮(图 2-89、图 2-90)。

图 2-89　拆卸手轮上的螺母

图 2-90　拆卸下来的手轮

(5)拆卸法兰。图 2-91 所示为拆卸位置;图 2-92 所示为拆卸下来的法兰;图 2-93 所示为法兰拆卸后剩下的部分,可以看到丝杠和螺母。

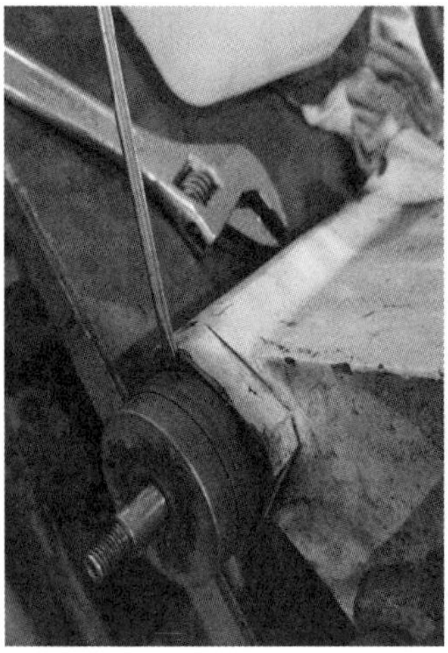
图 2-91　拆卸位置

图 2-92　拆卸下来的法兰

图 2-93　法兰拆卸后剩下的丝杠和螺母

(6)释放滑动套筒锁定把手后,将滑动套筒推出,并将滑动套筒上的螺杆、螺母拆下。如图 2-94 所示,在拆除完毕之后,可将滑动套筒取出,丝杠、螺母和滑动套筒在图 2-95 中所示。

图 2-94　拆卸完成后就可以拉出滑动套筒

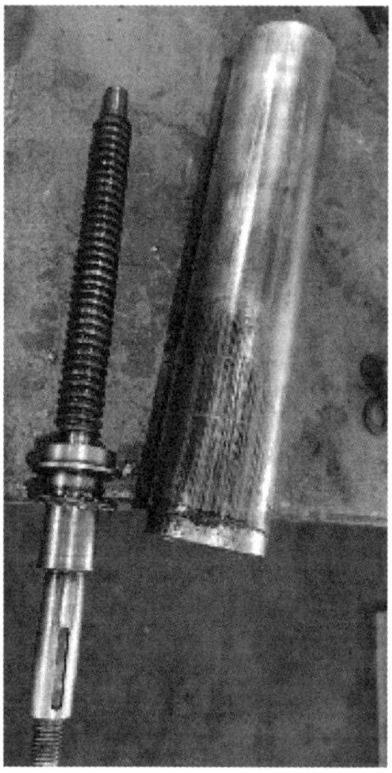
图 2-95　拆下来的丝杠、螺母和滑动套筒

(7)拆下锁定把手和螺母。图2-96中所示为已拆下的锁定把手和螺母。至此,尾座的全部零件都已拆除,主要零件如图2-97所示。

图2-96　锁定把手和螺母

图2-97　拆卸完毕尾座所有零件

2.尾座的装配

每个步骤1分,共3分,全部步骤正确为合格。

尾座零件拆卸完成后,将零件清洗干净,按照与拆卸相反的顺序装配,主要步骤如下:

(1)采用床身尾部导向器作为参考,通过加装尾部导向器底座,可以满足车床的精度要求。

(2)在床体上安装尾座组件。安装时,先将已测试好的丝杠装好,然后盖上盖板,再装上螺丝、销钉。若套圈与尾座体配合得很好,则可以用手推动。

(3)将所有零件装好后,注入润滑油,移动零件的动作要以轻缓为好。

装配的质量能否达到规定的标准,只有通过试验才能确定。检查分为检验和计量两部分。几何量的检验主要是判定工件的几何参数是否在限定的限度之内,并做出符合条件的判定,未必就能得到被检验的特定数值。尾座的精度不足,可以用千分表测一下,稍稍松开尾座锁定把手,松开基座锁定螺母,再用尾座调节螺丝调节至所需的尺寸及精度,最后将被旋松的部分全部紧固,就完成了尾座的精度调节。

三、数控车床尾座的保养

(1)调整尾座精度。如果尾座精度不够,可按前述步骤进行调整。注意:进行机床精度检查时,按规定尾座套筒中心应略高于数控车床主轴中心。

(2)定期润滑尾座。

(3)定期检查并更换密封元件。

(4)定期检查和紧固尾座上的螺母、螺钉等,以确保尾座的定位精度。

(5)查尾座套筒是否出现机械磨损。

(6)主轴起动前,要仔细检查尾座是否锁紧。

(7)注意尾座套筒及尾座与其所在导轨的清洁和润滑工作。

【操作提示】

(1)看懂结构再动手拆卸,并按先外后里、先易后难、先下后上的顺序拆卸。

(2)先拆紧固件、连接件、限位件。

(3)拆卸前应看清组合件的方向、位置排列等,以免装配时搞错。

(4)拆下的零件应有秩序地摆放整齐,做到分类归齐。

(5)注意安全。拆卸时应注意防止尾座倾倒或掉下,拆下的零件应往桌案里边放或放置在地上,以免掉下损坏。

(6)拆装零件时,不准用锤子猛砸,当拆不下或装不上时不要生硬拆装,分析原因,搞清楚后再进行拆装。

【学习产出】

请根据表 2-12 的总结评价内容对任务实施及职业素养养成情况进行综合评价。

表 2-12　总结评价内容

评价项目	内容	评价标准	学生评价		教师评价
			自评	互评	
任务实施	拆卸	能正确拆卸尾座			
	装配	能正确装配尾座各零件			
	调整	掌握尾座调整方法			
职业素养	安全操作	规范穿戴工作服、工作帽,合理使用拆装工具			
	管理规范	任务实施过程中按照5S(整理、整顿、清洁、清扫、素养)管理规范执行,仪器、器件、工具摆放合理,任务完成后工位保持整洁			

项目 6　数控车床精度检验与调整

数控车床的精度是评价其工作性能的一个重要指标,其精度检验是加工后必须进行的一次检测。由于数控车床的类型较多,在检验各种类型的车床时,要应用统一的标准与方法。目前,国内许多生产厂家使用的是《简式数控卧式车床第 1 部分:精度检验》(GB/T 25659.1—2010)。

本项目选自齐三机床有限公司,主要通过对数控车床精度的检验,使学生明确数控车床几何精度、定位精度、加工精度的关系,掌握数控车床的主要几何精度检验与调整方法。在此过程中,使学生学会使用工具、检验量具,并操作规范,培养具有工匠精神的高素质人才,为促进制造业的发展贡献力量。

任务 1　数控车床几何精度检验

【学习目标】

态度:培养认真严谨的工作态度。

知识:理解数控车床精度检验标准;掌握数控车床的主要几何精度检验与调整方法;明确数控车床几何精度、定位精度、加工精度的关系;理解常用精度检验工具的工作原理;理解激光干涉仪的测量原理。

技能:正确使用工具、检验量具,并操作规范。根据国家标准,使用正确的方法进行数控车床的精度检验。明确激光干涉仪精度检验的操作步骤及使用注意事项。

【相关课点】

数控车床几何精度概念;常见数控车床几何精度检验项目;常见几何精度的检验方法。

【建议学时】

2.5 天。

【学习方法】

查阅工具书;实践操作。

【前置任务】

熟悉数控机床精度检验标准,能够正确使用相关工具。

【任务实施】

一、数控车床几何精度概念

数控车床的几何精度主要是指其加工出的工件的几何精度。它是测量机器静止状态下的测量精度,亦称静精度。在地基基本稳定,地脚螺栓受力的情况下,对其几何精度进行检查。由于基础会随着时间的推移而改变,通常需要在运行半年后对其进行测量。

数控车床的几何精度还取决于车床各主要零部件之间以及这些零部件运动轨迹之间的相对位置误差。数控车床的几何精度直接影响其加工精度。

数控车床加工的几何精度是指加工后零件在加工过程中所产生的几何误差。同时,对测量方法和仪器的选用也要加以重视。检验时,要按照国家有关标准,在机器上电预热平稳后,才能进行检验。

在数控车削加工中,通常需要使用精密水平仪、精密方盒、平尺、检验棒(如顶尖检验棒等直径检验棒、端面检验棒、主轴检验棒)、指示表(例如百分表、千分表)等进行检验。检验仪器的精度必须比所测零件几何精度高一个等级。

二、常见数控车床几何精度检验项目

常见的数控车床几何精度检验项目主要有床身导轨精度、尾座套筒轴线对溜板移动的平行度、主轴端部的跳动、主轴锥孔轴线的径向跳动等。

三、常见几何精度的检验方法

(一)导轨直线度

检验工具:精密水平仪。

检验方法:在溜板上靠近前导轨处,纵向放置一个水平仪,等距离移动溜板检验。将水平仪的读数依次排列,画出导轨偏差曲线,曲线相对其两端点连线的最大坐标值就是导轨全长的直线度误差。

(二)尾座套筒轴线对溜板移动的平行度

检验工具:杠杆千分表。

检验方法:尾座顶尖套筒伸出量约为最大伸出长度的一半,并锁紧。固定磁性表座,使杠杆千分表测头触及尾座套筒的表面。

(1) 在 ZX 平面内；

(2) 在 YZ 平面内。

移动溜板检测。(1)、(2) 两项误差分别计算，杠杆千分表读数的最大差值就是平行度误差。

(三) 主轴端部的跳动

检验工具：杠杆千分表、专用检具。

检验方法：使杠杆千分表测头触及测量表面。

(1) 插入主轴维孔的检验棒端部的钢球上；

(2) 在主轴轴肩支承面上。

沿主轴轴线方向施加一个力 F，旋转主轴检测。(1)、(2) 两项误差分别计算，杠杆千分表读数的最大差值即为轴向振动误差和主轴轴肩支承面的跳动误差。

(四) 主轴锥孔轴线的径向跳动

检验工具：检验棒、杠杆千分表。

检验方法：将检验棒插入主轴锥孔内，固定磁性表座，使杠杆千分表测头触及检验棒表面。

(1) 靠近主轴端面；

(2) 距离主轴端面处。

旋转主轴检验。拔出检验棒，相对主轴旋转 90°后，重新插入主轴锥孔，依次重复三次。(1)、(2) 两项误差分别计算，三次测量结果的平均值就是径向跳动误差。

(五) 主轴轴线对溜板移动的平行度

检验工具：检验棒、杠杆千分表。

检验方法：将检验棒插入主轴锥孔内，固定磁性表座，使杠杆千分表测头触及检验棒表面。

(1) 在 ZX 平面内；

(2) 在 YZ 平面内。

移动溜板检测。将主轴旋转 180°，再用同样的方法测量一次。(1)、(2) 两项误差分别计算，两次测量结果的代数和的一半就是平行度误差。

(六) 顶尖检棒的跳动

检验工具：顶尖检棒、杠杆千分表。

检验方法：将顶尖检棒插入主轴孔内，固定磁性表座，使杠杆千分表测头触及顶尖检棒锥面，沿主轴轴线施加一个力 F，旋转主轴检验。杠杆千分表读数除以 $\cos a$ (a 为锥体半角) 后，就是顶尖检棒跳动误差。

(七)溜板移动在 ZX 平面内的直线度

检验工具:杠杆千分表、顶尖、检验棒、内六角扳手。

检验方法:将磁性表座固定在溜板上,使杠杆千分表测头触及主轴和尼座顶尖间的检验棒表面,调整尾座,使杠杆千分表在检验棒两端的读数相等。移动溜板在全部行程上进行检测,读数的最大代数差就是直线度误差。

(八)主轴和尾座两顶尖的等高度

检验工具:杠杆千分表、顶尖、检验棒。

检验方法:在主轴和尾座顶尖之间装入检验棒,磁性表座固定于溜板上,杠杆千分表测头触及检验棒表面。移动溜板在检验棒两端检验。将检验棒旋转 180°再检验一次。两次测量结果的代数和的一半就是等高度误差。

四、实施步骤

(一)工具和量具的准备

准备好精密水平仪、检验棒(如顶尖检验棒、等径检验棒、端面检验棒、主轴检验棒等)、杠杆千分表、套筒扳手、活扳手、内六角扳手等工具和量具。图 2-98 所示为部分机床精度检验工具和量具。

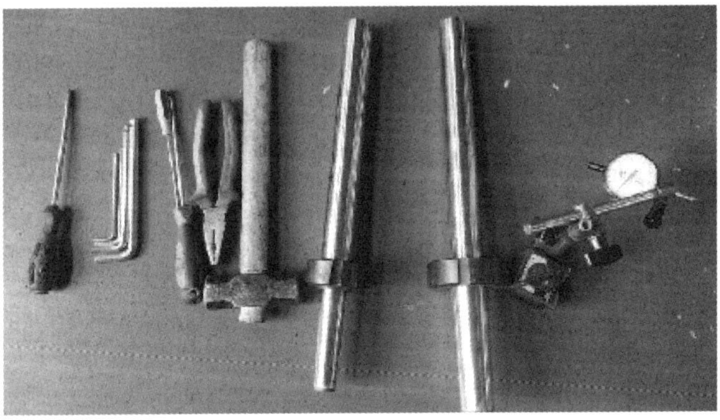

图 2-98　部分机床精度检验工具和量具

(二)数控车床的几何精度检验

以 YL-56 数控车床为实例,如下介绍了如何对其进行调平,并对其常用的形位误差进行检查。该任务执行下面的行动步骤。每个步骤 1 分,共 8 分,全部正确为合格。

1. 车床水平调整

放置水平仪调整地脚螺栓(图 2-99)。

(a)　　　　(b)

图 2-99　放置水平仪调整地脚螺栓

2. 主轴轴线对溜板移动的平行度(图 2-100、图 2-101)

图 2-100　测量夹持检棒根部的误差值

图 2-101　测量 300 处的误差值

注意事项：

(1)擦拭主轴孔和检验棒；

(2)测量一次后将主轴旋转 180°继续测量，取两次误差平均值。

3. 顶尖检棒的跳动(图 2-102)

图 2-102　查看顶尖检棒跳动

注意事项：

（1）主轴旋转三圈以上取最大误差值；

（2）测头尽量触及顶尖。

4. 尾座套筒轴线对溜板移动的平行度靠近尾座端（图 2-103、图 2-104）

图 2-103　靠近尾座端

图 2-104　远离尾座端

注意事项：

（1）尾座套筒处于退回状态并锁紧；

（2）套筒伸出距离为最大长度一半以上；

（3）重复三次，取最大误差值。

5. 主轴锥孔轴线的径向跳动旋转主轴测量误差（图 2-105、图 2-106）

图 2-105　旋转主轴测量误差

图 2-106　检验棒旋转 90°

注意事项：

（1）主轴旋转三圈以上，分别取靠近主轴端面和距离主轴端面 L 处误差值；

（2）拔出检验棒，旋转 90°、180°、270°，重复三次，取三次测量结果的平均值。

6. 主轴和尾座两顶尖的等高度测头触及检验棒上母线(图 2-107)

图 2-107　测头触及检验棒上母线

调整尾座:

(1)测头触及检验棒上母线;

(2)使用内六角扳手调整尾座。

7. 主轴端部的跳动(图 2-108、图 2-109)

图 2-108　主轴轴肩跳动

图 2-109　主轴定心轴颈跳动

注意事项:

(1)主轴旋转三圈以上,取最大读数差值;

(2)杠杆千分表测头角度合适。

8. 溜板移动在 ZX 平面内的直线度杠杆千分表测头触及检验棒 ZX 平面侧母线(图 2-110)

(1)擦拭主轴锥孔、尾座孔;

(2)一次测量结束后,检验棒旋转 180° 再测量。

图 2-110　ZX 平面内的直线度杠杆千分表测头触及检验棒 ZX 平面侧母线

【操作提示】

(1)使用量具检验前先擦拭干净,使用完后涂抹防锈油再合理保存。

(2)若采用杠杆千分表,表头测量角度以 0°~30°为宜,若采用钟式千分表,测头应垂直于被测表面。

(3)在进行精度检验时,数控机床部件应低速运行,以保护量具的精度,且避免发生事故。

【学习产出】

请根据表 2-13 的总结评价内容对任务实施及职业素养养成情况进行综合评价。

表 2-13　总结评价内容

评价项目	内容	评价标准	学生评价		教师评价
			自评	互评	
任务实施	检测方法	(1)方法符合国家标准; (2)工具和量具符合使用规范			
	检测结果	(1)检测结果符合数控车床出厂标准 (2)指示表读数正确			
	调整方法	(1)根据数控车床结构,正确进行调整; (2)调整过程中不损坏数控车床			
职业素养	安全操作	(1)工作服、工作帽穿戴规范; (2)正确使用工具和量具			
	管理规范	(1)仪器、器件、工具摆放整齐有序; (2)任务完成后工位保持整洁			

第 3 部分　专业综合实习

项目 1　机床主传动箱设计

主传动箱是保证机床精度的重要组成部分。设计一款高效、可靠的机床主传动箱时，如何合理选择传动方案、优化结构布局以及确保运动精度成为关键问题。

本项目以 CA6140 型车床主传动箱设计为例，从主传动分类、主传动箱的空间布置、主轴结构设计三方面阐述了如何对主传动箱进行设计，并设置了具体任务，同时对其他机床的部分结构进行展示。通过本项目的学习使学生熟悉主传动系统设计的内容、方法和基本要求，并能正确绘制机床传动简图，培养认真工作的职业态度。

任务 1　主传动系统认知

【学习目标】

态度：培养科学严谨的工作态度。

知识：了解机床主传动系统的组成；掌握机床主传动系统的传动方式。

技能：能够根据不同机床合理选择传动方式。

【相关课点】

主传动系统的组成；主传动系统的分类；主传动系统的传动方式。

【建议学时】

2 天。

【学习方法】

查阅工具书；实践操作。

【前置任务】

根据现场机床铭牌，查资料确定该机床各级转速，绘制该机床传动展开图。

一、主传动系统的组成

主轴箱的功用是支承主轴及传动其旋转,并使其实现起动、停止、变速和换向等功能,里面传动的部分统称为主传动系统。机床主轴箱是一个比较复杂的传动部件。表达主轴箱中各传动件的结构和装配关系常用展开图,展开图不表示各轴的实际位置。如图 3-1 所示为 CA6140 型车床主轴箱的展开图。

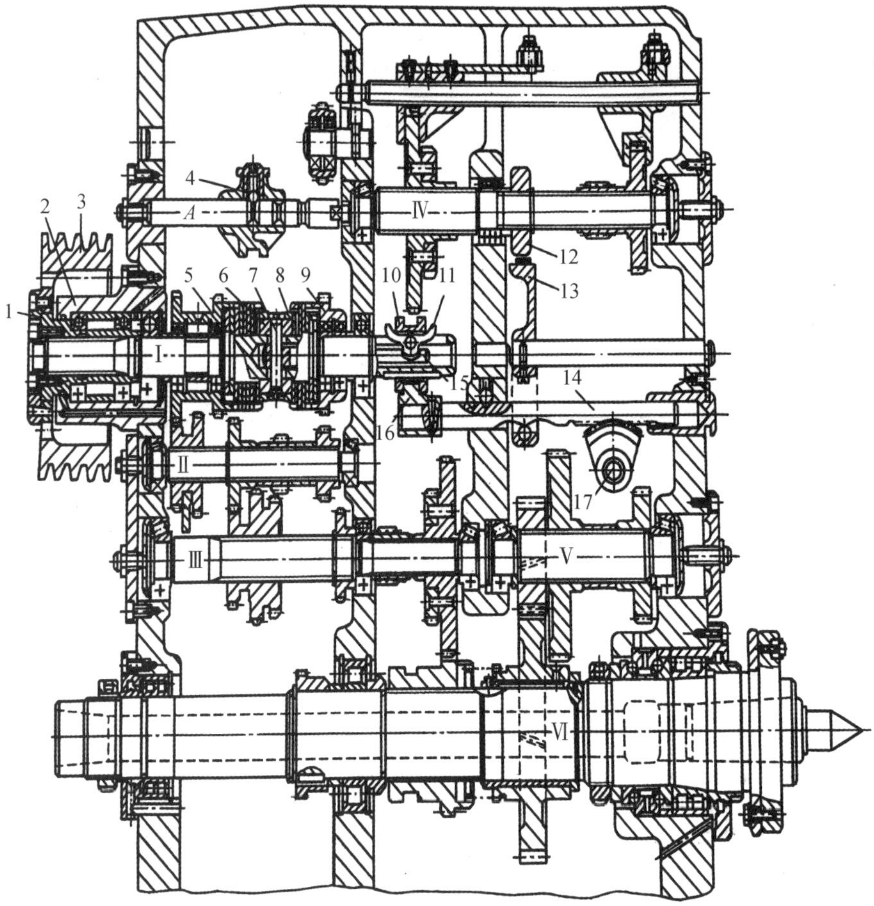

1—花键套筒;2—法兰盘;3—带轮;4—钢球定位装置;5—空套内齿;6—压块;7—销子;8—螺母;9—齿轮;10—滑套;11—元宝销;12—制动盘;13—杠杆;14—齿条轴;15—拉杆;16—拨叉;17—齿扇。

图 3-1　CA6140 型车床主轴箱的展开图

(一)卸荷带轮

电动机经 V 带将运动传至轴 I 左端的带轮 3(图 3-1 的左上部分)。带轮 3 与花键套筒 1 用螺钉连接成一体,支承在法兰盘 2 内的两个深沟球轴承上。法兰盘 2 固定在主轴箱体上。这样,带轮 3 可通过花键套筒 1 带动轴 I 旋转,而胶带的拉力则经轴承和法兰盘 2 传至主轴箱体。卸荷带轮能将径向载荷卸给箱体,使轴 I 的花键部分只传递转矩,从而避免因胶带拉力而使轴 I 产生弯曲变形。

(二)双向多片摩擦离合器及操纵机构

双向多片摩擦离合器装在轴 I 上,具体机构如图 3-2 所示。摩擦离合器由内摩擦片 3、外摩擦片 2、止推片 10 和 11、压块 8 及空套齿轮 1 等组成。左离合器传动主轴正转,用于切削加工,传递的转矩较大,片数较多。右离合器传动主轴反转,用于退回,片数较少。

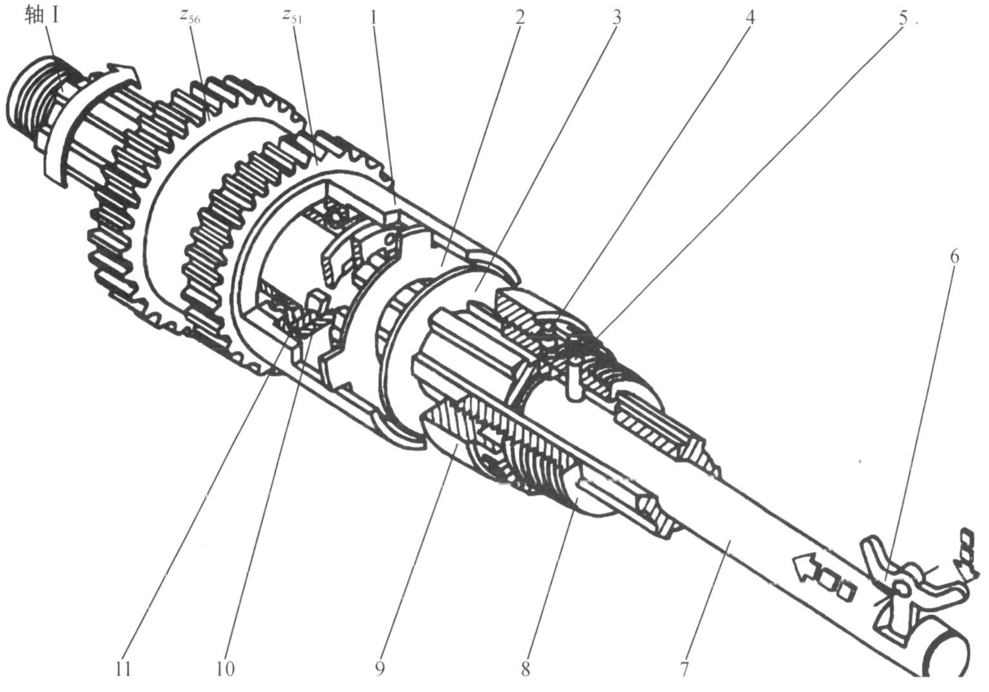

1—空套齿轮;2—外摩擦片;3—内摩擦片;4—弹簧销;5—销子;
6—元宝销;7—拉杆;8—压块;9—螺母;10、11—止推片。

图 3-2　双向多片摩擦离合器

内摩擦片 3 的孔为花键孔,装在轴 I 的花键上,与轴 I 一起旋转。外摩擦片 2 的孔是圆孔,空套在轴 I 的花键外圆上,外摩擦片的外圆上有 4 个凸起,嵌在空套齿轮 1 的缺口中。内、外摩擦片相间安装,在未被压紧时互不联系。当拉杆 7 通过销子 5 向左推动压块 8 时,使内、外摩擦片互相压紧,轴 I 的运动便通过摩擦片间的摩擦力传给空套齿轮 1,使主轴正转。同理,当压块 8 向右时,使主轴反转。当压块 8 处于中间位置时,左、右离合器都脱开,离合器不传递运动,主轴停转。

二、主传动系统的分类

主驱动系统通常包括动力源(如电动机)、变速装置和执行件(如主轴、刀架、工作台)以及启停、换向和制动器等部分。动力源为被驱动部件供能,并使其得到一定的运动速度和方向;变速装置传导动力以及改变运动速度;执行件根据设备要求的动作来执行转动或线性移动。

可以根据各种特征对主传动系统进行分类:

(1)按驱动主传动的电动机类型,可将其划分为交流电动机驱动和直流电动机驱动。交流电动机驱动中又可分为单速或调速交流电动机驱动。调速交流电动机驱动又有多速交流电动机。

(2)机驱动和无级调速交流电动机驱动。无级调速交流电动机通常采用变频调速的原理。

(3)按传动装置类型,可将其划分为机械传动装置、液压传动装置、电气传动装置以及组合传动装置。

(4)按变速的连续性,可将其划分为分级变速传动和无级变速传动。

分级变速传动在给定的速度区间上,仅能获得特定的速度值,变速级数一般不超过 20~30 级。其变速形式包括滑移齿轮变速、交换齿轮变速和离合器(如摩擦式、牙嵌式、齿轮式离合器等)。由于具有传输动力大、调速范围广、速比精确、运行稳定等特点,分级变速传动被广泛应用于通用机床,特别是中小型通用机床。其缺点是有速度损失,无法在运行过程中实现变速。

无级变速传动可以在一定的变速范围内连续改变转速,以便得到最有利的切削速度;可在运行过程中改变速度,可进行自动调速;从而达到高效率、高质量的目的。能在负载下变速,便于车削大端面时保持恒定的切削速度,以提高生产率和加工质量。无级变速传动可由机械摩擦无级变速器、液压无级变速器和电气无级变速器实现。机械摩擦无级变速器结构简单,使用可靠,常用在中小型车床、铣床等主传动中。液力无级变速器具有传递稳定、位移换向冲击力少、容易完成直线运动等优点,被广泛应用于以直线运动为主运动的机械设备,如磨床、拉床、刨床等机床的主传动中。电气无级变速器分为两种:一种是直流电动机,另一种是交流调速电动机。由于可以大大简化机械结构,便于实现自动变速、连续变速和负载下变速,因此它的使用范围也日益扩大,特别是在如今的数控机床上,基本上全部都是电气变速。

在数控机床和大型加工设备中,有时为了在变速范围内满足一定恒功率和恒转矩的要求,或需要更广的变速范围,常在无级变速器后面串接机械分级变速装置。

三、主传动系统的传动方式

主传动系统的传动方式主要有两种:集中传动方式和分离传动方式。

(一)集中传动方式

集中传动方式是指将主传动系统所有传动与变速装置集中安装在一个主轴箱中。通用机床中多数机床的主变速传动系统都采用这种方式,如图3-3所示。铣床变速传动系统即为此类,其利用立式床身作为变速箱体,所有的传动和变速机构都装在床身中。其特点是结构紧凑,便于实现集中操作,安装调整方便。其缺点是这些高速运转的传动件在运转过程中所产生的振动,将直接影响主轴的运转平稳性;传动件所产生的热量,会使主轴产生热变形,使主轴回转轴线偏离正确位置而直接影响加工精度。这种传动方式适用于普通精度的大中型机床。

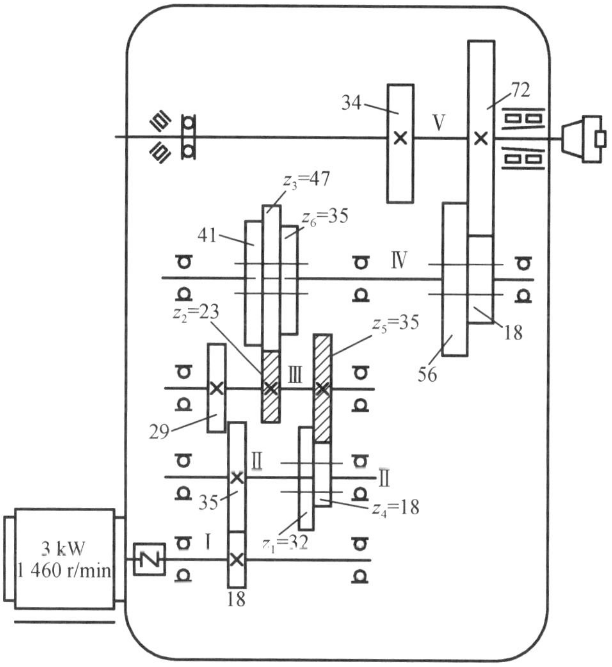

图3-3 集中传动主变速系统示意图

(二)分离传动方式

主传动系统的大部分传动和变速机构装在远离主轴的单独变速箱中,通过带传动将运动传到主轴箱,这种传动方式称为分离传动方式。如图3-4所示,主轴箱中只装有主轴组件和背轮机构。其特点是变速箱各传动件所产生的振动和热量不能直接传给或少传给主轴,从而减少主轴的振动和热变形,有利于提高机床的工作精度。在分离传动式的主轴箱中采用的是棘轮机构。如图中 27/63×17/58 齿轮传动的作用是:当主轴做高速运转时,运动由传动带经齿轮离合器直接传动,主轴传动链短,使主轴在高速运转时比较平稳,空载损失小;当主轴需作低速运转时,运动则由带轮经背轮机构的两对降速齿轮传动,转速显著降低,达到扩大变速范围的目的。

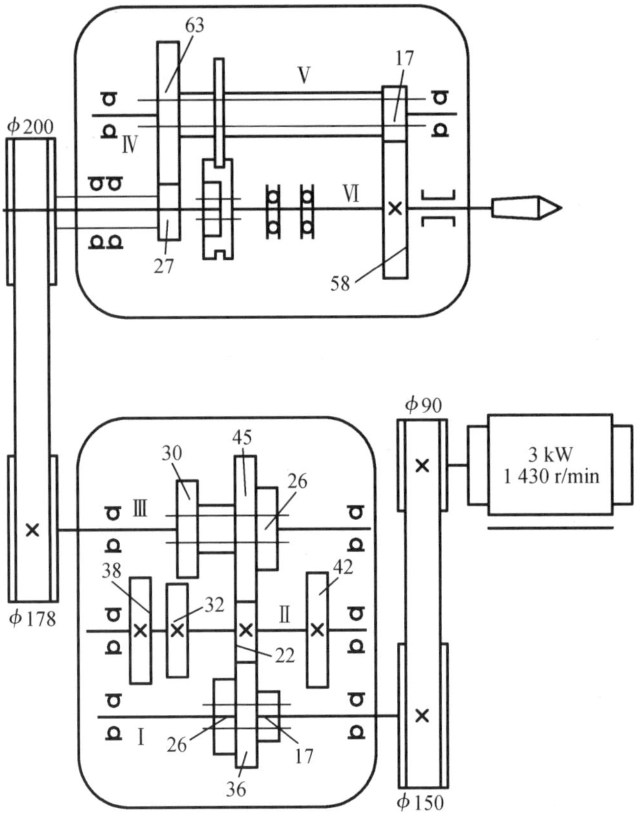

图 3-4　分离传动主变速传动系示意图

【学习产出】

图 3-5 中各部分的名称是什么?

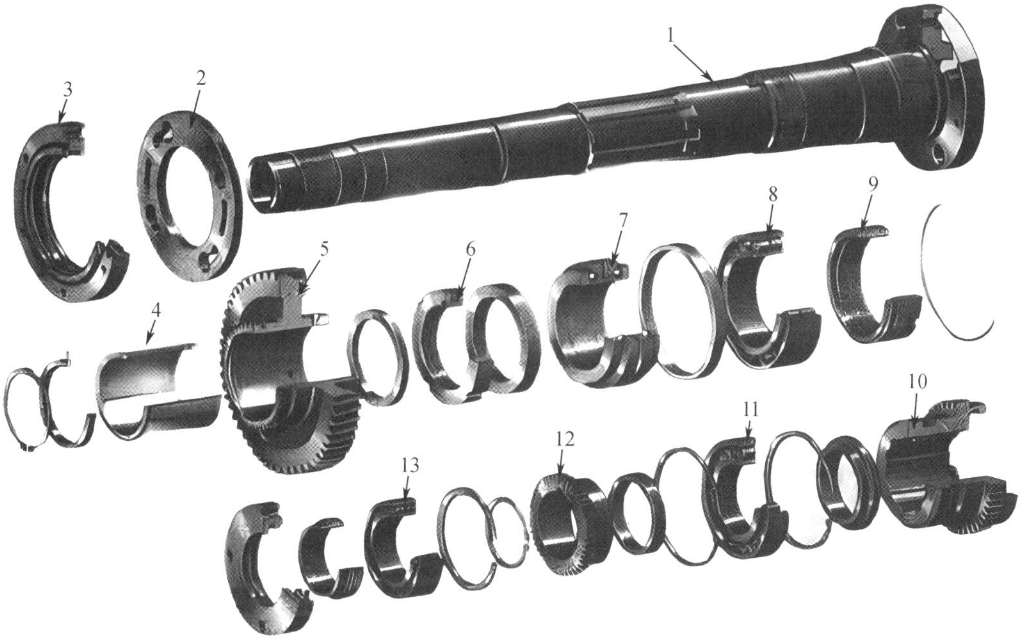

图 3-5　学习产出图例

1. 主轴;2. 隔套;3. __________;4. 轴套__________;5. 斜齿圆柱齿轮;

6. 圆螺母;7. 双列向心推力球轴承;8. __________;9. 滚针轴承;

10. 齿轮离合器;11. 单列向心短圆柱滚子轴承;12. __________;13. __________。

任务 2　主传动箱内各传动轴的空间布置与轴向固定

【学习目标】

态度:培养科学严谨的工作态度。

知识:掌握主传动箱内传动轴空间布置要求;熟悉轴向固定方法;熟悉齿轮的轴向布置。

技能:能够根据不同转速要求正确布置轴系零件。

【相关课点】

传动轴的空间布置;轴向固定;一个变速组中齿轮的轴向布置。

【建议学时】

2 天。

【学习方法】

查阅工具书;实践操作

【前置任务】

齐三机床二车间 C620 车床主轴箱内传动轴有几根?滑移变速齿轮有几个?

一、主传动箱内各传动轴的空间布置

为满足机床总体布置对箱体外形尺寸的约束,同时兼顾各轴受力状态、装配调试及操作维护等要求,需仔细设计箱体中各传动轴间的空间布局。影响传动轴空间布局的主要因素是箱体的外形尺寸,其大小对传动轴布置有很大的影响。齿轮箱主要是通过卧式加工中心来生产和制造的,因此,它的结构形式大多是卧式车床或者立式钻床等设备的结合形式。立式床身为铣床的齿轮箱,其高度、轴向尺寸都比较大,变速系统可以把每根传动轴布置在立式床身的竖直对称面上,从而实现变速;平台式车床的齿轮箱大多为箱形结构,即轴垂直于工作台或接近于平行工作台。当摇臂钻床变速箱移至摇臂时,因其轴向尺寸要求小,横截面尺寸也可较大,所以在布置时,常需增大箱体截面尺寸,即增加轴数,以缩短轴向尺寸;铣刨机的铣刨台在结构上与卧式机床相似,其截面与被加工工件的直径相等。床身上方设置有一横截面为矩形的卧式车床头座,其高度尺寸只比主轴中心高加主轴上的大齿轮半径稍大一些,而主轴长则决定主轴箱的轴向尺寸。当主轴长度较大时,可在主轴上设置若干中间壁,以改善主轴总成的刚度。

图 3-6 是卧式铣床的主变速传动机构,利用立式床身作为变速箱体。由于床体内的空间很大,因此每根驱动轴都能在 n 个垂直平面上排列,因此对空间布局的紧凑程度并没有太大的要求,这样既方便了制造、组装、调试和维护,又方便了变速操作机构的设置。由于床的长度很大,为了减小主轴承之间的跨度,在其中部增加了一道支撑壁。这种类型的机器,首先要决定的是主轴在垂直床身上的定位,再按照传送的次序,从上到下,将每根驱动轴的位置都决定出来。

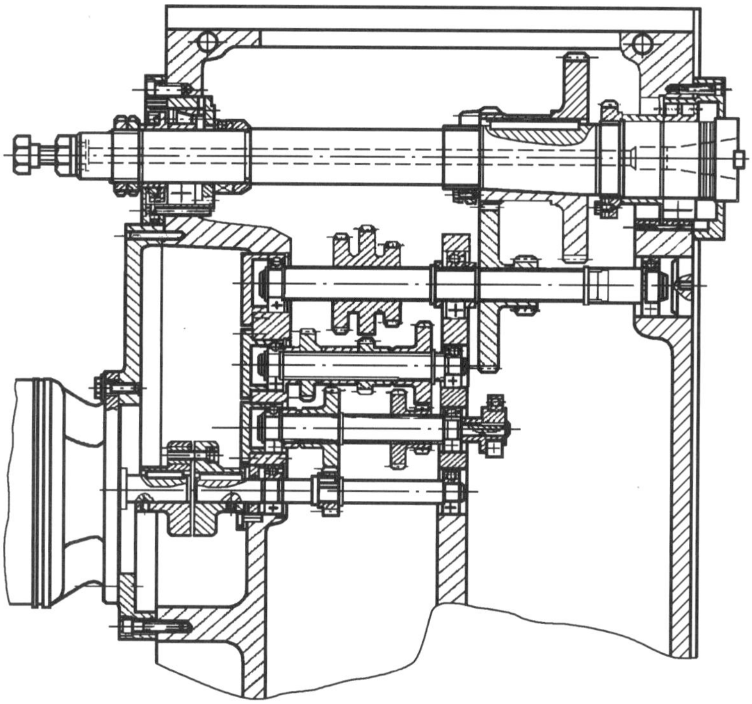

图 3-6　卧式铣床的主变速传动机构

二、变速箱内各传动轴的轴向固定

传动轴通过轴承在箱体内轴向固定的方法有一端固定和两端固定两类。采用单列向心球轴承时，可以一端固定，也可以两端固定；采用圆锥滚子轴承时，必须两端固定。一端固定的优点在于，加热后轴可自由延伸至另一端，且无热应力产生，适合于长轴使用。一端固定时，轴固定端的几种形式如图 3-7 所示。图 3-7(a)用衬套和端盖固定，并一起装到箱壁上，它的优点是可在箱壁上钻通孔，便于加工，但结构复杂，衬套又要加工内外凸肩。图 3-7(b)虽不用衬套，但在箱体上要加工一个有台阶的孔，因而在成批生产中应用较少。图 3-7(c)用弹性挡圈代替台阶，结构简单，工艺性好，图中的各传动轴均采用这种形式。图 3-7(d)是两面都用弹性挡圈的结构，构造简单、安装方便，但在孔内挖槽需用专门的工艺装备，所以这种构造适用于批量较大的机床。图 3-7(e)的构造是在轴承的外圈上有沟槽，将弹性挡圈卡在箱壁与压盖之间，箱体孔内不用挖槽，构造更加简单，装配更方便，但需轴承厂专门供应这种轴承。一端固定时，另一端的构造见图 3-7(f)，轴承用弹性挡圈固定在轴端，外环在箱体孔内轴向不定位。

传动轴两端固定的几种形式如图 3-8 所示。图 3-8(a)通过调整螺钉 2、压盖 1 及锁紧螺母 3 来调整圆锥滚子轴承的间隙，调整比较方便。图 3-8(b)和图 3-8(c)是通过改变调整垫圈 4 的厚度来调整轴承的间隙，结构简单。

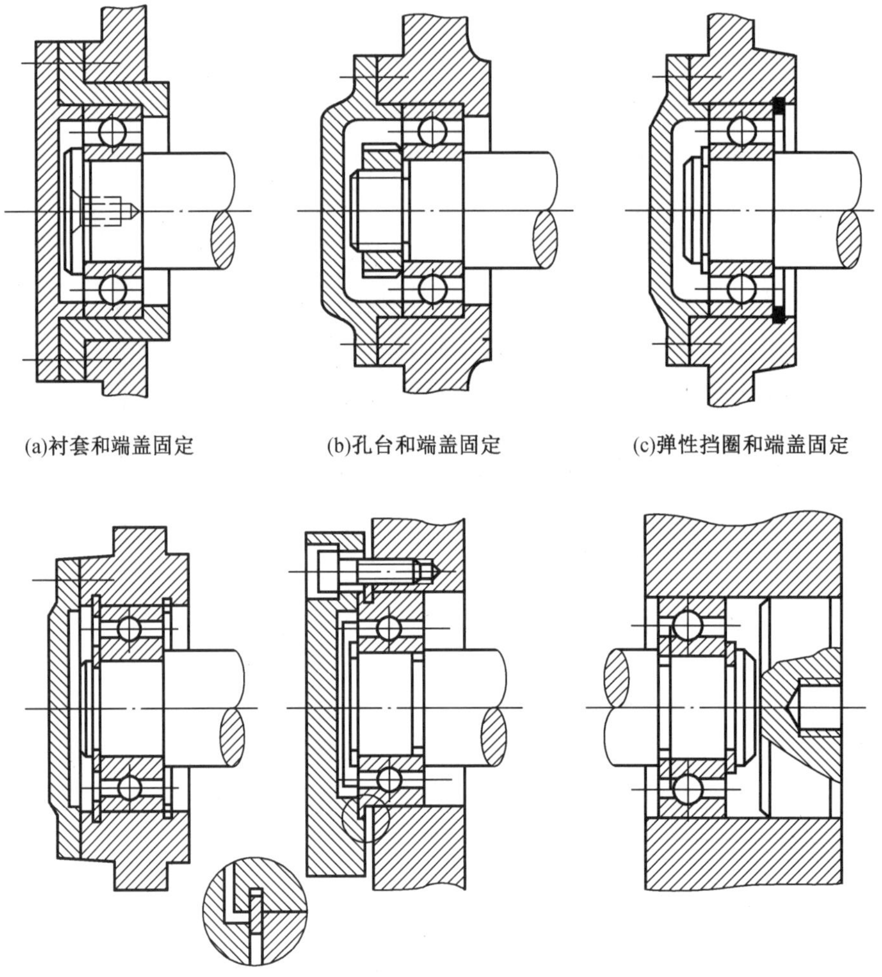

(a)衬套和端盖固定　(b)孔台和端盖固定　(c)弹性挡圈和端盖固定

(d)两个弹性挡圈固定　(e)轴承外圈上的挡圈　(f)另一端结构

图 3-7　传动轴一端固定的几种形式

三、一个变速组中齿轮的轴向布置

(一)窄式排列和宽式排列

齿轮的窄式排列如图 3-9 所示。滑动的齿轮彼此靠近,大的齿轮位于中央,静止的齿轮分开安装,间隔为 $2b+\Delta$ (b 表示齿轮的轮齿宽度),在邻近的换挡位置上的滑动冲程也为 $2b+\Delta$,该换挡装置的轴线总长与两个间距最大的静止齿轮的外部间距相等。双联齿轮变速组窄式排列时,其全长为 $B>4b+\Delta$;三联齿轮变速组窄式排列时,其全长为 $B>7b+2\Delta$。未计入插齿或滚齿过程中刀具的越程槽宽度等工艺尺寸。

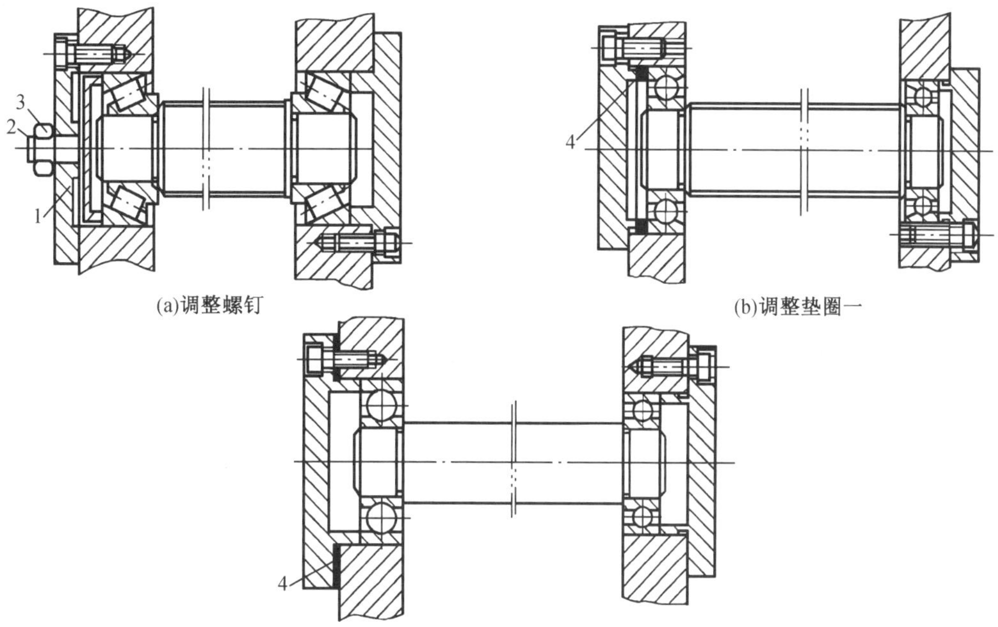

(a)调整螺钉　(b)调整垫圈一

(c)调整垫圈二

图 3-8　传动轴两端固定的几种形式

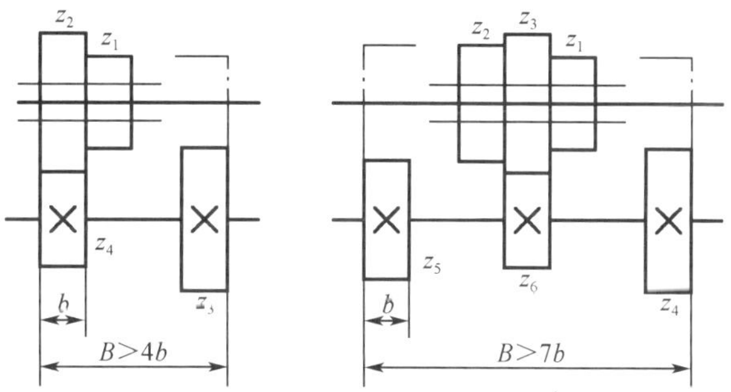

图 3-9　齿轮的窄式排列

宽式排列与窄式排列对应，是指静止的齿轮紧密地靠近，大的齿轮位于中心；滑动齿轮分离安装，两个齿轮之间的间距为 $2b + \Delta$，相邻变速位置的滑移行程仍是 $2b + \Delta$，如图 3-10 所示。双联齿轮变速组宽式排列时，其全长为 $B > 6b + 2\Delta$，三联齿轮变速组宽式排列时，其全长为 $B > 11b + 4\Delta$。

（二）亚宽式排列

三联滑移齿轮中的两齿轮紧靠在一起，另一齿轮与之分离，分隔距离为 $2b + \Delta$，这种排列的轴向总长度为 $B > 9b + 3\Delta$，介于宽式、窄式排列之间，故称为亚宽式排列，如图 3-11 所示。亚宽式排列能实现转速从高到低（或由低到高）的顺序变速[图 3-11(a)]；三联滑移齿轮能使滑移的小齿轮越过固定的小齿轮[图 3-11(b)],改变顺利啮合的条件,使滑移的大齿轮、小齿轮的齿数差不小于 4。因此,在大齿轮、次大齿轮齿数差小于 4 时可采用亚宽式排列。

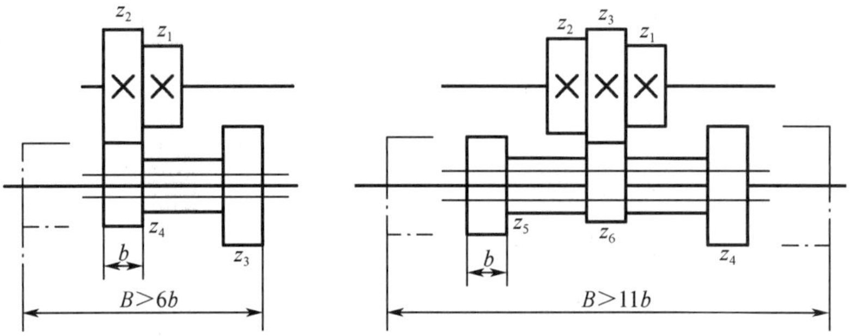

图 3-10　齿轮的宽式排列

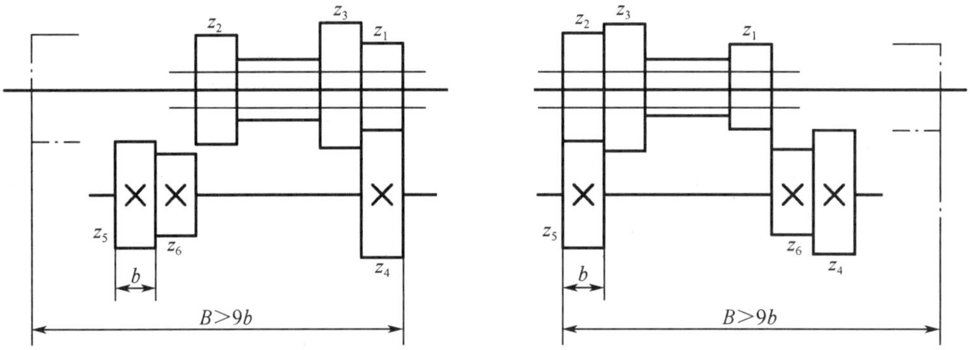

(a)　　(b)

图 3-11　齿轮的亚宽式排列

(三)滑移齿轮的分组排列

除了以上所述的滑动齿轮整体式排列方式外,还可以将三联或四联滑移齿轮拆分为两套布置,既减小了滑移距离,又减小了轴向的长度,并且对齿数差也没有什么要求。然而,为了防止这两组齿轮同时进入啮合,就必须采用互锁装置。因此,分组排列操作机构较复杂。

【学习产出】

参考表 3-1 的评价标准,仍然保留 3 根轴的传动方式,请改变图 3-12 中齿轮传动位置,将 $L>8b$ 优化为 $L>6b$,画出优化后的传动简图。

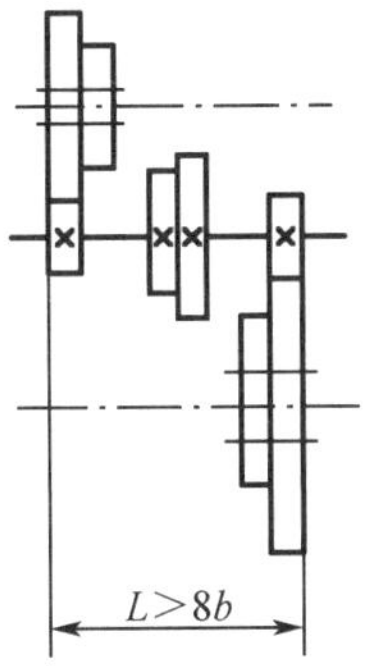

图 3-12　学习产出图例

表 3-1　总结评价内容

评价项目	内容	评价标准	学生评价		教师评价
			自评	互评	
任务实施	绘制简图	传动简图清晰、完整,包含所有必要的齿轮和轴			
		能正确改变齿轮位置,使得 $L>6b$ 的条件得到满足			
		传动方式保留 3 根轴,每个齿轮的位置、大小、间距明确			
职业素养	科学严谨	能对优化后传动简图的优缺点进行分析和解释			

任务 3　主轴组件轴承选择

【学习目标】

态度:培养科学严谨的工作态度。

知识:掌握主轴组件设计基本要求;熟悉主轴部件传动方式;掌握主轴轴承配置形式。

技能:正确分析轴承布置类型。

【相关课点】

主轴组件结构;推力轴承位置配置形式;主轴滚动轴承的类型选择。

【建议学时】

2天。

【学习方法】

查阅工具书;实践操作。

【前置任务】

一台 $\phi200$ mm 数控卧式车床主轴转速≤1 000 r/min,主轴上都有哪些轴承,请查阅每种轴承的作用。

一、主轴组件结构

(一)主轴组件的支承数目

大部分机床的主轴都是前后双支承。卧式铣床的主轴即典型的两支承方式,该结构具有简单、加工和安装简便、易于确保加工精度等优点。为了改善主轴组件的刚性,前、后两个支撑要避免有间隙或预紧。

为了改善刚性及抗振动性能,在一些机床的主轴采用上三个支承。三个支撑中,前支撑和后支撑可以作为主要支撑,而中间支撑作为辅助支撑,CA6140l型车床的主轴就是这种结构;也可以将前支撑和中间支撑作为主要支撑,后支撑作为辅助支撑。三支承方式对三个支承孔的同轴度要求较高,加工和组装都比较困难。对于主支座,也要避免间隙或预紧,辅助支承则应保留一定的径向游隙或选用较大游隙的轴承。由于三个轴颈和三个箱体孔不是绝对同轴,所以三个轴承不能都预紧,否则会产生干扰,恶化主轴的工作性能,使空载功率大幅度上升和轴承温升过高。

(二)主轴传动件位置的布置

1.传动件在主轴上轴向位置的合理布置

通过对主轴传动件轴向位置的合理安排,可改善主轴受力状况、减少变形、增强抗振动性能。合理布置原则是:传递力使主轴弯曲变形较小,使主轴前端的位移较小,对加工精度影响较大。

大部分主轴都是由齿轮驱动的。所述的传动装置既可以设置在所述两支承的中间,也可以设置在所述前后支承的外侧。两轴承间的齿轮要尽可能靠近轴承座,如有几个齿轮,要靠近轴承座。采用大直径和高刚度的大圆柱体,使大轮接近前支承,减小了大圆柱体的弯曲变形,并且扭矩转移距离缩短,扭矩变化小。大部分机器都是这样布置的,由于传动装置布置在前轴承的外部,扭矩传输距离减小,悬挂距离增大,使系统更加复杂。此布置通常仅用于大型普通车床和立式车床等大型机械设备的主轴总成。当齿轮置于后轴承外部时，前、后支撑均能得到较为满意的支撑跨度，具有很高的支撑刚性，前、后支撑间距更短，便于制造，且易于确保共轴性；为增强动态刚度和减小最大变形，可以在其外部加装一副支撑。

为了防止机油的腐蚀，以及方便皮带的更换，皮带传动机构一般都装在后支撑的外面。在某些场合，为改善主轴的应力和变形状况，常采用卸荷式结构。

2. 驱动主轴的传动轴位置的合理布置

主轴在切削力作用下，所受的驱动力方向与主轴驱动腿的位置有关。这种驱动轴应该尽可能地布置在适当的位置，这样驱动轴的变形就可以抵消由于切削力对主轴前端精度敏感方向产生的位移。

二、推力轴承位置配置形式

主轴一般受两个方向的轴向载荷，需至少配置两个相应的推力轴承，要特别注意轴向力的传递。主轴组件必须在两个方向上都要轴向定位，否则在轴向力作用下就会窜动，破坏精度和正常工作性能。主轴的轴向定位精度主要取决于承受轴向载荷的轴承，如推力球轴承、角接触球轴承和圆锥滚子轴承等，如图 3-13 所示。推力轴承在主轴前后支承的配置形式，影响主轴的轴向刚度及主轴热变形的方向和大小。为使主轴具有足够的轴向刚度和轴向定位精度，应恰当地配置推力轴承的位置。

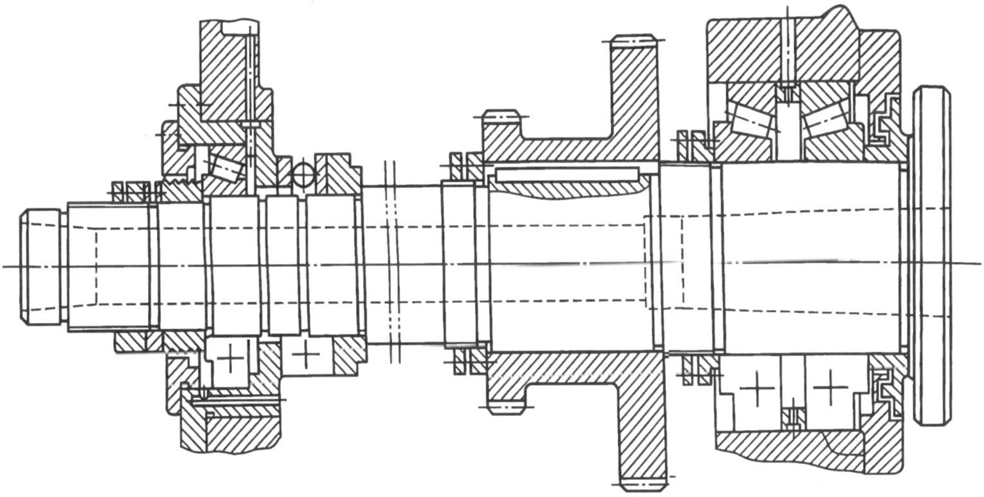

图 3-13　常见的主轴轴承配置形式

(一)前端定位

两个方向的推力轴承都布置在前支撑处，如图 3-14(a)和图 3-14(b)所示。该配置方案在前支承处轴承较多，发热大，温升高；但当主轴受热膨胀时向后伸长，对主轴前端位置影响较小；主轴在轴向切削力作用时受压段短，纵向稳定性好，故适用于轴向精度和刚度要求较高的高精度机床与数控机床等。图 3-14(a)的推力轴承装在前支承的两侧,会使主轴的悬伸长度增加,影响主轴的刚度;图 3-14(b)为两个推力轴承都装在前支承的内侧,这种配置可减少主轴的悬伸量。

(a)前端定位一

(b)前端定位二

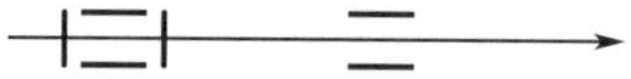

(c)后端定位

(d)两端定位一

(e)两端定位二

图 3-14　常见定位形式

(二)后端定位

两个方向的推力轴承都布置在后支撑处,如图 3-14(c)所示。该配置方案前支撑结构简单,无轴向力影响,温升低;但当主轴受热膨胀时向前伸长,主轴前端轴向误差大。这种配置适用于轴向精度要求不高的普通机床,如卧式车床、立铣等。

(三)两端定位

两个方向的推力轴承分别布置在前、后两个支撑处,如图 3-14(d)和图 3-14(e)所示。该配置方案结构简单;间隙调整方便,只需在一端调整两个轴承间隙;当主轴受热膨胀时会产生弯曲,改变轴承的轴向或径向间隙,又使轴承处产生角位移,影响机床精度。这种配置适用于较短的主轴或轴向间隙变化不影响正常工作的机床,如组合机床、钻床等。

三、主轴滚动轴承的类型选择

由于机床的主轴尺寸比较大,所以其承载的负荷远远低于它的额定负载,只有 1/10 左右。所以,在选用主轴承时,通常不应把载荷与疲劳寿命作为衡量标准。

主轴轴承的选用应考虑其刚性,回转精度及极限转速。在保证加工精度的前提下,要求主轴轴承的间隙具有一定的可调性。线触式滚动轴承的刚性高于点式,但是在给定的温度范围内,其容许速度却低于点接触式。

机床上常用的滚动轴承有下列几种。

(一)角接触球轴承

接触角是球轴承的一个主要设计参数。接触角是滚动体与滚道接触点处的公法线与主轴轴线垂直平面间的夹角，如图 3-15 所示。

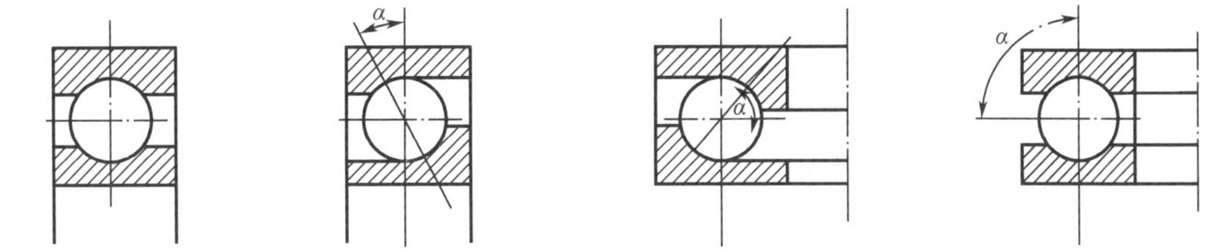

(a)α=0°(深沟球轴承)　(b)0°＜α≤45°(角接触球轴承)　(c)45°＜α≤90°(角接触球轴承)　(d)α≤90°(推力球轴承)

图 3-15　各类球轴承的接触角

当 $\alpha=0°$时，称为深沟球轴承(6000 型)，主要用于抵抗径向压力。它可以承受一定的轴向力，其轴向位移被限定在轴向游隙之内，没有可调节的间隙，承载力低，容许最高转速。其适用于对精度、刚性等要求较低的情况，例如：钻床主轴。

当 $0°<\alpha\leq45°$时，称为角接触球轴承(7000 型)。这种轴承既可承受径向载荷，又可承受一定的单向轴向载荷，轴向负荷能力随接触角的增大而增大，常用的接触角为 15°(7000C 系列)和 25°(7000AC 系列)。7000C 系列允许转速高，但轴向刚度较低，常用于高速、轻载的机床主轴，如磨床主轴或不承受轴向载荷的车、镗、铣床主轴后轴承；7000AC 系列轴向刚度高，但径向刚度和允许转速略低，多用于车、镗、铁、加工中心等机床的主轴。

当 $45°<\alpha\leq90°$时，称为推力角接触球轴承。

当 $\alpha=90°$时，称为推力球轴承。

为了提高刚度和承载能力，角接触球轴承可以多个组合使用。图 3-16(a)至图 3-16(c)为三种基本组合方式，图 3-16(a)为背靠背组合，图 3-16(b)为面对面组合，图 3-16(c)为同向组合。这三种方式中两个轴承都共同承担径向载荷，图 3-16(a)和图 3-16(b)可承受双向轴向载荷，图 3-16(c)只能承受一个方向的轴向载荷，但承载能力较大，轴向刚度较高。从图中可知，背靠背组合的支点(接触线与轴线的交点)间距大，所以支撑刚度比面对面组合的高。

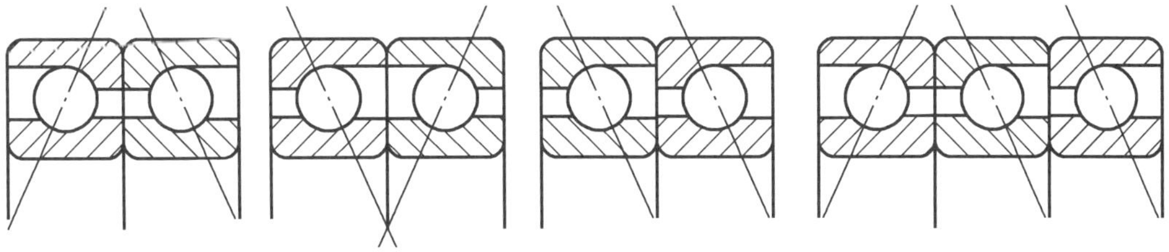

(a)背靠背组合　(b)面对面组合　(c)同向组合　(d)三联组合

图 3-16　基本组合方式

在轴承运转过程中，由于滚动体和内圈之间的摩擦，产生了较高的温升。因为外环套在壳体上，其散热状况优于内环，因此内环的温度要比外环高。径向扩张会导致干涉增大。

而背对背结合时,由于轴向扩张,会减小干涉量,从而在一定程度上弥补了由径向变形引起的干涉增大。当采用“面”结合时,由于轴向延伸,轴承的干涉会进一步增大。由于以上两点原因,在主轴上,角接触球轴承应该是背靠背的。此外,该轴承也有三重组合形式,如图3-16(d)所示,其中第一、二轴承是同相结合的,而第二轴承是背对背的。这是一种常用于数控机床主轴角接触球轴承的三联组合方式。

(二)双列圆柱滚子轴承

双列圆柱滚子轴承特征:内圈为 1∶12 锥孔,配合主轴锥颈,轴向移动内圈,使内圈膨胀,用于调节径向间隙及预紧;轴承滚动体采用滚动体,具有承受大径向负荷、高转速等特点;双排滚子轴承,滚子直径小且数量多,刚度大;两排滚柱交错排列,刚度变化小,仅能承受径向负荷。

双列圆柱滚子轴承有两种类型,如图 3-17 所示。图 3-17(a)的滚道挡边开在内圈上,滚动体、保持架和内圈成为一体,外圈可分离;图 3-17(b)则相反,滚道挡边开在外圈上,滚动体、保持架和外圈成为一体,内圈可分离,可以将内圈装上主轴后再精磨滚道,进一步减小内圈滚道与主轴旋转轴心的同轴度误差,提高旋转精度。图 3-17(a)为特轻型,编号为NN3000K 系列。图 3-17(b)为超轻型,编号为 NNU4900K 系列,其外径比图 3-17(a)小些,且只有大型,最小内径为 100 mm。

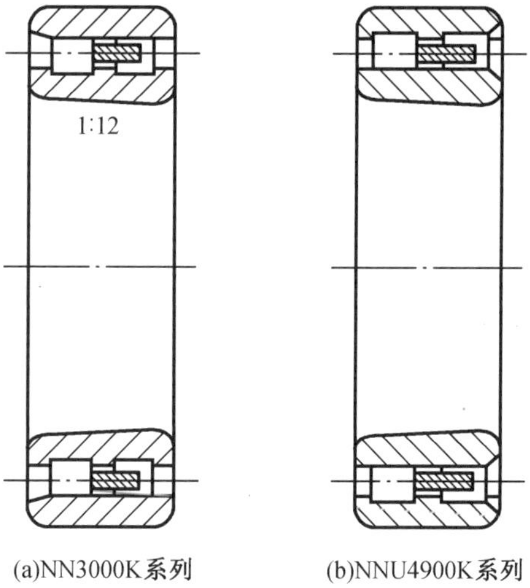

(a)NN3000K系列　　(b)NNU4900K系列

图 3-17　双列圆柱滚子轴承

该类轴承主要应用在高负荷、高刚度、中速工况下。

(三)双向推力角接触球轴承

这种轴承与双列圆柱滚子轴承配套使用,用于承受轴向载荷,如图 3-18 所示。修磨隔套的厚度就能消除间隙和预紧。它的公称外径与同孔径的双列圆柱滚子轴承相同,但外径公差带在零线的下方,与箱体孔之间有间隙,所以不承受径向载荷,专作推力轴承使用。轴承型号为 234400，接触角为 60°，轴承外圈开有油槽和油孔，以利于润滑油进入轴承，极限转速高。

其最大的优势是具有较高的负载和较高的刚性；容许高转速，降低温升，抗振动性能更佳。用于高速精密机床主轴总成，具有很大的轴向负荷。

（四）圆锥滚子轴承

圆锥滚子轴承有单列和双列两类（图 3-19）。

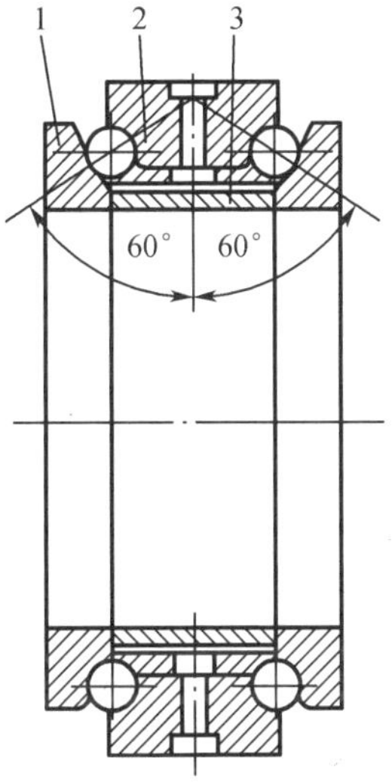

1—内圈；2—外圈；3—隔套。

图 3-18　双向推力角接触球轴承

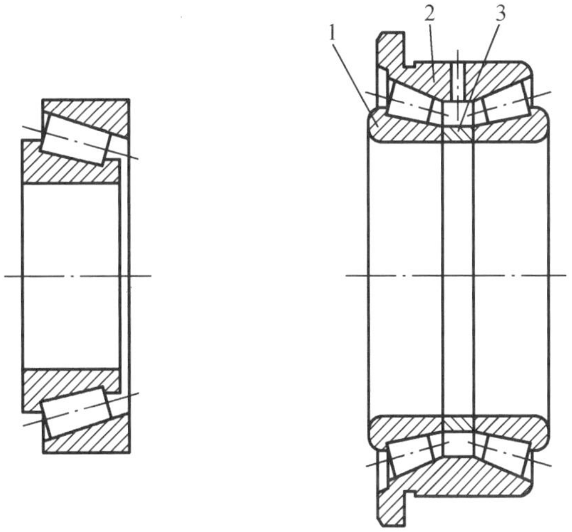

1—内圈；2—外圈；3—隔套。

(a)单列圆锥滚子轴承　　(b)双列圆锥滚子轴承

图 3-19　圆锥滚子轴承

单列圆锥滚子轴承可以承受径向载荷和一个方向的轴向载荷。双列圆锥滚子轴承能承受径向载荷和两个方向的轴向载荷。双列圆锥滚子轴承由外圈 2、两个内圈 1 和隔套 3 组成，修磨隔套 3 就可以调整间隙或进行预紧。双列圆锥滚子轴承是背靠背的角接触轴承，支点距离大，线接触，滚子数量多，刚度和承载能力大，适用于中低速、中等以上载荷的机床主轴前支承。

但是，圆锥滚子轴承的滚子大端与内圈挡边为滑动摩擦，发热较多，故允许的转速较低。为了解决这个问题，法国 Garnet 公司开发了空心滚子圆锥滚子轴承，如图 3-20 所示。图 3-20(a)所示为 H 系列，用于前支承；图 3-20(b)所示为 P 系列，与 H 系列配套使用，用于后支撑。这类轴承的滚子是中空的，润滑油可以从中流过，冷却滚子，降低温升，并有一定的减振效果。H 系列的两列滚子数目相差一个，使两列刚度变化频率不同，改善了动态特性，抑制了振动；P 系列的外圈上有弹簧（16～20 根），用作自动调整间隙和预紧。但是，这种轴承必须用油润滑，这就限制了它的使用，如难以用于立式主轴等。

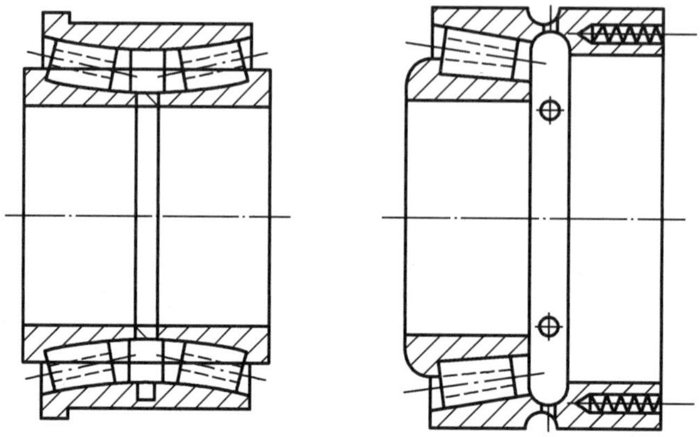

图 3-20　空心圆锥滚子轴承

(五)推力轴承

推力轴承只能承受轴向载荷,因此其在轴方向上具有很大的刚性。推力轴承在转动时滚动体产生较大的离心力,挤压在滚道的外侧。由于滚道深度较小,为防止滚道的激烈磨损,推力轴承允许的极限转速较低。

另外,为了满足新一代数控加工设备的高速化需求,一些新类型的轴承如陶瓷轴承、电磁轴承等被应用于一些数控机床。

陶瓷材料具有较小的密度,较低的线膨胀系数和较高的弹性模量。在高速运转时,由于其质量更轻,对滚动体所受的离心力更小,因而具有更少的压力、更少的滑动摩擦力、更低的温度、更高的刚性。常用的陶瓷滚动轴承有些滚动体用陶瓷材料制成、滚动体和内圈用陶瓷材料制成、滚动体和内外圈均用陶瓷材料制成三种。前两种类型适用于高速、超高速、精密机床的主轴组件,后一种类型适用于要求耐高温、耐腐蚀、非磁性、绝缘或要求减轻重量和超高速机床的主轴组件。

【学习产出】

参考表 3-2 的评价标准,一台数控卧式车床主轴尺寸如图 3-21 所示,主轴转速为 31.5~1 400 r/min,主要用于金属圆柱类零件外圆的加工。根据车床主轴零件图,设计该主轴应选择哪些轴承作支撑,并说明选择该轴承的理由。

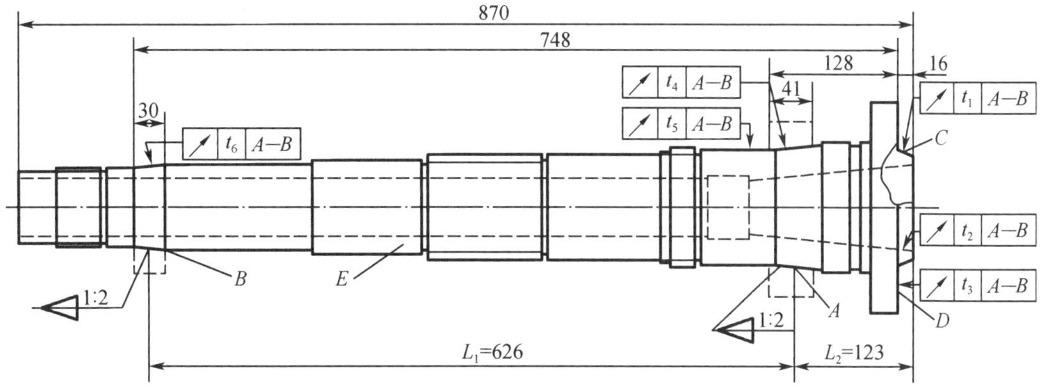

图 3–21　数控卧式车床主轴尺寸

表 3–2　总结评价内容

评价项目	内容	评价标准	学生评价		教师评价
			自评	互评	
任务实施	轴承类型选择	能正确选择适用于数控卧式车床主轴的轴承类型,如角接触球轴承、圆柱滚子轴承等			
	支撑方案设计	设计的轴承支撑方案能够满足主轴的径向和轴向定位要求			
		图纸清晰、准确,方案中轴承的排列和固定方式合理,能够保证主轴的旋转精度和稳定性			
职业素养	创新意识	提出的解决方案具有创新性和实用性			

项目 2　传动轴工艺分析

在传动轴的生产过程中,如何提高制造效率、降低成本、保证产品性能和精度是关键问题。本项目主要对机床传动轴制造与加工过程中工艺流程进行分析和优化,探讨了以下问题:如何合理设计工艺路线,降低加工成本?如何控制传动轴加工过程中的尺寸精度和形状精度?如何确保传动轴的热处理工艺满足性能要求?

本项目主要包括传动轴的结构和功能,各种加工方法的特点和应用,工艺路线设计的基本原则,以及现代制造技术对传动轴加工的影响。

任务 1　机械加工工艺规程概述

【学习目标】

态度:培养科学严谨的工作态度。

知识:掌握机械加工工艺基本概念;掌握机械加工工艺规程的步骤及内容;了解加工工艺规程形式。

技能:能够区分工艺规程的形式,选择合理的工艺规程进行工艺编制。

【相关课点】

机械加工工艺基本概念;工艺规程的文件形式;工艺规程的格式;工艺规程的基本要求;设计工艺规程的主要依据;工艺规程的设计程序;工艺规程的审批程序。

【建议学时】

2 天。

【学习方法】

查阅工具书;实践操作。

【前置任务】

预习机械加工工艺基本概念,掌握工艺规程的步骤、内容和形式。

一、基本概念

(一)工艺

工艺是生产产品的技术、手段和步骤。利用切削的方式,对毛坯的形状、尺寸、各表面之间的相对定位和表面质量进行了直接的修改,并将其制成符合要求的工件,这就是机加工的工艺流程。

机械加工工艺过程由按一定的顺序排列的若干道工序组成,每一道工序又可细分为安装、工位、工步及走刀等。

(二)机械加工工艺规程

机械加工工艺规程是指按照特定的形式(一般是表或图)和规定,对制定好的零件进行机加工的工艺程序进行说明,它是一种指导性的技术文档,可用于引导生产。

工艺规程可以分为:

(1)专用工艺规程。它是指针对某一个产品或零部件所设计的工艺规程。

(2)典型工艺规程。它是指为一组结构特征和工艺特征相似的零部件所设计的通用工艺规程。

(3)成组工艺规程。它是指按成组技术原理将零件分类成组,针对每一组零件所设计的通用工艺规程。

(4)标准工艺规程。它是指已纳入标准的工艺规程。

典型工艺规程和成组工艺规程合称通用工艺规程。

二、工艺规程的文件形式

工艺规程通常以卡片或表格的形式填写。《工艺管理导则 第5部分:工艺规程设计》(GB/T 24737.5—2009)给出了如下工艺规程文件形式。

(1)工艺过程卡:描述零部件加工过程中的工种(或工序)流转顺序,主要用于单件、小批生产的产品。

(2)工艺卡:描述一个工种(或工序)中工步的流转顺序,用于各种批量生产的产品。

(3)工序卡:主要用于大批量生产的产品和单件、小批量生产中的关键工序。

(4)作业指导书:为确保生产某一过程的质量,对操作者应做的各项活动所做的详细规定。用于操作内容和要求基本相同的工序(或工位)。

(5)工艺守则:某一专业应共同遵守的通用操作要求。

(6)检验卡:用于关键重要工序检查。

(7)调整卡:用于自动、半自动弧齿锥齿轮机床、自动生产线等加工。

(8)毛坯图:用于铸、锻件等毛坯的制造。

(9)装配系统图:用于复杂产品的装配,与装配工艺过程卡配合使用。

三、工艺规程的格式

机械行业标准《工艺规程格式》(JB/T 9165.2—1998)规定了30种工艺规程的格式:工艺规程幅面和表头、表尾及附加栏;木模工艺卡片;砂型铸造工艺卡片;熔模铸造工艺卡片;压力铸造工艺卡片;锻造工艺卡片;焊接工艺卡片;冷冲压工艺卡片;机械加工工艺过程卡片;机械加工工序卡片;标准零件或典型零件工艺过程卡片;单轴自动车床调整卡片;多轴自动车床调整卡片;热处理工艺卡片;感应加热热处理工艺卡片;工具热处理工艺卡片;电子工艺卡片;表面处理工艺卡片;光学零件加工工艺卡片;塑料零件注射工艺卡片;塑料零件压制工艺卡片;粉末冶金零件工艺卡片;装配工艺过程卡片;装配工序卡片;电气装配工艺卡片;油漆工艺卡片;机械加工工序操作指导卡片;检验卡片;工艺附图;工艺守则首页。

四、工艺规程的基本要求

工艺规程的基本要求如下:

(1)工艺规程是直接指导现场生产操作的重要技术文件,应做到正确、完整、统一、清晰。

(2)根据本公司目前的生产情况,尽量吸收国外、国内最好的加工技术及经验。

(3)最大限度地提高生产效率、降低成本,同时确保生产的品质。

(4)在制定过程中,要注意对安全及环保的需求。

(5)对于具有相似的结构特性和过程特性的部件,尽可能地制定具有代表性的加工规则。

(6)在进行设计时,各个专业的技术规范应该是统一的,而不是互相冲突的。

(7)本技术规范的格式及书写方式可参照JB/T 9165.2-1998中的有关要求进行。

(8)在生产过程中使用的术语、符号和代号,必须符合相关规范的要求。

(9)工艺规程的编号应符合GB/T 24735-2009的规定。

五、设计工艺规程的主要依据

设计工艺规程的主要依据如下:

(1)产品图样及有关技术条件。

(2)产品工艺方案。

(3)毛坯材料与毛坯生产条件。

(4)产品验收质量标准。

(5)产品零部件工艺路线表或车间分工明细表。

(6)产品生产纲领或生产任务。

(7)现有的生产技术和企业的生产条件。

(8)有关法律法规及标准的要求。

(9)有关设备和工艺装备资料。

(10)国内外同类产品的有关工艺资料。

六、工艺规程的设计程序

工艺规程的设计程序包括以下内容。

(1)熟悉设计工艺规程所需的资料。

(2)根据零件毛坯形式确定其制造方法。

(3)设计工艺规程。

(4)设计工序,其内容有:确定工序;确定工序中各工步的加工内容和顺序;选择或计算有关工艺参数;选择设备或工艺装备;编制和绘制必要的工艺说明和工序简图;编制工序质量控制、安全控制文件。

(5)提交外购工具明细表、专用工艺装备明细表、企业标准(通用)工具明细表、工位器具明细表和专用工艺装备设计任务书等。

(6)编制工艺定额。

在设计中要求所有程序都要完成。其重点是图纸审查、毛坯设计、工艺方案设计、工序详细设计和填写工艺文件,如图3-22所示。

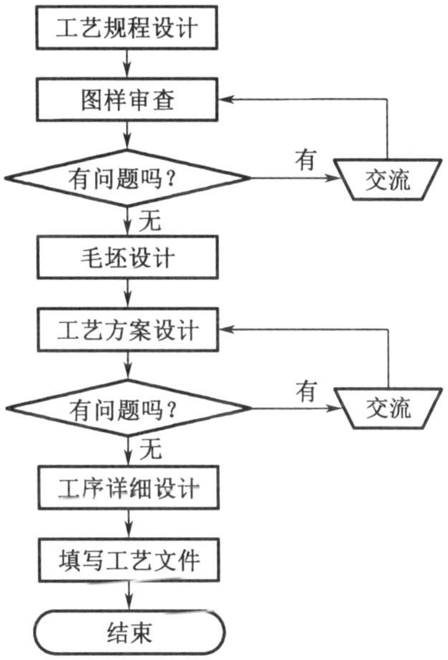

图3-22　工艺规程的设计流程

七、工艺规程的审批程序

(一)审核

技术规范的评审通常可以通过生产技术负责人来完成。重点检查生产过程的组织结构、技术指标的合理性、设备的选择及技术配备的合理性。

（二）标准化审查

工艺规程标准化审核的重点在于检查文档中使用的术语、符号、代号和计量单位是否与对应的标识相符，字体是否标准，毛坯材料是否满足规格，所选择的工艺设备是否满足标准，工艺尺寸、工序公差和表面结构等是否满足相关的标准，工艺规程中的相关规定是否满足安全、资源消耗和环境保护标准。

（三）会签

技术方案评审合格后，提交相关单位会签。签署时，要考虑到该车间的生产能力，检查该工序中所布置的加工或组装的工作，以及该工序中所选择的设备及工艺装置的合理性。

（四）批准

经过审核的整套流程，通常要经过各工序负责人的审批，批量、重点零件的工序流程必须经过技术总监或总工程师的审批。

【学习产出】

请根据表 3-3 的总结评价内容对任务实施及职业素养养成情况进行综合评价。

表 3-3　总结评价内容

评价项目	内容	评价标准	学生评价		教师评价
			自评	互评	
任务实施	熟悉工艺规程的文件形式	能够区分工艺过程卡和工艺卡			
	选择合适的工艺规程格式	熟悉机械加工工序卡片格式			
职业素养	履行审批程序	符合审核、标准化审查、会签、批准审批程序			
	执行规范	工艺符合机械行业标准《工艺规程格式》（JB/T 9165.2—1998）			

任务2 机械加工工艺规程编制

【学习目标】

态度:培养科学严谨的工作态度。

知识:掌握工艺过程的组成;掌握机械加工工艺内容与步骤。

技能:具备拟定工艺路线的能力;能依传动轴图纸正确编制工艺规程。

【相关课点】

工艺编制前的准备;零件的分析与毛坯的选择;工艺路线的拟定;工序设计及工艺文件的编写。

【建议学时】

2天。

【学习方法】

查阅工具书;实践操作。

【前置任务】

预习机械加工工艺规程前置工作的相关要求。

一、工艺编制前的准备

(一)编制机械加工工艺规程前

编制机械加工工艺规程前应至少具备下列原始资料:

(1)产品的零件图;

(2)产品的生产类型或者零件的生产纲领。

如有可能,收集产品的总装图、同类产品零件的加工工艺以及生产现场的情况(设备、人员、毛坯供应)等。

(二)编制机械加工工艺规程时

编制机械加工工艺规程时应首先遵循以下原则:

(1)应以保证零件加工质量,达到设计图纸规定的各项技术要求为前提;

(2)在保证加工质量的基础上,应使工艺过程有较高的生产效率和较低的成本;

(3)应充分考虑零件的生产纲领和生产类型,充分利用现有生产条件,并尽可能做到平衡生产;

(4)尽量减轻工人劳动强度,保证安全生产,创造良好、文明的劳动条件;

(5)积极采用先进技术和工艺,力争减少材料和能源消耗,并应符合环境保护要求。

二、零件的分析与毛坯的选择

(一)零件分析

对工件进行了结构、精度和技术要求的分析,并对其工艺性展开了研究。

1. 抄画零件图

对所组装的工件的几何、结构特征和工艺条件有一定的认识。

工件是一个包含平面、圆柱、锥形、球形等多个曲面的曲面,也包括螺旋曲面和双曲面等特殊曲面。不同的曲面所需的工艺不同,而且每一曲面的精度和粗糙度都不尽相同,因此需要采用不同的工艺方式。

2. 确定加工表面

根据产品种类,参考工艺说明书(或附件)中的代表性曲面以及不同的加工方式,可以获得的经济精度,选择相应的加工方式,并进行多次加工。查找各类工艺的容差,决定了工件的每一次切削的容差,从而求出此工件的加工余量。

3. 确定主要表面

按照组成零件各表面所起的作用,确定起主要作用的表面,通常主要表面的精度和粗糙度要求都比较严,在设计工艺规程时应首先保证。

在对工件进行分析的过程中,重点对各主要工件的尺寸、外形精度、表面粗糙度和各关键面之间的相对定位精度等方面要有一个基本的认识。

(二)确定毛坯

1. 选择毛坯制造方法

毛坯包括铸件、锻件、型材、焊接件和冲压件。在选择坯料的形式及加工方式上,既要根据产品的结构形状、性能和材料,又要兼顾产品的规格(批次)。对于相应的锻件,要合理地决定其脱模面的位置;对于相应的铸造,要合理地决定其分型面和冒口的位置。这样就可以为选取粗标、定位、夹紧点提供参考。

2. 确定毛坯余量。

查毛坯余量表,确定各加工表面的总余量、毛坯的尺寸及公差。

余量校正通过计算出的毛坯量与工件分析所得的毛料量进行比较,如果毛料毛量小于总的毛料量,就需要对毛料毛量进行调节,以确保有充分的机加工量;如果总的毛料余量大于总的毛料余量,应考虑是增大排料的数量,还是减少总排料的数量。

3. 绘制毛坯图。

对坯料的外形采用粗实线条,对部分的形体采用两条直线,按 1 : 1 的比例进行。毛坯尺寸、公差、技术要求在毛坯图纸上标注出来,同时还要标明分模面、圆角半径、拉模倾斜度等。

三、工艺路线的拟定

工件的加工工艺是其生产的核心内容。具体的工作有定位基准的确定、加工顺序的安排、各工序使用的机器和加工工具的确定。

所编制的技术规范的具体内容和细节,都会受到零件的结构、技术特征以及制造批次的不同而有很大的差异,这些都是在设计过程的各个环节中都要加以考虑的。

以上各方面与零件的加工质量、生产率和经济性有着密切的关系,"优质、高产、低耗"原则必须在此化解中得到统一的解决。因此,设计时应同时考虑几个方案,经过分析比较,选择出比较合理的方案。

(一)定位基准的选择

在数控机床的制造中,合理选取机床的位置基准,对机床的加工精度起着非常重要的作用。

将基准分为精基准、粗基准和辅助基准三种类型。在初步的工艺过程中,只有在坯料上没有被处理过的曲面才可以作为其定位参考(粗糙参考)。在随后的工艺中,被处理的面被用作定位参考(精确参考)。在被测零件的某些部分上设置一个辅助参考点,用于对被测零件进行位置的测量。

在选取基准时,应综合考虑零件的整体工艺特点、设计基准和加工方式,依据粗基准和精基准的选取,对零件的位置基准进行合理的选择。

一般在制订工艺规范时,都要首先确定要选取什么样的精基准,才能确保满足精度需求,并先选择零件表面最终加工所用精基准和中间工序所用的精基准;其次,还要对初始工序进行适当的粗基准,才能对精基准进行加工。

(二)拟定零件加工工艺路线

在对工件进行分析时,首先要明确每一曲面的加工方式,然后再对其进行排序,从而制定出相应的工艺方案。

机械加工工序的排序一般可以归纳为"先粗后精,先主后次,先面后孔,基准先行"16 字原则。在此基础上,可以采用先主后次的方式来排列加工顺序。把部件分析的主曲面的加工次序看作是工序路线的骨干,也就是对工件的主体面进行了粗加工、半精加工、最终精加工。若仍存在抛光,则置于工序的末端,而负面则穿插于各工序的中间。在对多个次级曲面进行分类的过程中,以主曲面的空间位置关系为依据进行排序;在钻孔之前进行面处理;第一步为粗参考表面的处理,最后一步可安排清洁,去毛刺和最后检查。

对热处理、中间检验等附属工序和部分小工序等,要在生产计划图上合理布局,以免漏掉。

在工艺集中与分散、加工阶段划分的选取上,主要表面粗与精加工阶段要划分离。当主要表面与次级表面之间的相对定位精度不高时,主要表面的加工尽可能采用工艺分散的原理,以确保主要表面的加工质量。

(三)选择设备及工艺装备

设备(即机床)及工艺装备(即刀具、夹具、量具、辅具)类型的选择应考虑下列因素:

(1)零件的生产类型;

(2)零件的材料;

(3)零件的外形尺寸和加工表面尺寸;

(4)零件的结构特点;

(5)该工序的加工质量要求以及生产率和经济性等相适应。

在选型时也要根据企业目前的实际情况,尽可能使用标准化的装备。

(四)工艺方案和内容的论证

根据设计零件的不同特点,可有选择地进行以下几方面的工艺论证:

(1)对比较复杂的零件,可考虑两个甚至更多的工艺方案进行分析比较,择优而定,并在说明书中论证其合理性。

(2)当零件的主要技术要求是通过两个甚至更多个工序综合加以保证时,应对有关工序进行分析,并用工艺尺寸链方法加以计算,从而有根据地确定该主要技术要求得以保证。

(3)对于影响零件主要技术要求且误差因素较复杂的重要工序,需要分析论证如何保证该工序技术要求,从而明确提出对定位精度、夹具设计精度、工艺调整精度、机床和加工方法精度甚至刀具精度(若有影响)等方面的要求。

(4)其他在设计中需要加以论证分析的内容。

四、工序设计及工艺文件的编写

(一)工序设计

在工艺流程中,根据生产过程的需要,进行相应的设计,包括:

(1)划分工步。按照工艺内容和工艺序列的总体设计原理,对工艺步骤进行科学的分割。

(2)确定加工余量。用查表法确定各主要加工面的工序(工步)余量。因毛坯总余量已由毛坯(图)在设计阶段定出,故粗加工工序(工步)余量应由总余量减去精加工、半精加工余量之和而得出。若某一表面仅需一次粗加工即成活,则该表面的粗加工余量就等于已确定出的毛坯总余量。

(3)确定工序尺寸及公差。对简单加工的情况,可以通过下一步工艺的尺寸加名义工艺余量来计算,而工艺公差则可以根据工艺的经济精度来计算。对于需要进行参考变换的比较复杂的情形,需要使用过程尺度链进行计算。

(4)选择切削用量。切削用量可用查表法或访问数据库方法初步确定,再参照所用机床实际转速、走刀量的挡数最后确定。

(5)确定加工工时。在工艺过程中,机械工艺的工时指标是决定工艺所需的机械工艺时间。根据相关数据所给出的比率因子,可以估计出辅助时间、服务时间、自然所需时间以及各批次工件的加工完成时间。

(二)填写工艺文件

1. 填写机械加工工艺过程综合卡

该工艺过程综合卡包含前文所述的有关选择、确定及计算的结果。机械加工以前的工序如铸造、人工时效等在工艺过程综合卡中可以有所记载,但不编工序号,工艺过程综合卡在课程设计中只填写本次课程设计所涉及的内容。

2. 填写指定工序的机械加工工序卡

该工序卡除了上述有关选择、确定和计算的结果外,还需要在其上画出工艺简图。工艺简图是根据缩减的尺度绘制的,不必十分严谨。对于机械加工工序卡中无法表达的工件,可以在另外一张纸上绘制。工作过程简图尽可能选择一种视图,该视图中的工作处于加工位置、夹紧状态,并将其主要特性曲线用细实线绘制出来。

【学习产出】

结合表 3-4 的评价标准,根据图 3-23,针对传动轴生产加工工艺过程,完成对应的工艺编制。

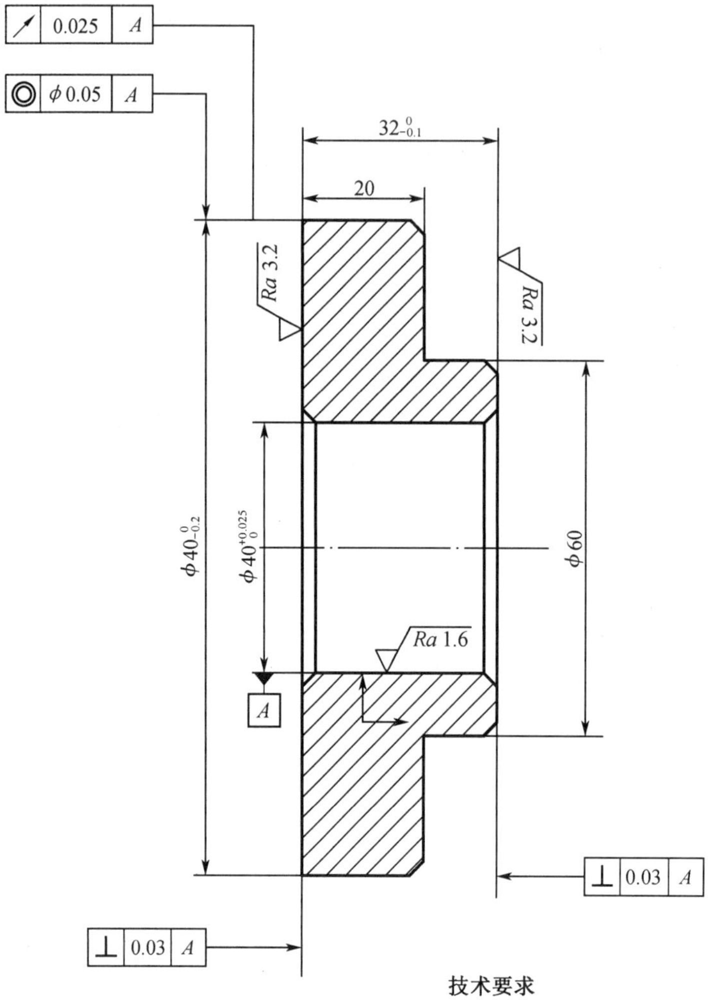

技术要求

1、 倒角一律为 2×45°；

2、 硬度：HRC 50~55；

3、 材料：45 钢。

$\sqrt{Ra\ 6.3}$ （√）

标记	处数	分区	更改文件号	签名	年、月、日	45钢			轴套
设计			标准化			阶段标记	质量	比例	
								1:1	
审核									
工艺			批准			共 张	第 张		

图 3-23　轴套零件图

表 3-4　总结评价内容

评价项目	内容	评价标准	学生评价		教师评价
			自评	互评	
任务实施	毛坯选择	合理选择毛坯、绘制毛坯图			
	工艺路线的拟定	合理选择工艺装备,拟定加工路线			
	工艺的编制	工序设计合理,工艺卡片填写正确			
职业素养	履行审批程序	符合审核、标准化审查、会签、批准审批程序			
	执行规范	任务实施过程中符合机械行业标准《工艺规程格式》(JB/T 9165.2—1998)			

任务 3　传动轴零件工艺编制

【学习目标】

态度:培养科学严谨的工作态度。

知识:掌握定位基准选择;掌握加工阶段划分、工序的集中与分散使用;掌握结构工艺性分析方法。

技能:能够依据传动轴图纸正确选择相应经济精度对应的加工方法、编制工序;能够依据工件正确使用手册、计算立车传动轴工序尺寸和确定公差;能够根据尺寸确定尺寸链的种类并应用。

【相关课点】

定位基准选择;工艺分析方法。

【建议学时】

2 天。

【学习方法】

查阅工具书;实践操作。

【前置任务】

预习定位基准选择原则、结构工艺性分析方法。

一、机械加工工艺特点

轴类件是一种长比直径大的回转类零件，其主曲面为同心轴的多个外圆柱面、圆锥面、内孔及螺纹等。根据其结构形式，可分为四种类型：平滑轴、阶梯轴、空心轴、曲柄轴。在机器上，轴是承载齿轮、滑轮等被驱动部件，并传送扭矩的重要部件。主轴平滑的坯料，通常选择的是热轧圆钢或冷弯圆钢；阶梯轴的坯料可以选择热加工或冷加工圆钢，也可以选择锻造，其最大的依据是产品的生产量以及每道阶梯的直径差异，如果产品的生产能力较大，则其外径差异较大，则使用锻造工艺更具优势；对于机械特性高的轴类零件，必须进行锻造加工。对单个产品进行自由锻造，对批量产品进行批量锻造；对一些尺寸较大、结构复杂的轴类零件，也可以进行铸造。

（一）定位基准的选择

在选取基准时，应综合考虑零件的整体工艺特点、设计基准和加工方式，依据粗基准和精基准的选取，对零件的位置基准进行合理的选择。

一般在制订工艺规范时，都要首先确定要选取什么样的精基准，才能确保满足精度需求。首先，选择零件表面最终加工所用精基准和中间工序所用的精基准；其次，还要对初始工序进行适当的粗基准，才能对精基准进行加工。

采用两个中心孔（顶尖孔）进行定位，可使工件更易于夹紧，同时满足了标准与基准的统一原理，使其具有更高的定位精度。在生产时，要保证中间的孔的精确、干净。在进入下一个工序之前，必须在每个热处理之后，打磨或修磨中央的孔洞，以除去中央孔鳞或其他损坏。

带外圆的面，通常采用卡盘夹紧。由于这种方法在制造基准面上及工件夹持上都很容易，所以得到了广泛应用。主轴的车削通常是把一头套在夹头里，然后用后顶端支撑或者中间支架支撑，这样就可以使零件在切削过程中得到较好的刚度。然而，在回转加工过程中，由于该夹具内外圆曲面的共轴线性，其定位精度较差。

（二）工艺过程分析

轴类零件一般机械加工工艺过程如下：

（1）预备加工。校直、车断、车端面和钻中心孔。

（2）粗车工序。粗车顺序是先加工大直径外圆表面，后加工小直径外圆表面。端面加工顺序与外圆加工相同。

（3）精车工序。按粗车的加工顺序精车外圆和端面，然后进行车槽、倒角、车螺纹等。

（4）其他工序。铣键槽、铣花键、钻孔、磨轴颈外圆等。

（5）热处理工序。按工艺需要可在粗车或半精车工序后安排热处理工序。

（6）磨削工序。外圆面精度较高、粗糙度值较小及淬火后工件，可用磨削加工。

若轴上有深孔，应在深孔加工前，利用中心孔先粗车或半精车外圆，然后再加工深孔。这样，可保证深孔加工时所用定位基准（外圆面）的质量，并可使深孔与外圆同轴，壁厚均匀。

二、传动轴机械加工工艺过程分析

如图 3-24 所示为主轴箱中一根传动轴。现以此轴为例进行机械加工工艺分析。

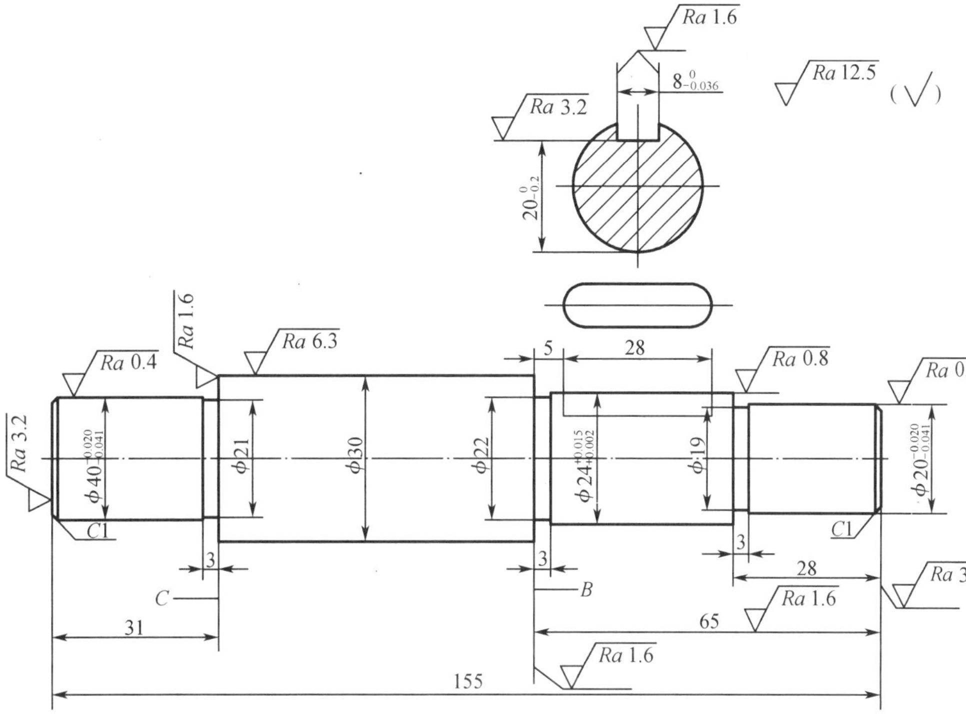

图 3-24　传动轴零件图

(1) 传动轴各主要部分的作用及技术要求。

①在 $\phi24^{+0.015}_{+0.002}$ 的轴段上装一个双联齿轮传递运动和动力，轴上开有键槽。

②轴上左、右两端 $\phi22^{-0.020}_{-0.041}$ 和 $\phi20^{-0.020}_{-0.041}$ 为轴颈，支撑在箱体的轴承孔中。

③$\phi22^{-0.020}_{-0.041}$、$\phi24^{+0.015}_{+0.002}$ 和 $\phi20^{-0.020}_{-0.041}$ 等配合面对轴线 A 的径向圆跳动允差为 0.02 mm。

④端面 C 和 B 对轴线 A 的端面跳动允差不大于 0.03 mm。

⑤工件材料为 45 钢，两端轴颈淬火硬度为 40～45 HRC。

(2) 基准选择。

为保证各主要外圆表面和端面的相互位置精度，选用两端的中心孔作为粗、精加工定位基准。这样，符合基准统一和基准重合原则，也可提高生产率。

(3) 生产类型为单件小批生产，选用 $\phi35$ 圆钢料做毛坯。

(4) 工艺分析。

该零件各加工面，对尺寸精度、位置精度和表面粗糙度都有相应的要求。轴上的键槽，可在立式铣床上使用键槽铣刀铣出。其他的工件，按工艺需要，可以按工艺要求进行一次粗车、一次精车、一次精打磨、一次抛光，具体工序如表 3-5 所示。

表 3-5　传动轴机械加工工艺过程(单件小批生产)

工序号	工序名称	工序内容	工序简图	设备
1	下料	车一端面,钻中心孔,车断;车另一端面,钻中心孔	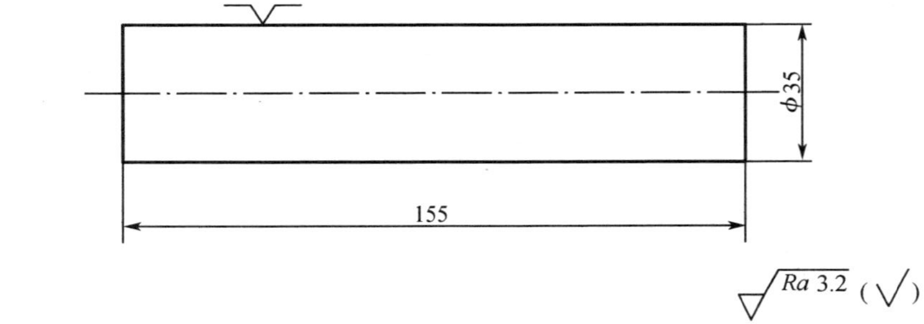	卧式车床
2	车	粗车—半精车一端外圆、退刀槽、倒角	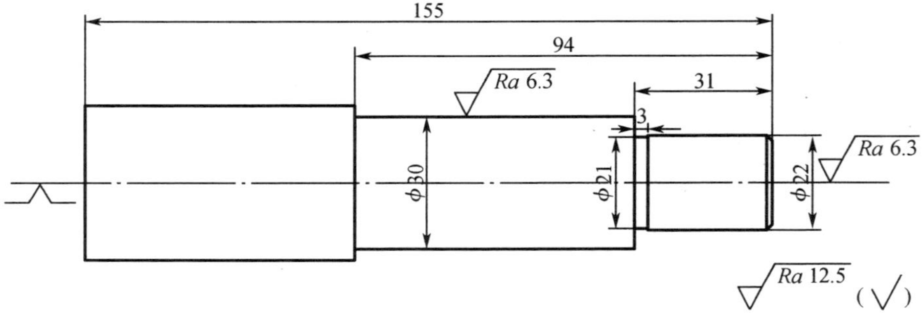	卧式车床
3	车	粗车—半精车另一端外圆、退刀槽、倒角	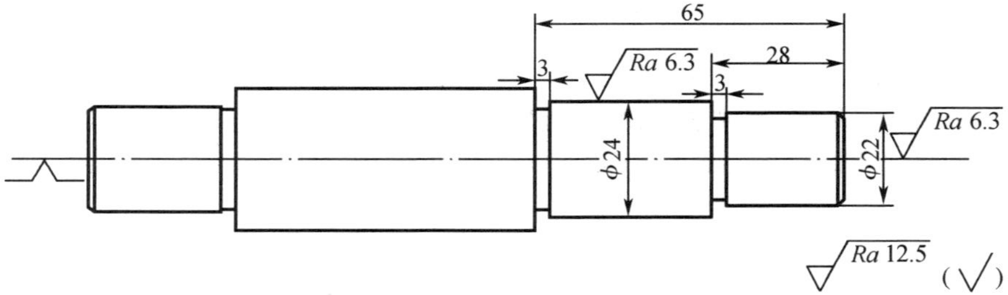	卧式车床

表 3-5(续)

工序号	工序名称	工序内容	工序简图	设备
4	钳	划键槽线	—	钳工平板
5	铣	粗、精铣键槽	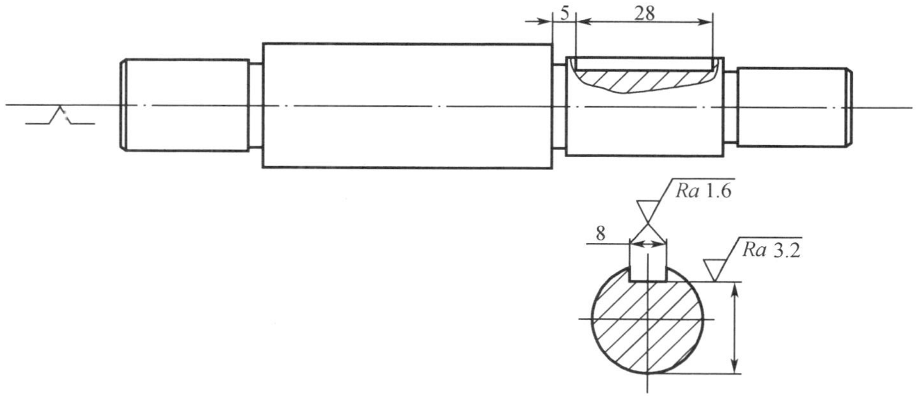	立式铣床
6	热处理	两端轴颈高频淬火,回火	—	
7	钳	修研两端中心孔	—	钻床

表 3-5(续)

工序号	工序名称	工序内容	工序简图	设备
8	磨	粗磨—精磨一端外圆及端面	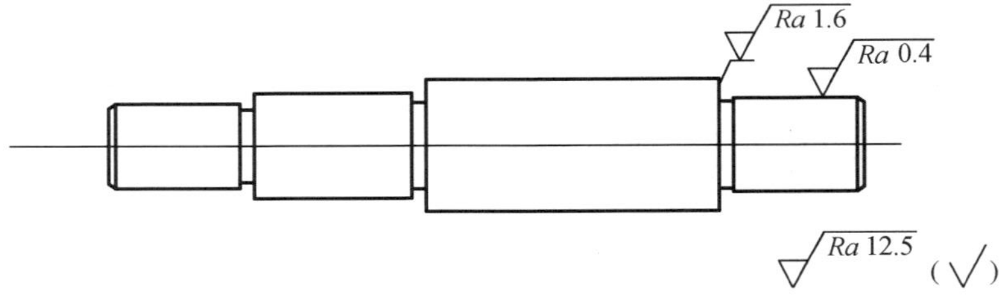	磨床
9	磨	粗磨—精磨另一端外圆及端面	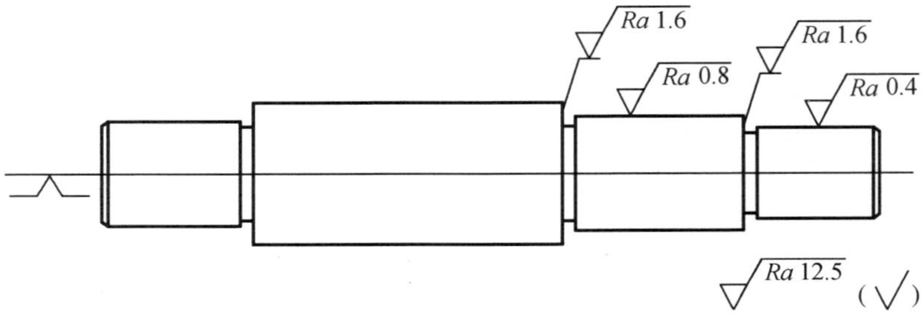	磨床
10	检	按图样要求检验	—	—

注:①图中粗实线为该工序加工表面;
②图中 ╲╱ 符号所指为定位基准。

【学习产出】

根据表 3-6 的总结评价内容,运用定位基准选择方法、阶段划分要求和工艺分析方法。

表 3-6　总结评价内容

评价项目	内容	评价标准	学生评价		教师评价
			自评	互评	
任务实施	定位基准选择	合理选择定位基准,粗精基准分开			
	工艺分析方法	掌握工艺过程分析方法,粗精加工工序分开分析			
	填写工序卡片	符合图纸要求			
职业素养	履行审批程序	符合审核、标准化审查、会签、批准审批程序			
	执行规范	任务实施过程中符合机械行业标准《工艺规程格式》(JB/T 9165.2—1998)			

项目 3　传动轴数控编程加工

现代制造业在零件生产过程中需要高精度、高效率地完成各种复杂加工。其中数控编程作为生产加工的重要环节，对能否保质保量完成加工任务起着决定性作用。

本项目主要针对传动轴的加工需求，进行数控编程和加工。本项目聚焦以下问题：如何根据传动轴的设计，制定合理的数控加工工艺和编程策略？如何利用数控编程软件，编写出精确且高效的加工程序？

本项目主要包括传动轴结构特点、数控机床的操作步骤和编程、常用的数控加工工艺知识，以及 CAD/CAM 软件的应用技巧。通过对这些知识的深入理解，可以有效地指导传动轴的数控编程和加工过程，提升加工效率，保证传动轴的加工质量。

任务 1　数控编程概述

【学习目标】

态度：培养科学严谨的工作态度。

知识：了解数控编程的种类及步骤；熟悉数控加工程序的结构；了解常用编程指令；掌握数控机床坐标系的确定。

技能：能够进行数控机床坐标系的确定及相关指令的选取。

【相关课点】

数控编程的种类；数控加工指令

【建议学时】

2 天。

【学习方法】

查阅工具书；实践操作。

【前置任务】

了解数控程序编制的内容及步骤，掌握数控编程方法和机床坐标系的确定。

一、数控程序编制简介

(一)数控程序编制的内容及步骤

数控程序编制就是从设计出一个工件开始,直到得到一个数控代码为止(图 3-25)。一般情况下,刀位都是刀轴和刀面相交的位置,而在多轴联动时,也要给出刀轴向量。数控程序设计的一个重要环节包括零件图纸的分析、工艺过程的确定、数学处理的过程、程序的编写、零件加工程序的编写、数控系统的输入、程序的检查等。

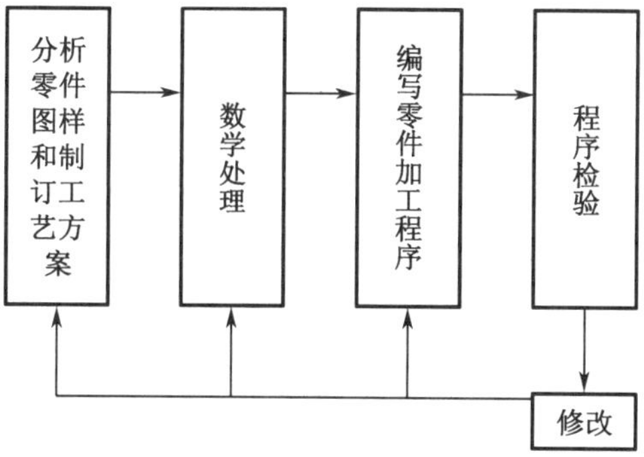

图 3-25　数控程序编制的内容及步骤

1. 分析零件图样和制定工艺方案

其主要工作包括:通过对产品图纸的分析,弄清产品的生产过程及要求,制定生产计划,选用合适的数控设备;工具及卡具的选型与设计;提出了一种可行的刀具路径和适当的刀具参数设计方法。这个工作需要程序员可以根据数控机床的规格、性能、数控系统的作用,来判断出加工方式和工艺路径。

2. 数学处理

在此基础上,提出了一种基于工件几何尺寸和加工路径的数控加工方法。通常的数控系统都具备线性插补和圆弧插补两种方法,针对较为复杂的曲面,仅需求解两个曲面上的两个元系交点或截点处的坐标,即可得到各个几何元的起点、终点以及圆弧的圆心坐标等,从而达到了程序设计的目的。若工件的尺寸与其插补函数不相符,则需对其进行校正。

3. 编写零件加工程序

在进行了以上的过程和数值运算之后,就可以编制相应的机械加工软件了。编程人员根据指定的编程方式,利用数控编程指令分段编程。

4. 程序检验

将编制好的编程语言输入到数控系统中,实现对加工作业的控制。通常情况下,工序是在正式生产前进行检查的。一般可以通过机器空载运行的方法对机器的运行及运行路径进行校验。在具备仿真演示功能的数控机床上,可以通过演示加工路径或者仿真加工来验证编程结果。如果是较难切割的工件,还可以使用铝件、塑胶件或石蜡等容易切割的物料,通过试切来检测工序。对试样进行检验,既能验证工艺的正确性,又能了解工艺的准确性。在试削时,如果能够使用与工件材质完全一致的材质,可以更好地体现出工件的真实性能。对已完成的工件,如有不满足工艺规范,可进行工艺调整或进行尺度上的补偿。

(二)数控编程方法

目前常用的编程方式有两种:手工编程(图 3-26)和自动编程。可依据所要处理的工件的外形复杂性来选用。

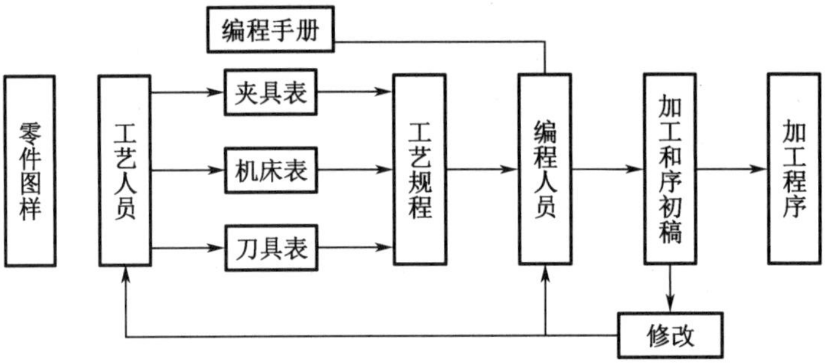

图 3-26　手工编程

1. 手工编程

(1)手工编程的概念与特点

手工编程设计就是在数控程序设计过程中,以人工手动方式进行程序设计。对于那些几何尺寸较小的工件,其工艺过程不需要很多,而且运算也相对简便,采用手工编程的方法较为适宜。在对具有复杂外形的工件进行程序设计时,因其费时费力、易出错等原因,无法采用手工编程。

(2)手工编程的步骤与内容

①分析工件图样。

②确定加工工艺过程。

③数学处理。

④编写零件的加工程序单。

⑤程序输入数控系统。

程序单编好之后,需要通过一定的方法将其输入数控系统。

⑥检验加工程序。

一般情况下,在输入完数控代码后,要检查它的正确性。通常采用的方法是将加工过程中的数据输入到数控系统中进行空回转检测,并将其与工件的运行轨迹进行比较,从而验证其是否正确。

⑦首件试加工。

检测后的工艺方案尚无法判断出程序运算不精确或工具调试错误所引起的工艺错误，需要通过第一次试裁的方式来验证程序单的准确性，以及对被测零件的精度进行检测。然后再按照试裁的结果对程序表进行修正，并对其进行相应的尺寸补偿，直至满足工艺条件。

2. 自动编程

自动编程亦称计算机（或编程机）辅助编程。也就是大多数或完全靠电脑来编写程序，例如计算坐标值、编写零件加工程序表，有的时候还可以辅助加工。由该程序编制而成的程序，也能用电脑或自动绘图器对其运行路径做图表检验，使编程者能即时判定该程序的正确性，并能对出现的问题进行修正。自动化程序能极大地减轻程序员的工作量，使其工作效率提升数十倍甚至数百倍，并能很好地解决一些难以用人工程序完成的复杂构件的编程问题。当零件的外形越复杂、加工工序越烦琐时，它的优点就越显现出来。

二、数控机床的坐标系统

（一）坐标系及运动方向的规定

在数控机床上，一般采用直角坐标系来表示工具和零件之间的相对运动。

（1）刀具相对于工件运动的原则。由于机床的结构不同，有的是刀具运动、工件固定，有的是刀具固定、工件运动，为方便编程，一律规定为工件固定、刀具运动。

（2）标准的坐标系是一个右手直角坐标系，如图 3-27（a）所示，大拇指为 X 轴，食指为 Y 轴，中指为 Z 轴，指尖指向各坐标轴的正方向，即增大刀具和工件距离的方向。同时规定了分别平行于 X、Y、Z 轴的第一组附加轴为 U、V、W，第二组附加轴为 P、Q、R。

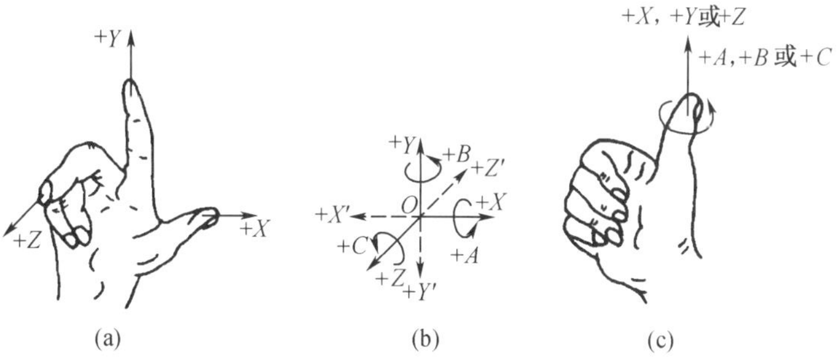

图 3-27　右手直角坐标系

（3）若有旋转轴时，规定绕 X、Y、Z 轴的旋转轴分别为 A、B、C 轴，旋转轴方向采用右手螺旋定则判断，如图 3-27（b）所示。X、Y、Z 和 A、B、C 各轴方向如图 3-27（c）所示。旋转轴的原点一般定在水平面上。若还有附加的旋转轴，则可用 D、E 定义，其与直线轴没有固定关系。

(二)坐标轴的规定

在确定机床坐标轴时,一般先确定 Z 轴,然后确定 X 轴和 Y 轴,最后确定其他轴。机床运动的正方向,是指增大工件和刀具之间距离的方向。

1. Z 坐标的运动

Z 坐标的运动由传递切削力的主轴所决定,与主轴轴线平行的标准坐标轴即为 Z 坐标,如图 3-28(a)所示的卧式车床、图 3-28(b)所示的立式铣床和图 3-27(c)所示的卧式铣床所示。

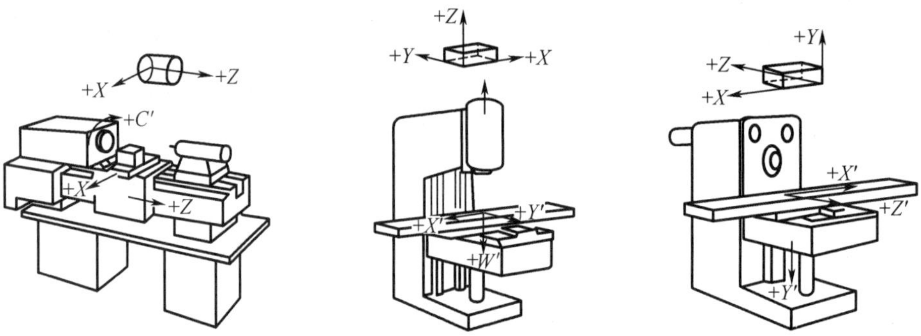

(a)卧式车床　(b)立式铣床　(c)卧式铣床

图 3-28　机床坐标轴

Z 坐标的正方向是增加刀具和工件之间距离的方向。在钻镗加工中,钻入或镗入工件的方向是 Z 的负方向。

2. X 坐标的运动

X 坐标的运动是水平的,它平行于工件装夹面,是刀具或工件定位平面内运动的主要坐标。

对工件做回转切削运动的车床,X 坐标方向为工件的直径方向且平行于横向导轨,如图 3-28(a)所示。

对刀具做回转切削运动的机床,如铣床、镗床,有下列两种情形:

(1)当 Z 轴竖直(立式)时,从刀具主轴向机床立柱看时,X 坐标运动的正方向指向右方,如图 3-28(b)所示;

(2)当 Z 轴水平(卧式)时,从刀具主轴向工件看时,X 坐标运动的正方向指向右方,如图 3-28(c)所示。

3. Y 坐标的运动

当 X、Z 坐标的运动正方向确定后,可根据已知的 X 和 Z 坐标运动的正方向,按照右手直角笛卡儿坐标系规定的 X、Y、Z 三者的关系,确定 Y 坐标运动的正方向。

4. 旋转运动

在图 3-27 中,A、B、C 相应地表示其轴线平行于 X、Y、Z 的旋转运动。正向为 X、Y 和 Z 方向上右旋螺纹前进的方向。

5. 机床的附加坐标系

若在机床上除 X、Y、Z 坐标的直线进给运动之外,另有第二组平行或不平行于它们的坐标运动,指定为 U、V、W,如还有第三组运动,指定为 F、Q、R。

(三)机床坐标系与工件坐标系

1. 机床原点

机床坐标系中的起点是在机器上设定的某一定点,它是机器坐标系的起点,亦被称作机器的零点或起点。该参数是在机床装配和调试阶段就已经决定的,是机床在执行切削动作时的参考。

2. 机床参考点

机床参考点(R 点)的位置在每个轴上都是通过减速行程开关粗定位,然后由编码器零位电脉冲(或称栅格零点)精定位,其与机床原点的相对位置是固定的。在加工过程中,已经精确地计算出了从工件开始到加工中心的位置;在实际应用中,可以通过返回参照点的方法来验证。在给定了加工中心基准点的情况下,利用该基准点在加工中心上的坐标,即可实现对加工中心的精确定位。

一般情况下,在通电以后,数控设备都要进行回转参照点作业,通过操纵面板上相应的按键,将被测对象对准加工基准点。当测量结束后,仪器上会出现在仪器坐标上的坐标,从而实现了机器坐标系的自动构建。

通常数控机床参考点和机床原点设置为同一点,即机床参考点在机床坐标系中的各坐标均为 0。图 3-29(a)和图 3-29(b)分别是数控车床和数控铣床的机床原点与机床参考点的位置,图中机床零点均取在直线坐标轴正方向的极限位置上。

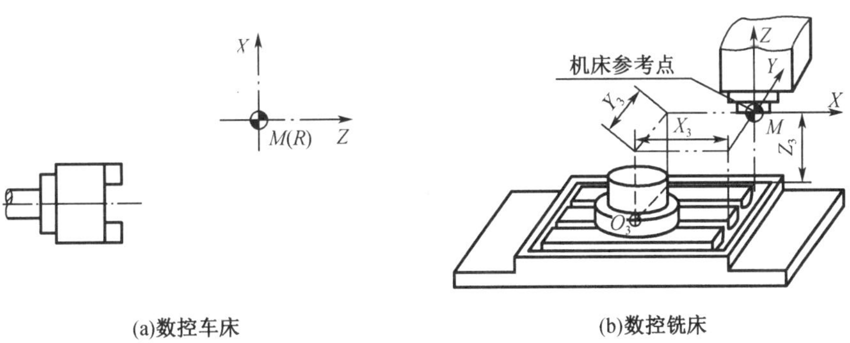

图 3-29　数控机床和数控铣床的机床原点与机床参考点

3. 工件原点

由于工件形状尺寸各异,工件在机器上的装配位置也各不相同,而机床坐标系是一种确定的坐标系,若以其为起点进行工件编程,会带来很多不便。因此,为了使程序简单,减少了数值运算的困难,本文提出了一种在被加工对象上以某一点为基准的坐标系统。在加工过程中,工件的坐标系中的每一条轴线都要与对应的机床坐标系上的坐标系保持一致,这样就可以实现工件坐标系的平衡。在加工过程中,工件的坐标系中的起始点就是加工中心的原点。

(1)应使工件原点与工件的尺寸基准重合。

(2)当工件图中的尺寸容易换算成坐标值时,尽量直接使用图纸尺寸作为坐标值。

(3)工件原点应该选在容易找正、在加工过程中容易测量的位置。

(4)在确定加工起点时,应尽可能使程序简单,减少尺寸转换,减少加工误差。对工件进行车削时,通常将其起点选择在工件轴与其前、后端平面的交点处;用锐切削方法进行切削时,其起始点通常选择在矩形截面的上侧面的左下方,也可以选择在圆柱形件的上侧面和上侧面的交点上

在对一件零件进行加工前,需要先了解该零件在该机床坐标系中的确切位置;然后再将该零件坐标系中任何一点上的坐标值变换到该机器坐标系中的坐标,即要执行对刀作业;将该工件在该坐标系中的坐标值(也就是所谓的原点偏移,如图 3-30 所示)输入到该数控系统中,由该数控系统在该刀位点上添加了一个原点偏移,并将该刀位在程序坐标系下的坐标值变换到该机床坐标系下的坐标值,实现了对刀的精确定位。

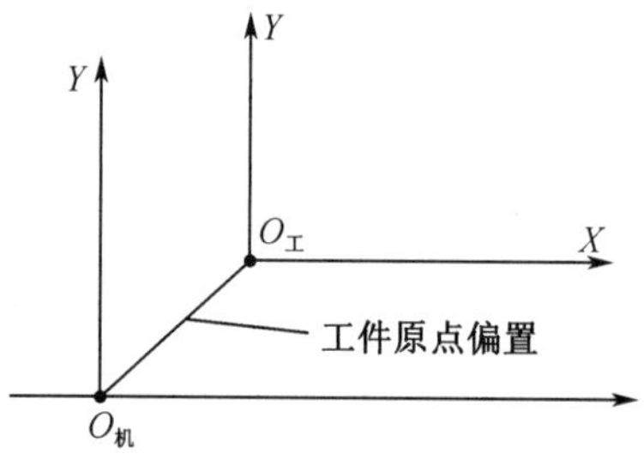

图 3-30　工件原点偏置

三、数控程序

(一)数控程序的构成

1. 数控程序的结构

在数控系统中,数控编程是一个非常重要的环节,它通过一套顺序的命令,将刀具按照直线、圆弧或其他曲线进行动作,从而实现对工件的切削。一套完备的程序包括程序编号、程序正文和程序结尾。

如下所示的数控加工程序有哪几部分构成?

O1301;

N10 T0101;

N20 GOO X50 Z5;

N30 M03 S800;

N40 G01 Z-80 F200;

N50 X52;

N60 GOO X100 Z100;

N70 M30;

(1)程序号

程序号即为程序的开始部分,为了区别于存储器中的程序,每个程序都要有程序编号。程序号由程序号地址和程序编号组成。如 O1301 中,字母“O”表示程序号地址,1301 表示程序的编号,即 1301 号程序。程序号必须加在每个程序之首,用以区别各程序。其后可在括号内加程序名或注释。

不同的数控系统,其程序号地址有所差别。如:在 FANUC 系统中,采用英文字母“O”作为程序号地址;在华中数控系统中,采用“%”作为程序号地址。编程时一定要参考数控机床说明书,否则程序可能无法执行。

(2)程序主体

作为整体程序的中心,程序主体是一系列的子模块,每一个子模块都是用一条或者几条命令组合而成,用来表达一个或几个数控机床所要执行的全部工序或操作。通常使用顺序号来指示次序,在一个程序的段前面,可以随意设定一个顺序号,也可以不写入,或者仅在某些重要的程式段落之前,按照次序对其进行排序,方便查找。序列号又称为程序区段编号或程序区段编号,在程序区段的开头,其位址为 N,其后的数通常为 2~4 位。主要程序、子程序以及巨集程序都可以使用该序列号。

①顺序号的作用

顺序号可用于对程序的校对和检索修改;在加工轨迹图的几何节点处标上相应程序段的顺序号,就可直观地检查程序;顺序号还可作为条件转移的目标;更重要的是,标注了顺序号的程序可以进行程序段的复归操作,这是指操作可以回到程序的运行中断处重新开始,或加工从程序的中途开始的操作。

②顺序号的使用规则

顺序号的数字部分应为正整数,一般最小顺序号是 N1。顺序号的数字可以不连续,也不一定按从小到大顺序排列,如第一段用 NL 第二段用 N20,第三段用 N10。对于整个程序,可以每个程序段都设顺序号,也可以只在部分程序段中设顺序号,还可在整个程序中全部设顺序号。一般都将第一程序段冠以 N10,以后以间隔 10 递增的方法设置顺序号,这样在调试程序时如需要在 N10 与 N20 之间加入两个程序段,就可以用 N11、N12。

(3)程序结束

通常以程序结束指令 M02 或 M30 作为整个程序结束的符号来结束整个程序的。M02 与 M30 基本相同,都可使主轴、进给及切削液全部停止,但 M30 能自动返回程序起始位置,为加工下一个工件做好准备,所以通常使用 M30 作为程序结束指令。

2. 程序段格式

在 FANUC 系统中,每个程序段是由字(word)和“;”(按机床控制器上的 EOB 键,则出现“;”,这表示程序段结束)所构成。

每个程序字表示一个功能指令,因此又称为功能字。字又是由地址符和数值所构成的,如 X(地址符)100(数值)。在程序中能作为指令的最小单位是字,仅用地址符或仅用数值是不能作为指令的。

所谓程序段格式,即一个程序段中字的排列、书写方式和顺序,以及每个字和整个程序段的长度限制和规定。不同的数控系统往往有不同的程序段格式,格式不符合规定,数控系统便不能接受。

现代数控系统广泛采用的程序段格式都是字地址程序段格式,程序段中每个字都以地址符开始,其后再跟符号和数字,代码字的排列顺序没有严格的要求,不需要的代码字以及与上段相同的续效字可以不写,这种格式的特点是:程序间的,可读性强,易于检查。

程序段的格式如下:

N ____	G ____	X ____	Z ____	F ____	M ____	S ____	T ____
顺序号	准备功能	尺寸字	尺寸字	进给功能	辅助功能	主轴速度功能	刀具功能
N030	G90 G01	X20	Z-40	F50	M03	S500	T0101

表 3-7 所示为常用程序字。

表 3-7 常用程序字

功能		地址符	含义
程序号字		O	程序号的指定
顺序号字		N	程序段顺序编号
准备功能字		G	指令机床的工作方式
辅助功能字		M	指令机床的开/关等辅助动作
尺寸字		X、Y、Z	指令 *X*、*Y*、*Z* 轴的绝对坐标值
		U、V、W	指令 *X*、*Y*、*Z* 轴的增量坐标值
		A、B、C	指令绕 *X*、*Y*、*Z* 轴的旋转坐标值
		I、J、K	指令圆弧中心坐标值
		R	指令圆弧半径值
刀具功能字		T	指令刀具的刀具号和补偿值
进给功能字		F	指令刀具中心的进给速度
主轴转速功能字		S	指令主轴的转速
其他程序字	偏移号	H 或 D	指令刀具补偿值
	重复次数	L	指令固定循环和子程序的执行次数
	参数值	R. Q	指令固定循环中的定距
	暂停时间	P. X	指令暂停时间

3. 主程序、子程序及宏程序

数控加工程序可分为主程序和子程序,若一组程序段在一个程序中多次出现,或者在几个程序中都要使用它,为了简化程序,可以把这组程序段抽出来,按规定的格式写成一个新的程序单独存储,以供另外的程序调用,这种程序就称为子程序。子程序的结构同主程序的结构是一样的,主程序执行过程中如果需要调用某一个子程序,可以通过一定的子程序调用指令来实现,执行完后返回到主程序,继续执行后面的程序段。

宏程序编程是指变量编程法。一般情况下,当需编程的工件的轮廓曲线为椭圆、圆、抛物线等具有一定规律的曲线时,刀具轨迹点 X、Y 之间具有一定的规律,因此,可以利用变量编程法进行程序的编制。宏指令既可以在主程序体中使用,也可以当作子程序来调用。普通加工程序直接用数值指令 G 代码加移动距离。例如,G01 X50.0 用户使用宏程序时,数值可以直接指定或用变量指定。当用变量指定时,变量值可用程序或用 MDI 面板上的操作来进行改变。

在数控加工程序中,主要有准备功能 G 指令和辅助功能 M 指令,以及 F、S、T 等指令。数控系统不同时,编程指令的功能也有所不同,编程时需参考机床制造厂家的编程说明书。

(二)常见功能指令

1. 准备功能

准备功能字的地址符是 G,所以又称为 G 功能、G 指令或 G 代码。它的作用是建立数控机床的工作方式,为数控系统的插补运算、刀补运算、固定循环等做好准备,它由字母 G 及后面的两位数字组成。

G 功能有模态 G 功能和非模态 G 功能之分。

模态 G 功能是指一组可相互注销的 G 功能,其中某一 G 功能一旦被执行,则一直有效,直到被同一组的另一 G 功能注销为止。

非模态 G 功能只在所规定的程序段中有效,程序段结束时被注销。

G 代码可以在同一程序段中使用几个准备功能,只要彼此没有逻辑冲突。例如:

N10 G90 G00 X16. S600 T01 M03;

N20 G01 X8. Y6. F100;

N30 X0. Y0. ;

N10 程序段中,G90、G00 都是模态代码,但它们不属于同一组,故可编在同一程序段中;N20 程序段中出现 G01,同组中的 G00 失效,G90 不属于同一组,所以继续有效;N30 程序段的 功能和 N20 程序段的相同,因为 G01 是模态代码,继续有效,不必重写。

表 3-8 所示为常用准备功能 G 代码。

表 3-8　常用准备功能 G 代码

代码	组别	功能	代码	组别	功能
* G00	01	快速定位	G56	14	第三工件坐标系设置
G01		直线插补	G57		第四工件坐标系设置
G02		顺时针圆弧插补	G58		第五工件坐标系设置
G03		逆时针圆弧插补	G59		第六工件坐标系设置
G04	00	暂停	G65	00	宏程序调用
* G10		数据设定	G66	12	宏程序模态调用
G11		数据设定取消	* G67		宏程序模态调用取消
G17	16	*XY* 平面选择	G70	00	精车循环
G18		*ZX* 平面选择(缺省状态)	G71		外圆/内孔粗车循环
G19		*YZ* 平面选择	G72		端面粗车循环
G20	06	英制 in	G73		固定形状粗车循环
G21		米制 mm	G76		螺纹切削多次循环
* G22	09	行程检查功能打开	* G80	10	钻孔固定循环取消
G23		行程检查功能关闭	G83	09	端面钻孔循环
* G25	08	主轴速度波动检查关闭	G84		端面攻螺纹循环
G26		主轴速度波动检查打开	G86		端面镗孔循环
G27	00	返回参考点检查	G87		侧面钻孔循环
G28		返回参考点	G88		侧面攻螺纹循环
G30		返回第二参考点	G89		侧面镗孔循环
G32	01	螺纹切削	G90	01	外径/内径车削循环
* G40	07	取消刀尖半径补偿	G92		螺纹切削循环
G41		刀尖半径左补偿	G94		端面车削循环
G42		刀尖半径右补偿	G96	02	恒线速控制设置
G50	00	设定工件坐标系,设定主轴最高转速	* G97		恒线速控制设置取消
* G54	14	第一工件坐标系设置	G98	05	每分钟进给
G55		第二工件坐标系设置	* G99		每转进给

注:①00 组的 G 指令为非模态,其他组的指令均为模态。

②标有 * 的指令为数控系统通电后的状态。

③在同一个程序段中,可以使用数个不同组的 G 指令,当在同一个程序段中使用了几个同一组的 G 指令时,最后使用的 G 指令有效。

2. 辅助功能

辅助功能字也称 M 功能、M 指令或 M 代码。M 指令是控制机床在加工时做一些辅助动作的指令，如主轴的正反转、切削液的开关等。

(1) M00 程序暂停

执行 M00 功能后，机床的所有动作均被切断，机床处于暂停状态。重新启动程序启动按钮后，系统将继续执行后面的程序段。例如：

N10 G00 X100 Z100;

N20 M00;

N30 X50 Z10;

执行到 N20 程序段时，进入暂停状态，重新启动后将从 N30 程序段开始继续进行。如进行尺寸检验、排屑或插入必要的手工动作时，用此功能很方便。

说明：

①M00 须单独设一程序段。

②如在 M00 状态下，按复位键，则程序将回到开始位置。

(2) M01 选择停止

在机床的操作面板上有一“选择停止”开关，当该开关打到“ON”位置时，程序中如遇到 M01 代码，其执行过程与 M00 相同；当上述开关打到“OFF”位置时，数控系统对 M01 不予理睬。例如：

N10 G00 X100 Z100;

N20 M00;

N30 X50 Z10;

如“选择停止”开关打到断开位置，则当系统执行到 N20 程序段时，不影响原有的任何动作，而是接着往下执行 N30 程序段。

此功能通常用来进行尺寸检验，而且 M01 应作为一个程序段单独设定。

(3) 主轴控制指令

M03：启动主轴正转。

M04：启动主轴反转。

M05：主轴停止。

(4) 切削液控制指令

M07：开 2 号切削液。

M08：开 1 号切削液。

M09：切削液关闭。

(5) 程序结束指令

M02：程序结束。

主程序结束，切断机床所有动作，主轴停止、进给停止、切削液关闭，机床处于复位状态，机床 CRT 显示程序结束。但程序结束后，不返回到程序开头的位置。

M30：复位并返回程序开始。

执行该指令后，除完成 M02 的内容外，还自动返回到程序开头的位置，为加工下一个工件做好准备，机床 CRT 显示程序开始。

说明：M02 和 M30 都必须单独作为一个程序段设定。

表 3-9 所示为常用辅助功能 M 指令。

表 3-9　常用辅助功能 M 指令

M 指令	功能	说明
M00	程序暂停	执行指令后，系统停止自动运转，并全部保存停止前的模态信息，重新按下自动循环启动按钮，程序继续运行。该指令可应用在自动加工过程中，停车进行某些固定的手动操作，如测量、手动变速、换刀等
M01	选择停止	与 M00 作用相似，但 M01 可以用机床“选择停止”开关选择是否有效；只有当机床操作面板上的“选择停止”开关置于接通位置时，M01 指令才有效应用；常用于关键尺寸的抽样检查或临时停车
M02	程序结束	执行指令后，机床便停止自动运转，机床处于复位状态，自动将主轴停止（M05）及关闭切削液（M09），但程序不会自动返回程序开头
M03	主轴顺时针旋转	主轴正向旋转
M04	主轴逆时针旋转	主轴反向旋转
M05	主轴停止	—
M07	2 号冷却液开	冷却液开
M08	1 号冷却液开	冷却液开
M09	冷却液关	冷却液关
M30	程序结束并返回	程序结束，返回到程序的开头，方便此程序再一次执行
M98	调用子程序	调用子程序
M99	子程序结束	子程序结束，返回主程序

3. 进给速度功能

（1）进给速度

对于点位、二坐标和三坐标联动数控加工，数控程序所给的进给速度，是以每分钟进给距离或每转进给距离的形式指定刀具切削进给速度的，是各坐标的合成运动速度，用 F 字母和它后续的数值指定。

（2）F 功能的分类

①每分钟进给

用 F 指令表示刀具每分钟的进给量，数值单位为 mm/min，如图 3-31（a）所示。FANUC

系统每分钟进给量在车床编程中用 G98 指令表示，在加工中心和车床编程中用 G94 表示。

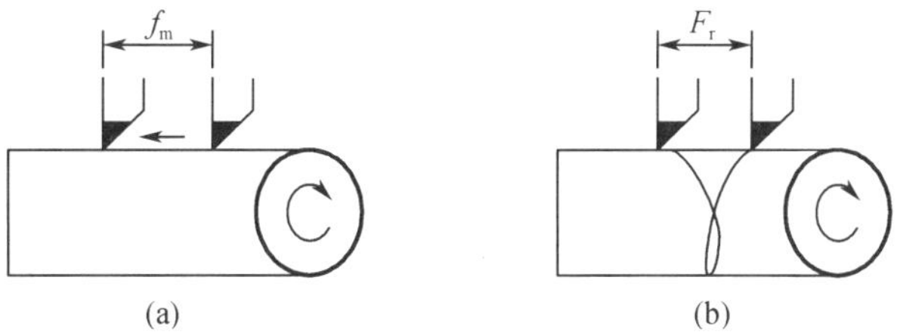

图 3-31 车削进给方式

例如：数控车床编程“G98 F150;”、数控车床编程“G94 F150;”都表示进给速度为 150 mm/min，即一分钟时间刀具沿其进给方向运动 150 mm。

②每转进给

用 F 指令表示刀具每转的进给量，数值单位为 mm/r，如图 3-31(b)所示。FANUC 系统每转进给量在车床编程中用 G99 指令表示，在加工中心和铣床编程中用 G95 表示。

例如：数控车床编程“G99 F0.2;”、数控铣床编程“G95 F0.2;”都表示进给速度为 0.2 mm/r，即主轴每转一周刀具沿其进给方向运动 0.2 mm。

每转进给与每分钟进给的关系为

$$f_m = F_r S$$

式中 f_m——每分钟的进给量，mm/min；

F_r——每转的进给量，mm/r；

S——主轴转速，r/min。

一般在数控机床上，接通电源时便处于每分钟进给量的状态。F 功能一经设定，后面只要不变更，前面的指令仍然有效。所以，只有在变更进给时才需指定 F 功能。

③进给速度倍率

在操作面板上有一个专用的旋转开关来控制进给速度倍率，旋转开关标出了分度和刻度，表示程序进给速度的百分率，设置范围为 10%~150%，可以每一级 10%调整进给速度。如果把刻度调整在 100%，便按程序所设定的速度进入。这个开关一般在试切时使用，用以选取最佳的进给速度。

4. 主轴转速功能

(1) 主轴转速

主轴转速功能用来指定主轴的转速，地址符使用 S，又称为 S 功能或 S 指令，用 S 字母和它后续的数值指定。

(2) S 功能的分类

①恒线速度切削

G96 是接通恒线速度控制的功能。此时，用 S 指定的数值表示切削速度，数值单位为 m/min。数控装置根据刀架在 X 轴的位置计算出主轴的转速，自动而连续地控制主轴转速，使之最终达到由 S 功能所指定的切削速度。例如：

G96 S200；

表示切削速度为 200 m/min，在切削过程中自动改变主轴的转速，保持恒定的切削速度。

用恒线速度控制加工端面、锥面、圆弧时，容易获得内外一致的表面粗糙度值，但由于 X 坐标值不断变化，所以由公式 $v=n\pi d/1\ 000$ 计算出的主轴转速也不断变化。当刀具逐渐移近工件旋转中心时，主轴转速就会越来越高，此时工件有可能因卡盘调整压力不足而从卡盘中飞出。为防止这种事故，必须使用 G50 SXXX 指令限制主轴的最高转速。例如：

G50 S3000；

表示把主轴最高转速设定为 3 000 r/mino

②取消恒线速度切削

G97 是取消恒线速度控制的功能，此时，用 S 指定的数值表示主轴每分钟的转数。例如：

G97 S800；

表示主轴以 800 r/min 的转数旋转。

5. 刀具功能

FANUC 系统采用 T 指令选刀，由地址符 T 和数字组成，有 TXX 和 TXXXX 两种格式。车床编程使用 T 和四位数字组成，前两位表示刀具号，后两位表示刀具补偿号。例如：

T0101；

前面的 01 表示使用 1 号刀，后面的 01 表示使用 1 号刀具补偿，至于刀具补偿的具体数值，应通过操作面板在 1 号刀具补偿位去查找和修改。如果后面两位数是 00，例如 T0300，表示使用 3 号刀，并取消刀具补偿。

铣床编程使用 T 和两位数字组成，数字表示刀号。例如：

T02；

表示调用 2 号刀。

6. 坐标功能字

坐标功能字，又称为尺寸字，用来设定机床各坐标的位移量。X、Y、Z、U、V、W、F、Q、R 用于确定终点的直线坐标尺寸，A、B、C、D、E 用于确定终点的角度坐标尺寸，I、J、K 用于确定圆弧轮廓的圆心坐标尺寸。

FANUC 数控机床坐标值的数值单位为毫米时，数值后面加小数点表示，如 X 坐标值为 100 mm，则应表示为 X100。若无小数点，则机床会报错。但此功能可通过系统参数设置，修改为不加小数点的，因此编程之前需了解机床的相关设置。

【学习产出】

根据 3-10 的学习评价表内容，按照数控编程步骤和方法确定机床坐标系。

表 3-10　学习评价表

零件名称	配分	得分
评价项目	10	
工艺过程合理性	10	
工艺文件规范性	15	
刀具选用是否合适	15	
切削用量选用是否合理	10	
数控程序是否正确	20	
安全文明生产	10	
加工零件质量情况	10	
总分		

任务 2　数控车床面板操作、对刀设置

【学习目标】

态度：培养科学严谨的工作态度。

知识：熟悉数控车床基本操作规程；熟悉数控加工生产环境、HNC-21T 数控系统操作面板及按钮功能；掌握数控车床的对刀方法；

技能：能正确进行对刀，会建立工件坐标系。

【相关课点】

数控车床基本操作；对刀方法。

【建议学时】

1 天。

【学习方法】

查阅工具书；实践操作。

【前置任务】

根据图 3-32 零件图纸进行分析，选择毛坯与刀具，对程序识读与编辑，在仿真软件上完成加工。

```
O0103;
T0101 M03 S800;
M08;
G00 X50. Z0. ;
G01 X-1. F2;
X50. Z2;
G80 X46. Z-45. F10;
X42. ;
X38. ;
X34. ;
X30. ;
G00 X100. Z200. ;
T0202;
G00 X50. Z-45. ;
G01 X24. F1;
G04 P4;
X50. ;
G00 X100. Z200. ;
M05;
M09;
M30;
```

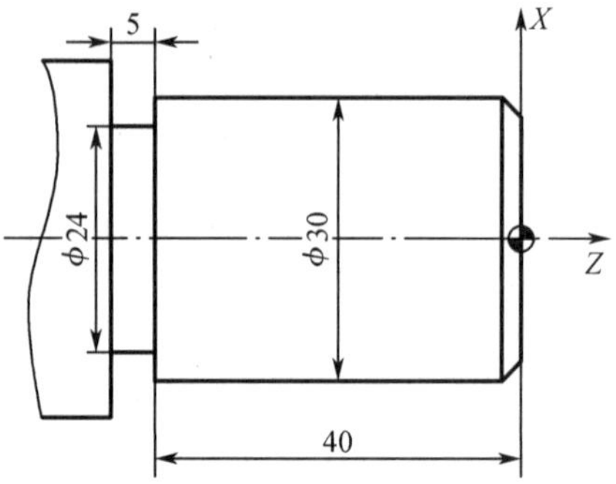

图 3-32　零件图

一、数控加工工艺基础

用数控系统对工件进行数控加工，在编写程序时，首先要面对的是程序编写问题。一般数控机床上的工件的工艺流程，实质上就是一张工序流程卡片，其切削用量、刀具走刀路线以及供需双方之间的工步的布置，通常是由操作员自己确定的。数控机床是根据编程来加工的，加工工艺是自动化的，所以要事先设定好所有的工序、工步，以及每道工序的切削用量、路线、加工余量以及所用的工具的尺寸和类型。

所以，一名合格的程序员必须是一名优秀的技工。必须对数控机床的性能、特性、应用、切割范围及标准工具等有较深的了解。

（一）数控机床的选择

数控车：形状比较复杂的轴类零件和由复杂曲线回转形成的模具内型腔。

数控立式铣镗床和立式加工中心：箱体、箱盖、平面凸轮、样板、形状复杂的平面或立体零件。

卧式铣镗床和卧式加工中心:复杂的箱体类零件及泵体、阀体、壳体等。

多坐标联动的卧式加工中心:复杂的曲线、曲面、叶轮、模具等。

(二)加工工序的划分

常用的数控机床加工零件的工序划分如下。

1. 刀具集中分序法

根据使用的工具将各部分的工艺进行细分,用一把刀对工件上能完成的部分进行切削,然后用第二把、第三把刀来进行其他部分的加工。该方法能有效地降低绕环次数,缩短飞行时间,降低非必要位置错误。

2. 粗、精加工分序法

对每个零部件要进行粗、半精、再精的加工。为了改善工件的加工精度,在进行粗磨和精磨之前,需要有一定的间隔。

3. 加工部位分序法

通常先进行平面、定位面的加工,再进行孔的加工;对具有较小尺寸的零件进行切削,对较复杂零件进行切削;首先对不太精确的零件进行切削,然后对高精度零件进行切削。

(三)工件的装夹方式

(1)应尽量采用组合夹具和标准化通用夹具。当工件批量较大、精度要求较高时,可以设计专用夹具。

(2)工件的定位和夹紧位置,不得影响工件的各个部分的加工,更换刀具,以及对关键部位进行检测。特别要注意防止刀与工件、刀与夹具碰撞。

(3)锁模力要尽量通过接近主支撑点或在支撑点构成的三角中,要尽量接近切割面和刚性腿的位置。避免超过已切削的孔,以降低产品的扭曲。

(4)工件夹紧,定位时应考虑反复装配的连续性。对于同一批次的工件,通常使用相同的定位基准和固定方式。

(四)对刀点与换刀点的确定

1. 对刀点

对刀点是在数控机床上进行切削时,刀具与工件之间的相对位置。刀点也可以被称作切削起始点,因为它也是从这个位置进行的。

2. 刀位点

刀位点是工具上一个特殊的点,它用来决定工具在机器坐标系中的定位。

3. 对刀

对刀即对刀点与刀位点重合。

对刀的目的是确定程序原点在机床坐标系中的位置(工作原点偏置),或者说确定机床坐标系与工件坐标系的相对关系。

4. 对刀点的确定

对刀点可以安装在工件上、夹具上或机器上，也可以安装在容易对刀的地方，但应在与编程原点之间建立一个固定的坐标。当被加工成具有孔洞的工件时，可以选择其中央位置为刀具的对刀位置。

对刀原则：

(1)选择设计基准、工艺基准、或与其有关的部位，来确保产品的精密制造。

(2)选择便于进行坐标运算的地点，从而使编程更为简便。

(3)选择容易对刀，容易测量的位置，确保对刀精度。

5. 换刀点的确定

刀具更换点就是刀具更换位置。刀具更换时间要按工艺内容进行适当的调整。换刀点通常设置在被加工对象的外部，以避免更换刀具时被工具划伤。

(五)选择走刀路线

在数控机床上，走刀路径就是在机床上进行切削时，刀具与工件之间的运动路径。各工艺路径的选择直接关系到工件的加工精度及表面质量。

1. 选取原则

(1)保证零件的加工精度和表面粗糙度

(2)方便数值，减少编程工作量

(3)缩短走刀路线，减少进刀、退刀时间和其他辅助时间，以提高生产率

(4)尽量减少程序段数，减少所占用的存储空间

2. 孔类加工

3. 车削或铣削

4. 空间曲面加工

(六)加工刀具选择

(七)切削用量的确定

(八)程序编制中的误差控制

二、南京宇航仿真

(一)界面介绍

工具栏、菜单栏的操作(根据软件说明书，自行总结)

(二)基本操作

1. 复位

当系统通电后，进入程序的操作界面，系统处于“急停”状态，因此系统需要向左侧旋

转,然后拔出位于平台右侧的"急停"键,从而实现对系统的重置,并与伺服电力系统连接。在此情况下,系统将自动切换到参考点返回模式,并将程序的运行模式还原为零。

2. 机床回零

(三)数控程序处理

1. 选择编辑数控程序

(1)选择磁盘程序;

(2)选择当前正在加工的程序;

(3)新建一个数控程序。

2. 程序编辑

选定要进行编辑的程序后,可以在"正文"界面中按要求完成对程式的插入、删除、寻找替代等编辑动作。

3. 保存程序

编辑好的程序需要进行保存或另存为操作,以便再次调用。

4. 文件管理

(四)自动加工方式

1. 选择自动加工的数控程序

(1)选择磁盘程序;

(2)选择正在编辑的程序。

2. 自动/连续方式

(1)自动停工;

(2)中断运行;

(3)急停。

3. 自动/单段方式

(五)MDI 模式

三、车床对刀(MDI 操作)

(一)对刀原理

数控车床通常使用试切法对刀。试切法对刀就是用选定的工具来试削被加工对象的外圆周和端部表面,通过对其进行测试与运算,将试切的直径和试切的长度设置在刀距表中,选取所需的工件坐标系,由机器来自动地求出工件端面中点在机床坐标架上的坐标。

(二)华中数控系统(图 3-33)对刀步骤。

装好刀具后,按下操作面板中"手动"按钮,切换到手动状态,按下"+X""-X""+Z"

“-Z”按钮,使刀具移动到可切削零件的大致位置。

图 3-33 华中数控系统操作界面

按下操作面板上“主轴正转”或“主轴反转”按钮,控制零件的转动,按下“-Z”按钮,用所选刀具试切工件外圆,如图 3-34(a)所示;按下“+Z”按钮,将刀具退至如图 3-34(b)的位置,按下操作面板上的“主轴停止”,使主轴停止转动,测量试切外圆的直径。

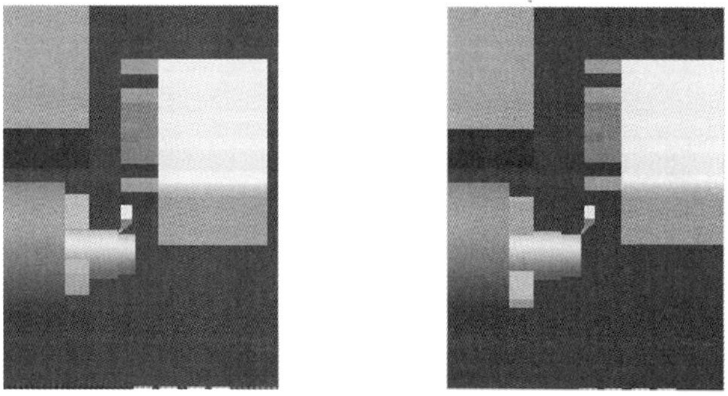

(a) (b)

图 3-34 试切法对刀

按“MDI”软键,在弹出的下级子菜单中按软键“刀偏表”,进入刀偏数据设置页面。

用方位键“↑”“↓”将亮条移动到对应刀具号的行,将 X 填入刀偏表中“试切直径”栏。

再用刀具试切工件端面,然后沿 X 轴方向退刀,在刀偏表中“试切长度”栏输入工件坐标系 Z 轴零点到试切端面的有向距离。

对刀完成后,通过“试切直径”“试切长度”等参数的运算,由机床在所选择的坐标系统中运算,可在数控编程中直接使用。

注:(1)采用自动设置坐标系对刀前,机床必须先回机械零点。

(2)试切零件时主轴需转动。

(3)Z 轴试切长度有正有负之分。

(4)试切零件外圆后,未输入试切直径时,不得移动 X 轴;试切工件端面后,未输入试切长度时,不得移动 Z 轴。

(5)试切直径和试切长度都需输入,确认。打开刀偏表试切长度和试切直径均显示为"0.000",即使实际的试切长度或试切直径也为零,仍然必须手动输入"0.000",按"确定"键确认。

【学习产出】

结合现场生产程序,根据表 3-11 的学习评价表内容,完成对操作面板的录入,准确表述出基本原理及操作步骤。

表 3-11　学习评价表

零件名称	配分	得分
评价项目	10	
工艺过程合理性	10	
工艺文件规范性	15	
刀具选用是否合适	15	
切削用量选用是否合理	10	
数控程序是否正确	20	
安全文明生产	10	
加工零件质量情况	10	
总分		

任务3　光轴零件的数控车削加工

【学习目标】

态度:培养科学严谨的工作态度。

知识:掌握光轴零件的加工工艺特点;掌握数控车削常用指令 G00、G01 的编程格式及应用;掌握光轴零件的手工编程方法。

技能:能正确运用数控仿真软件校验编写轴零件数控加工程序,并加工零件。

【相关课点】

光轴零件的加工;编程格式及应用。

【建议学时】

1 天。

【学习方法】

查阅工具书;实践操作。

【前置任务】

根据零件图纸(图 3-35)进行分析,选择毛坯与刀具,编写零件的数控加工程序,并通过数控仿真加工调试程序,在调试过程中进行程序优化,最后进行零件的加工检验。

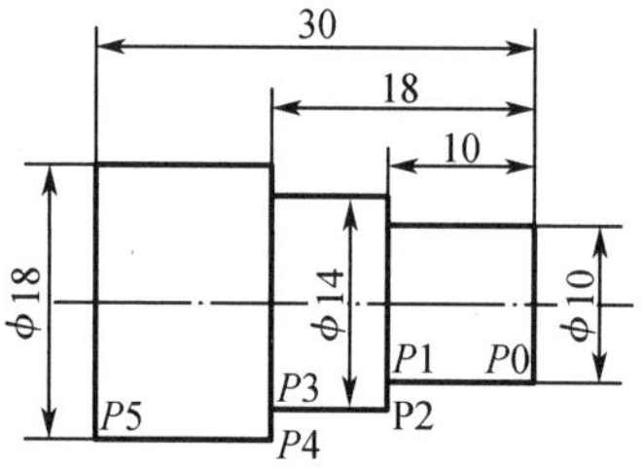

图 3-35　轴零件

一、常见字指令

(一)顺序号指令

常间隔 5~10,便于在以后插入程序时不会改变程序段号的顺序。

(二)进给功能指令

(1)地址:F。

(2)功能:表示刀具切削加工时进给速度的大小,数控车床进给速度的单位为mm/r;数控铣床进给速度的单位为mm/min。

(三)辅助功能指令

(1)地址:M。前置的"0"可省略不写。

(2)功能:表示数控机床辅助装置的接通和断开,由PLC(可编程控制器)控制。

(四)准备功能字

(1)地址:G。

(2)功能:建立机床或控制系统工作方式的一种命令

指令使用说明:

(1)不同数控系统G代码各不相同,同一数控系统不同型号G代码也有变化,使用时应以数控机床使用说明书为准。

(2)G代码有模态和非模态两种。模态代码一经使用持续有效,直至同组的G代码出现为止。非模态代码仅在本程序段中有效,又称程序段有效代码。

二、程序指令代码

(一)刀具快速定位指令G00(或G0)

1. 指令功能

指刀具以机床规定的速度从所在位置移动到目标点,移动速度由机床系统设定,无须在程序段中指定。

2. 指令格式 G00 X_ Z_

其中,X、Z为目标点的坐标。

例如:

G00 X60 Z100;

刀具快速移动到点(100,60)位置。

3. 指令使用说明

(1)用G00指令快速移动时,地址F下编程的进给速度无效。

(2)G00为模态有效代码,一经使用持续有效,直到被同组G代码(G01、G02、G03…)取代为止。

(3)G00指令的刀具移动速度快,容易撞刀,使用在退刀及空行程场合,能减少运动时间,提高效率。

(4)G00指令的目标点不能设置在工件上,一般应离工件有2~5 mm的安全距离,也不能在移动过程中碰到机床、夹具等。

(二)直线插补指令 G01(或 G1)

1. 指令功能

刀具以进给功能 F 下编程的进给速度沿直线从起始点加工到目标点。

2. 指令格式 G01 X_Z_F_

其中,X、Z 为直线插补目标点坐标;F 为直线插补时进给速度,单位一般为 mm/r。例如:

G00 X30 Z4. ;

G01 X30. Z-45. F0. 2;

3. 指令使用说明

(1)G01 用于直线切削加工,必须给定刀具进给速度,且程序中只能指定一个进给速度。

(2)G01 为模态有效代码,一经使用持续有效,直到被同组 G 代码(G00、G02、G03)取代为止。

(3)刀具空间运行或退刀时用此指令则运动时间长,效率低。

三、编制参考加工程序

(一)建立工件坐标系

根据工件坐标系建立原则:数控车床工件原点一般设在右端面与工件轴线交点上,故工件坐标系设置在 O 点。

(二)计算基点及工艺点坐标

构件中所有几何元素的联结点被称作基点。比如,工件外轮廓线的两条直线相交或切点等都是直线和圆弧的插补目标,也是数控编程的主要基础。在确定了坐标系统后,要进行基点的坐标解算。在数控机床上,通常在程序设计中,X 轴线上的加工参数一般都是由半径来决定的。

(三)编制程序

在生产之前,一定要把所有的准备工作都做好。程序编制时,要将上述预备工作的数控指令写入程序的首、二段程序中,再进行程序的编制。编制工作指示通常如下。

(1)以机床坐标系原点为基准偏移的零点偏置指令:G54、G55、G56、G57 等(若未用零点偏置指令对刀,可不写该指令)。

(2)主轴启动及转速指令:M03 主轴正转(M04 主轴反转)、S 指令代码等。

(3)加工所用的刀具号及刀具补偿号,如 T0101、T0202 等。

(4)切削液打开指令:M08(若不用切削液可不编写)。

(5)华中数控系统初始状态设置指令:取消刀尖半径补偿(G40)、每转进给量(G99)、米制尺寸输入(G21)、取消固定循环(G80)等指令。

(6)刀具起点位置(可不设置刀具起点位置,但必须保证刀具运行时不发生撞刀)。

加工准备指令可写在同一程序段内,也可分别写在不同程序段内,例如:

N10 T0101 M3 S500 M08;

编制好预备工序说明后,再进行其他工序的编制;在每一道工序中,除了预备函数码外,模式有效指令还包含尺寸指令、刀具指令、进给指令和主轴转速指令等;如果指示或者垂直方向没有改变,则可以在以后的编程部分中略去。

(四)参考程序

```
O0201;
G00 X100 Z200;
T0101 M03 S500;
G00 X18. Z4. ;
G01 Z-30. F0. 2;
X22. ;
G00 Z4. ;
X14. ;
G01 Z-18. ;
X20. ;
G00 Z4. ;
X10. ;
G01 Z-10. ;
X16. ;
G00 X100. Z200. ;
M02;
```

小组讨论程序是否唯一,并对其进行合理性更改。

四、阶梯轴加工

(一)加工准备

1. 检查坯料尺寸

2. 开机、回参考点

3. 装夹刀具与工件

外圆车刀按要求装于刀架的T01号刀位。铝棒加在三爪自定心卡盘上,深40 mm,找正并夹紧。

4. 程序输入

把编好的程序通过数控面板输入数控机床。

（二）对刀

X、Z 轴均采用试切法对刀，通过对刀把操作得到的数据输入到刀具长度补偿存储器中，G54 等零点偏置中数值输入 0。

（三）空运行操作

在此软件中进行轨迹验证。

（四）零件单段运行加工

工件单区加工方式是指在按下数控启动键，工件在某一工序内完成一定的工序后，即停止工作。采用单级工艺方式，实现了分段工序的分段运行。

（五）零件检验与评分

加工结束后，清理机床。

五、操作注意事项

（1）刀具、工件应按要求装夹。
（2）加工前做好各项检查工作。
（3）加工时应关好防护门。
（4）开启机床后注意回参考点，否则对刀不准确。
（5）首次切削禁止采用自动方式加工，以避免意外事故发生。
（6）加工完毕，用切断刀手动切断工件。手动切断时进给倍率为 1%～2%。
（7）若有事故发生，按复位键或紧急停止按钮，查找原因。

【学习产出】

结合现场生产程序，根据表 3-12 的学习评价表内容，完成对操作面板的录入，准确表述出基本原理及操作步骤。结合现场生产的光轴零件，确定其相关程序，并实施仿真加工。

表 3-12　学习评价表

零件名称	配分	得分
评价项目	10	
工艺过程合理性	10	
工艺文件规范性	15	
刀具选用是否合适	15	
切削用量选用是否合理	10	

表 3-12(续)

零件名称	配分	得分
数控程序是否正确	20	
安全文明生产	10	
加工零件质量情况	10	
总分		

任务 4　台阶轴零件的数控车削加工

【学习目标】

态度:培养科学严谨的工作态度。

知识:掌握台阶轴零件的加工工艺特点;掌握数控车削常用指令 G80、G81 的编程格式及应用;掌握台阶轴零件的手工编程方法。

技能:能正确运用数控仿真软件校验编写的轴零件数控加工程序,并加工零件,具备编制台阶轴零件数控加工程序的能力。

【相关课点】

台阶轴零件的加工;数控车削常用指令。

【建议学时】

1 天。

【学习方法】

查阅工具书;实践操作。

【前置任务】

根据零件图纸(图 3-36)进行分析,选择毛坯与刀具,制订零件的加工工艺,编写零件的数控加工程序,并通过数控仿真加工调试优化程序,最后进行零件的加工检验。

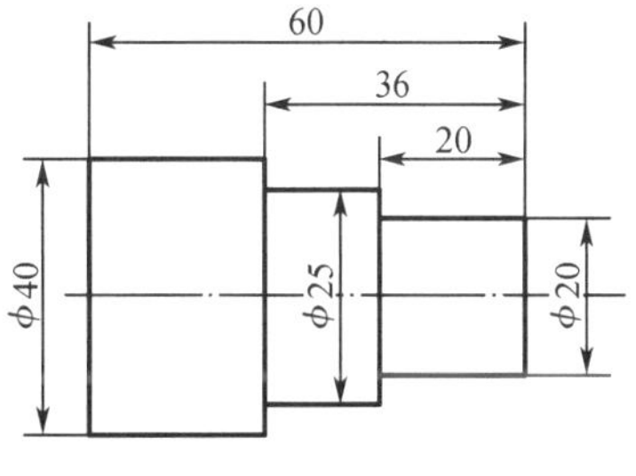

图 3-36　台阶轴零件图

一、直径编程和半径编程

在数控车削加工中,因为被切削回转体的横断面是圆的,因此它有两种表达形式:一种是直径表达,另一种是半径表达,采用哪种表达方式是通过系统的参数设定或者是通过程序命令来确定的。

(一)直径编程

采用绝对坐标法编制时,*X* 是工件直线直径的数值;采用渐增坐标法编制时,*X* 是两倍于实际的径向位移量。大部分的数控加工设备都是使用直径来进行加工。

(二)半径编程

半径编程即 *X* 值为零件半径值或刀具实际位移量。

在 FANUC 系统中,直径编程采用 G23 指令指定,半径编程采用 G22 指令指定。在华中数控系统中,直径编程采用 G36 指令指定,半径编程采用 G37 指令指定。

二、绝对坐标、增量坐标指令

(一)指令功能

(1)绝对坐标

在刀具运动过程中,刀具的位置坐标是以工件原点为基准计量的

(2)增量坐标

道具位置坐标是相对于前一位置的增量

(二)指令代码

G90 G91 X Y Z / U V W

根据知识点,对零件图 3-37 进行不同方法的编程。

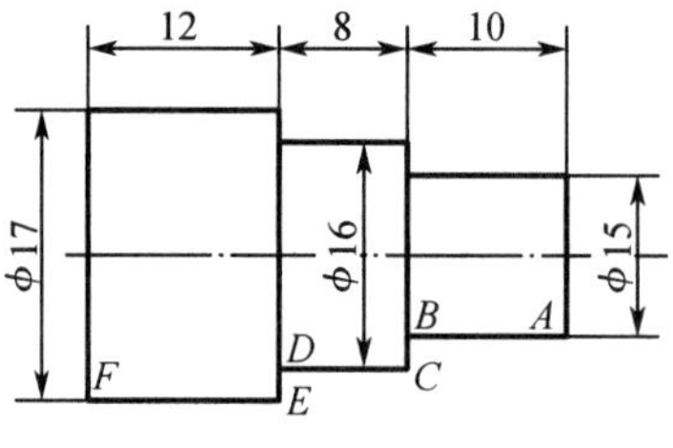

图 3-37　绝对坐标编程零件图

(三)指令使用说明

(1)增量坐标是指刀具起始位置到目标点移动增量,方向与坐标轴方向一致为正,方向与坐标轴方向相反为负。

(2)华中数控系统中可以绝对、增量坐标混合编程,即在一段程序中 *X* 和 *W* 或 *U* 与 *Z* 同时存在。

(3)华中数控系统中 G90、G91 为模态有效代码,一经使用,持续有效。

三、进给速度单位控制指令

在 FANUC 系统中进给速度单位控制指令为 G94、G95,与西门子系统相同

(一)指令功能

用于确定刀具进给速度为每分钟进给量还是每转进给量。

(二)指令代码

G94:每分钟进给量(mm/min)

G95:每转进给量(mm/r)

(三)指令使用说明

(1)指令均为模态有效指令,一经使用,持续有效。当指定 G95 后,地址 F 后单位始终为每转进给量,直到 G94 指令为止。

(2)G95、G94 指令更换后应重新写入一个新的地址 F。

(3)华中数控系统数控车床上一般使用每分钟进给量即制定 G94 指令有效,且只有在主轴为旋转轴时才有意义。G94 为缺省值。F 后为数值(100)

四、简单循环

(一)内(外)径切削循环

1. 圆柱面内(外)径切削循环

格式:G80 X_ Z_ F_ ;

说明:在绝对编程时,X、Z 为切削终点 *C* 在工件坐标系下的坐标;在增量值编程时,X、Z 为切削终点 *C* 相对于循环起点 *A* 的有向距离,图形中用 *U*、*W* 表示。

该指令执行如图 3-38 所示 $A \to B \to C \to D \to A$ 的轨迹动作。

2. 圆锥面内(外)径切削循环

格式:G80 X_ Z_ I_ F_ ;

说明:在绝对编程时,X、Z 为切削终点 *C* 在工件坐标系下的坐标;在增量值编程时,X、Z 为切削终点 *C* 相对于循环起点 *A* 的有向距离,图形中用 *U*、*W* 表示。

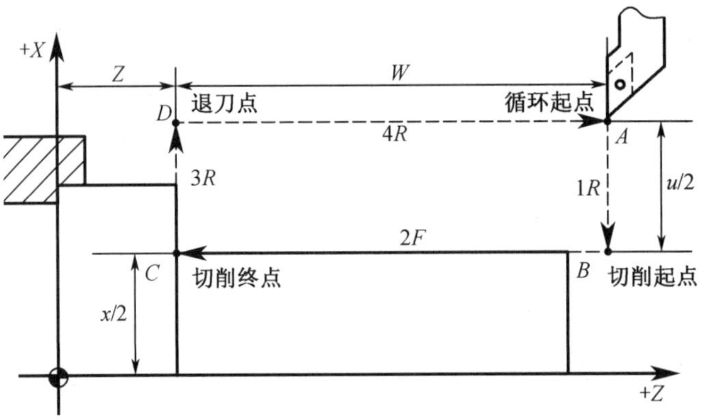

图 3-38　圆柱面内(外)径切削循环

i:为切削起点 *B* 与切削终点 *C* 的半径差。其符号为差的符号(无论是绝对值编程还是增量值编程)。

该指令执行如图 3-39 所示 *A*→*B*→*C*→*D*→*A* 的轨迹动作。

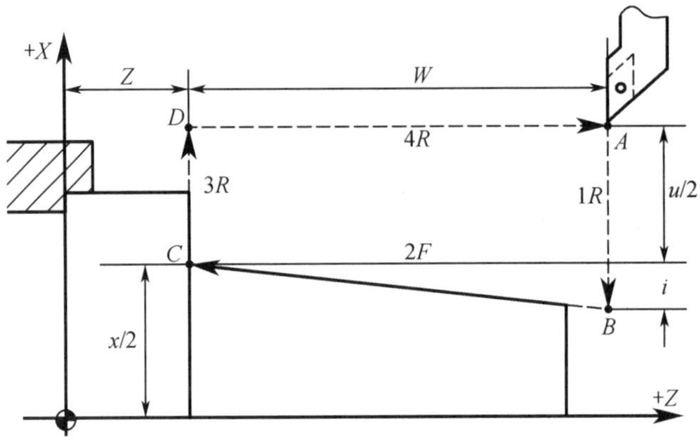

图 3-39　圆锥面内(外)径切削循环

例:如图 3-40 所示,用 G80 指令编程。双点画线代表毛坯。

2. 端面切削循环 G81

(1)端平面切削循环

格式:G81 X_ Z_ F_ ;

说明:在绝对编程时,X、Z 为切削终点 *C* 在工件坐标系下的坐标;在增量值编程时,X、Z 为切削终点 *C* 相对于循环起点 *A* 的有向距离,图形中用 *U*、*W* 表示。

该指令执行如图 3-41 所示 *A*→*B*→*C*→*D*→*A* 的轨迹动作。

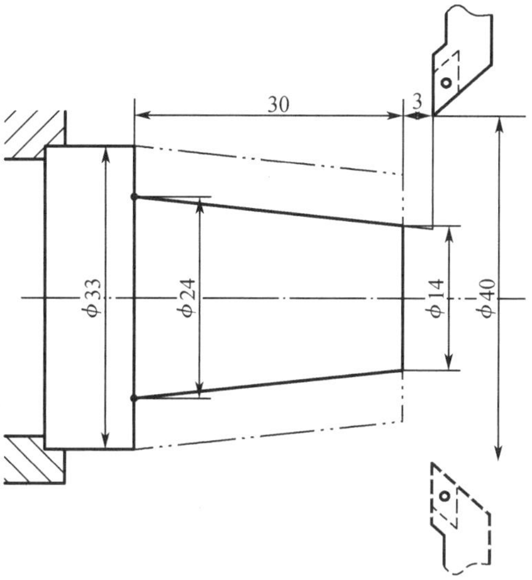

图 3-40　G80 切削循环编程实例

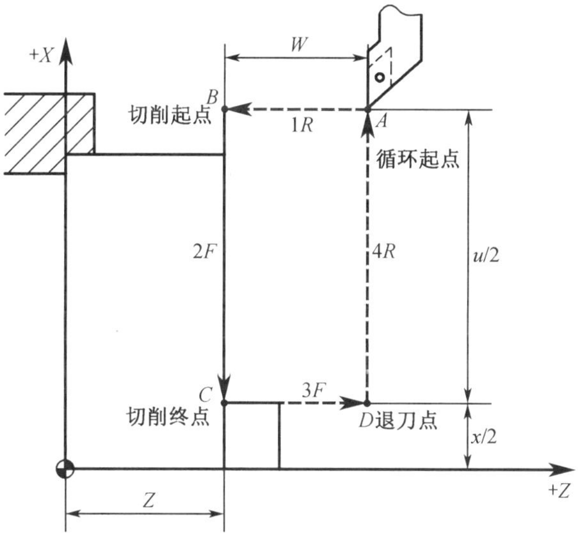

图 3-41　端平面切削循环

2. 圆锥端面切削循环

格式:G81 X_ Z_ K_ F_ ;

说明:在绝对编程时,X、Z 为切削终点 *C* 在工件坐标系下的坐标;在增量值编程时,X、Z 为切削终点 *C* 相对于循环起点 *A* 的有向距离,图形中用 *U*、*W* 表示。

K 为切削起点 *B* 相对于切削终点 *C* 的 *Z* 向有向距离。

该指令执行如图 3-42 所示 *A*→*B*→*C*→*D*→*A* 的轨迹动作。

例:如图 3-43 所示,用 G81 指令编程。双点画线代表毛坯。

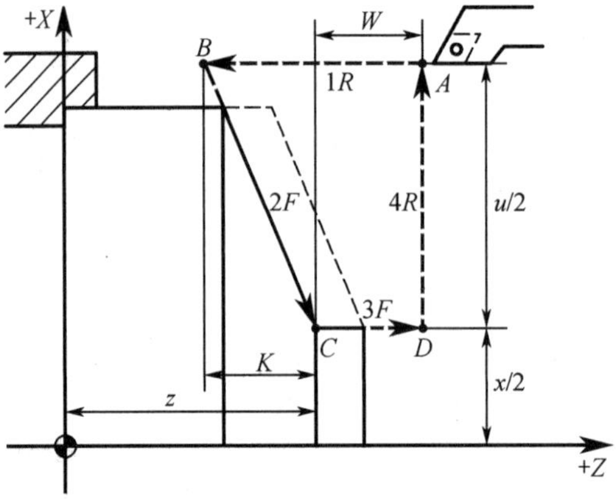

图 3-42 圆锥端面切削循环

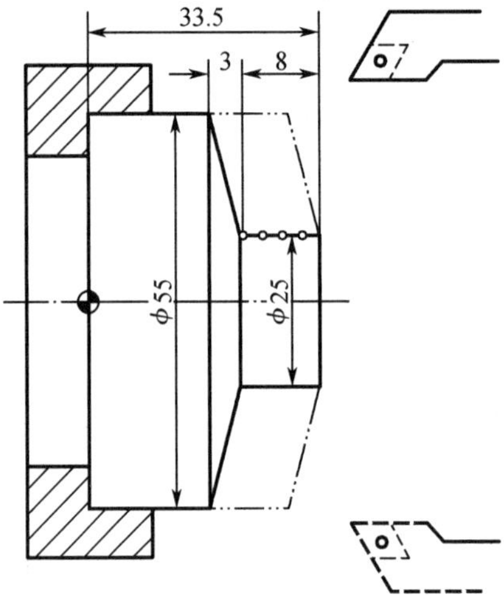

图 3-43 G81 切削循环编程实例

【学习产出】

结合现场生产程序,根据表 3-13 的学习评价表内容,完成对操作面板的录入,准确表述出基本原理及操作步骤。结合现场生产的台阶轴零件,确定其相关程序,并实施仿真加工。

表 3-13 学习评价表

零件名称	配分	得分
评价项目	10	
工艺过程合理性	10	
工艺文件规范性	15	

表 3-13(续)

零件名称	配分	得分
刀具选用是否合适	15	
切削用量选用是否合理	10	
数控程序是否正确	20	
安全文明生产	10	
加工零件质量情况	10	
总分		

任务5　复杂阶梯轴零件的数控车削加工

【学习目标】

态度:培养科学严谨的工作态度。

知识:掌握心轴零件的加工工艺特点;掌握数控车削复合固定循环指令G71、G72、G73的编程格式及应用;掌握心轴零件的手工编程方法。

技能:具备编制心轴零件粗车复合循环指令加工程序的能力。

【相关课点】

心阶轴零件的加工;数控车削常用指令。

【建议学时】

1天。

【学习方法】

查阅工具书;实践操作。

【前置任务】

根据零件图纸(图3-44)进行分析,选择毛坯与刀具,编写零件的数控加工程序,并通过数控仿真加工调试、优化程序,最后进行零件的加工检验。

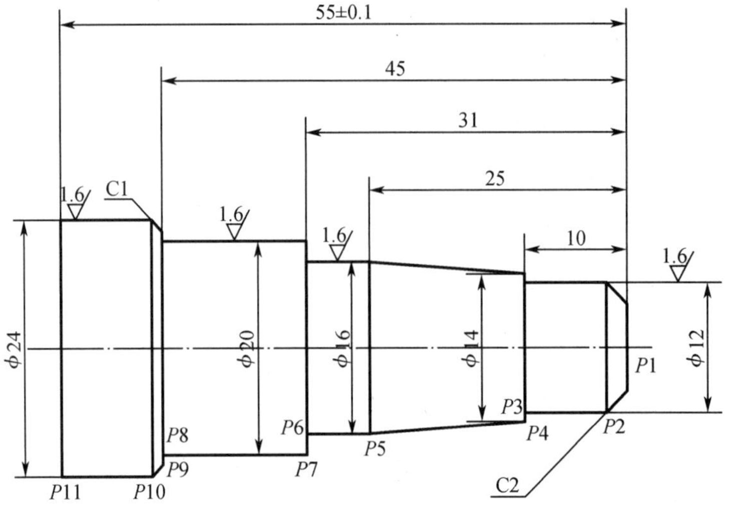

图 3-44　多阶梯轴零件

一、内(外)径粗车复合循环(G71)

(一)指令功能

图 3-45 所示为 G71 加工轨迹。

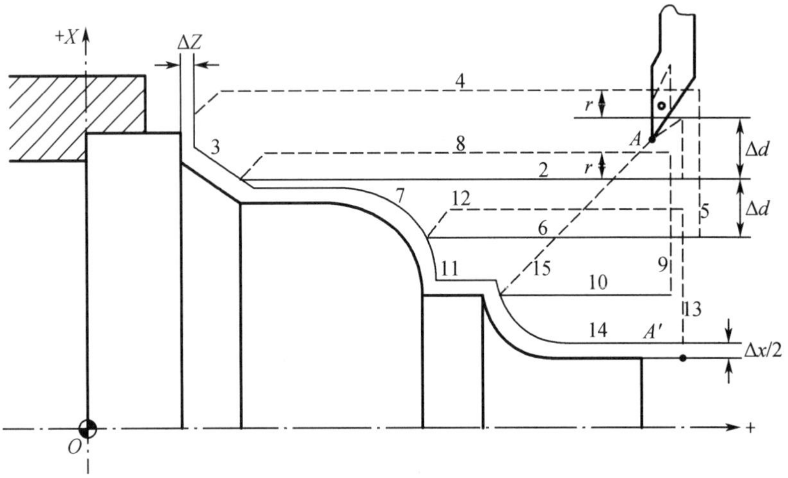

图 3-45　G71 加工轨迹

(二)指令格式

G71 U_ R_ P_ Q_ X_ Z_ F_ S_ T_

U 为切削深度(每次切削量);

R 为每次退刀量;

P 为精加工路径第一程序段的顺序号;

Q 为精加工路径的最后程序段顺序号;

X 为 *X* 方向的精加工余量;

Z 为 *Z* 方向的精加工余量;

F、S、T 表示在粗加工时 G71 中编程中的 FST 有效,而在精加工时处于程序段 P 到 Q 之间的 FST 有效。

(三)指令使用说明

(1)G71 指令必须带有 P、Q 地址,否则不能进行该循环加工。

(2)在 P 程序段中应包含 G00/G01 指令,进行移动,且该程序段中不应含有 *Z* 向移动指令。

(3)在顺序号 P 到 Q 的程序段中,可以有 G02/G03 指令,但不应包含子程序。

例:用外径粗加工复合循环编制图 3-46 所示零件的加工程序,要求循环起点在 *A*(46,3),切削深度为 1.5 mm(半径量),退刀量为 1 mm,*X* 方向精加工余量为 0.4 mm,*Z* 方向精加工余量为 0.1 mm。其中点画线为工件毛坯。

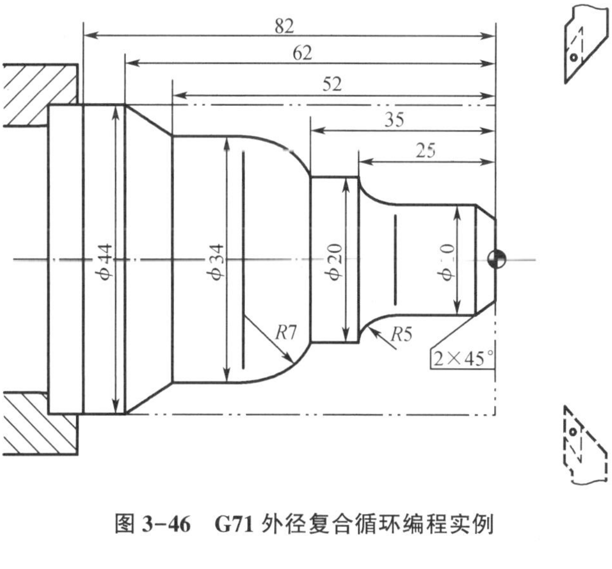

图 3-46　G71 外径复合循环编程实例

二、端面粗车复合循环(G72)

(一)指令功能

图 3-47 所示为 G72 加工轨迹。

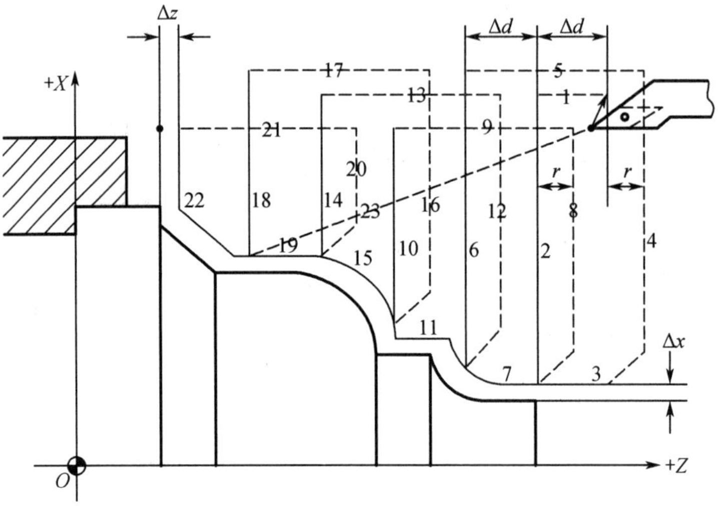

图 3-47　G72 加工轨迹

(二)指令格式

G72 W_ R_ P_ Q_ X_ Z_ F_ S_ T_

W 为切削深度(每次切削量);

R 为每次退刀量;

P 为精加工路径第一程序段的顺序号;

Q 为精加工路径的最后程序段顺序号;

X 为 *X* 方向的精加工余量;

Z 为 *Z* 方向的精加工余量;

F、S、T 表示在粗加工时 G72 中编程中的 FST 有效,而在精加工时处于程序段 P 到 Q 之间的 FST 有效。

(三)指令使用说明

(1)G72 指令必须带有 P、Q 地址,否则不能进行该循环加工。

(2)在 P 程序段中应包含 G00/G01 指令,进行移动,且该程序段中不应含有 *Z* 向移动指令。

(3)在顺序号 P 到 Q 的程序段中,可以有 G02/G03 指令,但不应包含子程序。

例:编制图 3-48 所示零件的加工程序,要求循环起点在 $A(80,1)$,切削深度为 1.2 mm,退刀量为 1 mm,X 方向精加工余量为 0.2 mm,Z 方向精加工余量为 0.5 mm。其中点画线为工件毛坯。

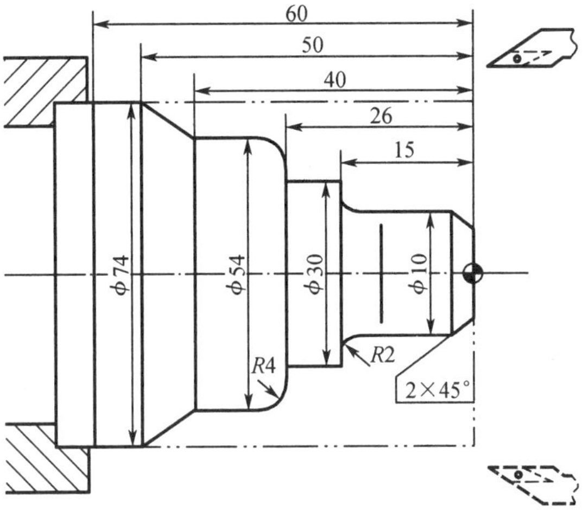

图 3-48 G72 外径粗切复合循环编程实例

三、闭环车削复合循环(G73)

(一)指令功能

图 3-49 所示为 G73 加工轨迹。

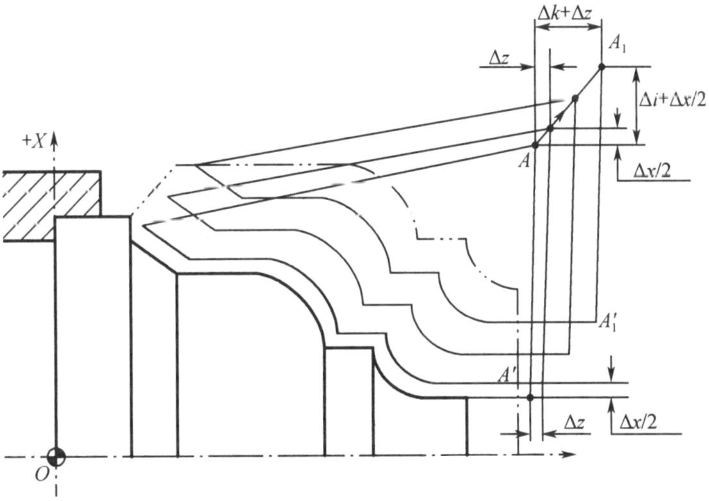

图 3-49 G73 加工轨迹

(二)指令格式

G73 U_ W_ R_ P_ Q_ X_ Z_ F_ S_ T_

U 为 X 轴方向的粗加工总余量;

W 为 Z 轴方向的粗加工总余量;

R 为粗切削次数;

P 为精加工路径第一程序段的顺序号;

Q 为精加工路径的最后程序段顺序号;

X 为 X 方向的精加工余量;

Z 为 Z 方向的精加工余量;

F、S、T 表示在粗加工时 G73 中编程中的 FST 有效,当而精加工时处于程序段 P 到 Q 之间的 FST 有效。

(三)指令使用说明

(1)ΔI 和 ΔK 表示粗加工时总的切削量,粗加工次数为 R,则每次 X、Z 方向的切削量为 $\Delta I/R$、$\Delta K/R$。

(2)按 G73 段中的 P 和 Q 指令值实现循环加工,要注意 Δx 和 Δz,Δi 和 Δk 的正负号

例:编制如图 3-50 所示零件的加工程序:设切削起始点在 A(60,5);X、Z 方向粗加工余量分别为 3 mm、0. 9 mm;粗加工次数为 3;X、Z 方向精加工余量分别为 0. 6 mm、0. 1 mm。其中点划线部分为工件毛坯。

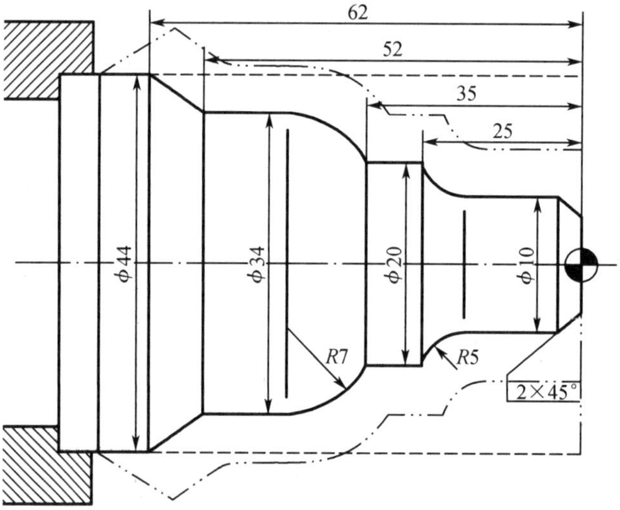

图 3-50 G73 编程实例

【学习产出】

结合现场生产程序，根据表 3-14 的学习评价表内容，完成对操作面板的录入，准确表述出基本原理及操作步骤。结合现场生产的心轴零件，确定其相关程序，并实施仿真加工。

表 3-14　学习评价表

零件名称	配分	得分
评价项目	10	
工艺过程合理性	10	
工艺文件规范性	15	
刀具选用是否合适	15	
切削用量选用是否合理	10	
数控程序是否正确	20	
安全文明生产	10	
加工零件质量情况	10	
总分		

项目4　零件检测

在零件生产过程中，如何确保要求和标准规格，是保证产品质量和使用安全的关键。本项目对机械制造行业中零件质量控制问题进行研究，主要包括如何选用合适的检测方法和设备，提高检测效率和准确性；当检测出不合格品时，如何采取有效的措施进行纠正和预防。

本项目主要内容包括各种测量工具和仪器的介绍、测量误差的分析与控制、质量管理体系相关知识以及统计过程控制的基本原理。通过对这些知识的学习，有助于准确地评估零件质量，确保产品的可靠性和一致性。

任务1　孔和轴的检验

【学习目标】

态度：培养科学严谨的工作态度。

知识：熟悉孔和轴的检验基本操作规程；熟悉孔和轴的检验量具，量具的使用规则；掌握量规的代号和使用规则。

技能：能正确对检测零件用量具进行合格与否的判定。

【相关课点】

孔和轴的检验。

【建议学时】

2天。

【学习方法】

查阅工具书；实践操作。

【前置任务】

根据零件图纸进行工艺分析，选择量具，对轴孔检验原理进行线上视频自学，了解孔和轴的检验方法。

一、用量规检验孔和轴

用符合泰勒原则的光滑极限量规检验规则规定的基本尺寸至 500 mm、公差等级 IT6 级~IT16 级的孔与轴，既方便又可靠。因此当产品质量稳定、批量较大时，应优先选用量规。具有以下孔或轴的最大极限尺寸和最小极限尺寸为公称尺寸的标准测量面。

(一)量规的种类：

制被检孔或轴边界条件的无刻线长度测量器具，称为量规。

(1)塞规：用于孔径检验的光滑极限量规，其测量面为外圆柱面。其中，圆柱直径具有被检孔径最小极限尺寸的为孔用通规，具有被检孔径最大极限尺寸的为孔用止规。

(2)环规：用于轴径检验的光滑极限量规，其测量面为内圆环面。其中，圆环直径具有被检轴径最大极限尺寸的为轴用通规，具有被检轴径最小极限尺寸的为轴用止规。

(3)工作量规：指在工件制造中，操作者使用的量规。

(4)验收量规：指在验收零件时，检验人员或用户代表所使用的量规。

(5)校对量规：指用以检验工作或验收工作的量规。

二、量规的代号和使用规则

(1)量规的代号和使用规则如表 3-15 所示。

(2)检验孔的量规称为塞规，检验轴的量规称为环规或卡环。

表 3-15 量规的代号和使用规则

名称	代号	使用规则
通端工作环规	T	通端工作环规应通过轴的全长
“校通-通”塞规	TT	“校通-通”塞规的整个长度都应进入新制的通端工作环规孔内，而且应在 孔的全长上进行检验
“校通-损”塞规	TS	“校通-损”塞规不应进入完全磨损的校对工作环规孔内，如有需要，应在孔的两端进行检验
止端工作环规	Z	止端工作环规应沿着和环绕不少于 4 个位置上进行检验
“校通-止”塞规	ZT	“校通-止”塞规的整个长度都应进入制造的通端工作环规孔内，而且应在孔的全长上进行检验
通端工作塞规	T	通端工作塞规的整个长度都应进入孔内，而且应在孔的全长上进行检验
止端工作塞规	Z	止端工作塞规不能通过孔内，如有需要，应在孔的同端进行检验

三、注意事项

(1)量规的测量面不应有锈蚀、毛刺、黑斑、划痕等明显影响外观使用质量的缺陷,其他表面不应有锈蚀和裂纹。

(2)塞规的测头与手柄的连接应牢固可拿,在使用过程中不应松动。

(3)量规宜采用合金工具钢、碳素工具钢、渗碳钢及其他耐磨材料制造。

(4)钢制量规测量面的硬度不应小于 700 HV(或 60 HRC)。

(5)量规测量面的表面粗糙度 *Ra* 值不应大于表 3-16 所示。

表 3-16　量规测量面的表面粗糙度 *Ra* 值　　单位:μm

工作量规	工作量规的基本尺寸 *L*/mm		
	$L \leqslant 120$	$120<L \leqslant 315$	$315<L \leqslant 500$
IT6 级孔用工作塞规	0.05	0.10	0.20
IT7～IT9 级孔用工作塞规	0.10	0.20	0.40
IT10～IT12 级孔用工作塞规	0.20	0.40	0.80
IT13～ITI6 级孔用工作塞规	0.40	0.80	
IT6～IT9 级轴用工作环规	0.10	0.20	0.40
IT10～IT12 级轴用工作环规	0.20	0.40	0.80
IT13～IT16 级轴用工作环规	0.40	0.80	

四、用量具检测零件合格与否的判定

符合极限尺寸判断原则(即泰勒原则)的量规如下。

(1)通规的测量面应是与孔或轴形状相对应的完整面(通常称为全形量规)。它的大小与被加工零件的最大几何尺寸相等。

(2)止规的测量面应是点状的,其两个测量表面的间距与被测物体的最小尺寸相等。

(3)符合泰勒原则的量规,如果在一些情况下难以适用,或者有困难,可以采用与泰勒原理不同的仪表,但又要确保被检查的工件的外形误差不会对配合性能产生影响。

(4)用符合《光滑极限量规 技术条件》(GB/T 1957—2006)的量规检验工件,如通规能通过,止规不能通过,则该工件应为合格品。

(5)生产厂家检测工件时,应采用新的或磨损程度小的通用规格,检测部应采用与操作人员型号相同但磨损严重的通用规格。当使用者使用量具接受被测件时,其通常要靠近工件的最大实体尺寸,而制动器要靠近工件的最小实体尺寸。

(6)用符合《光滑极限量规 技术条件》(GB/T 1957—2006)的量规检验工件,如判断有争议,应该使用下述尺寸的量规解决:

①通规应等于或接近工件的最大实体尺寸。

②止规应等于或接近工件的最小实体尺寸。

【学习产出】

结合现场生产的轴孔类零件,确定标准测量面,进行零件检验。

请根据表 3-17 的总结评价内容对任务实施及职业素养养成情况进行综合评价。

表 3-17　总结评价内容

评价项目	内容	评价标准	学生评价		教师评价
			自评	互评	
任务实施	准确表述出检验原理	检验原理表述无误,能够进行举例说明			
	写出检验操作步骤	孔轴检验步骤正确无误,条理分明			
	完成孔和轴的检验	能对简单的孔轴零件进行准确检测并记录数据			
职业素养	安全操作	规范穿戴工作服、工作帽,合理使用拆装工具			
	管理规范	任务实施过程中按照 5S(整理、整顿、清洁、清扫、素养)管理规范执行,仪器、器件、工具摆放合理,任务完成后工位保持整洁			

任务2　圆度误差的检验

【学习目标】

态度:培养科学严谨的工作态度。
知识:了解圆度误差的测量方法;熟悉圆度仪工作原理;掌握测量误差及消除方法。
技能:能够正确对圆度误差进行检验。

【相关课点】

圆度误差的检验。

【建议学时】

1天。

【学习方法】

查阅工具书;实践操作。

【前置任务】

根据零件图纸进行工艺分析,选择量具,对圆度误差的检验基本原理进行线上视频自学。

一、测量方法

(一)基本测量方法

基本测量方法:整周连续测量法,用专用圆度仪测量。
近似法:“二点法”“三点法”,用通用量仪测量。
其他测量方法:坐标法等。

(二)简便测量法

1. 三点法(V形块法)测量
假设:各种棱圆度都是均匀的。
方法:将工件放在V形块上,旋转一周,用指示表的最大与最小读数差来确定工件的圆度误差值。在实际运用中,又分为正V形法和偏V形法。

指示表的示值 S 和圆度 $f_{圆}$ 的关系为:

$$S=Kf_{圆}$$

式中,K 为一系数,又称圆度误差在指示表上的放大倍数。其与棱圆数 n、V形块角度值 α、指示表测量轴线相对于V形槽对称平面倾斜角 β 有关。

2. 圆度误差定义

圆度误差:指包容同一正截面实际轮廓且半径差为最小的两同心圆间的距离。

3. 圆度公差带

在同一正截面上半径差为公差值 t 的两同心圆之间的区域。

4. 几何特性

径向性:圆度的误差值反映在圆周的半径方向上,故其基本的测量方法应为“半径法”(依其“周期性”,应为整周连续测量)。

周期性:圆度误差在圆周方向上周期连续随机变化。

二、圆度仪工作原理

(一)测量原理

以高精度的回转中心线为测量基准,利用传感器和被测零件接触,采用“半径法”动态连续测量不同转角位置上实际轮廓到回转中心的半径变化量,并以一定的评定方法得出被测工件的圆度误差。

(二)基本形式

转台式(工作台回转式):性能稳定,适用于测量小型工件零件。

转轴式(测量轴回转式):承载能力强,回转精度高。

三、测量误差及消除方法

(一)主轴回转误差

主轴回转误差无法消除。

(二)工件安装误差(偏心误差)

消除:采用偏心调整结构。

滤波:消除一次谐波的影响。

(三)工件安装倾斜所引起的误差

测头安装误差:测头尽量沿工件直径方向安装。

表面粗糙度的影响:用滤波的方法消除,如机械滤波、电路滤波等。

其他:测头半径、测力等。

(四)轴类零件检测

轴类零件检测如图 3-51 所示。因作为评定基准的最小外接圆体现了被检轴所能通过的最小配合孔(最小环规),所以应用最小外接圆法。其评定结果就是被检轴与此最小环规之间的最大间隙。

(五)孔类零件检测

应用最大内切圆法(最大塞规)。这个最大间隙反映了被测零件配合的不稳定性。

缺点:个别误差点影响大,误差值较大,对同样轮廓截面内接、外切圆心不同,结果差异大。

1. 圆度公差

圆度公差属于形状公差,当圆度误差值不大于相应的公差值时,则认为合格(图 3-52)。

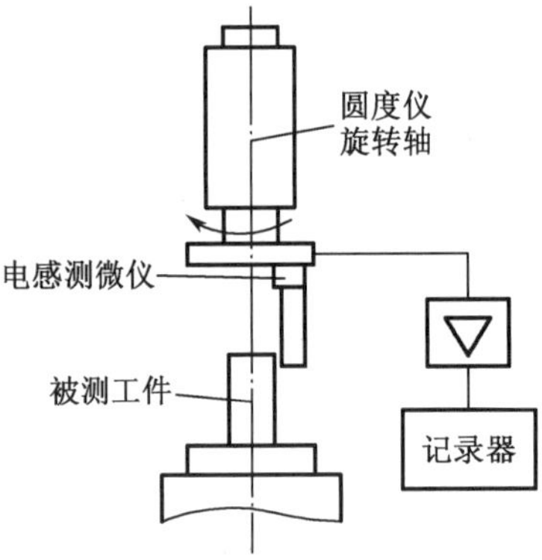

图 3-51　轴类零件检测

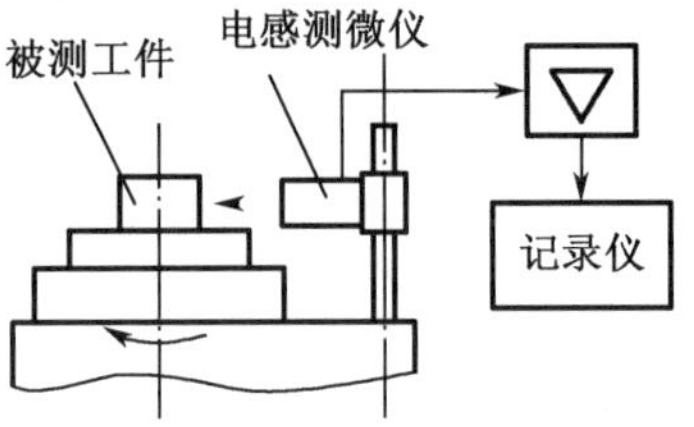

图 3-52　圆度公差标注

如图 3-53 所示,被测圆柱面和圆锥面的任一正截面上的圆周必须位于半径差为公差值 0.03 mm 和 0.01 mm 的两同心圆之间,公差带是在同一个正截面上,半径差为公差值 t 的两同心圆之间的区域。

2. 圆度误差评定

圆度误差值用最小包容区域(即最小区域)的宽或直径来表达。最小包容区域包含了被测量的真实元素,其外形与其容许范围的外形一致。通过实例和原理论证,提出了满足最低要求的各种面形偏差的判定准则。在对圆周进行测量的时候,包含范围是在两个同心圆中间的范围内,而一个真实的圆周应该至少有四个内外交替的点与两个包含圆相接触,该包含的范围即为最小包含范围。

测量圆度误差通常使用二点法和三点法,仅需使用千分表、比较仪器等常用的量具。二点法圆度误差的检测方法,是在被测工件的轴向方向上,用所求的最大值和最小值之差的二分之一来确定此段的圆度偏差。通过对多段断面进行测试,以多段段内最大的圆度偏差为工件的圆度偏差,适用于对带有偶数边的型面进行圆度误差检测,如图 3-54 所示。有时直接用游标卡尺或千分尺进行两点法测量。三点法测量圆度误差的原理是将被测零件放在 V 形块上,使其轴线垂直于测量截图,同时固定轴向位置,百分表接触圆轮廓的上面,如图 3-55 所示,将被测零件回转一周,取百分表读数的最大值与最小值之差,作为该截面的圆度误差。测量若干个截面,取其中最大的圆度误差值作为该被测零件的圆度误差。该方法适用于找出轮廓圆具有奇数棱的圆度误差。

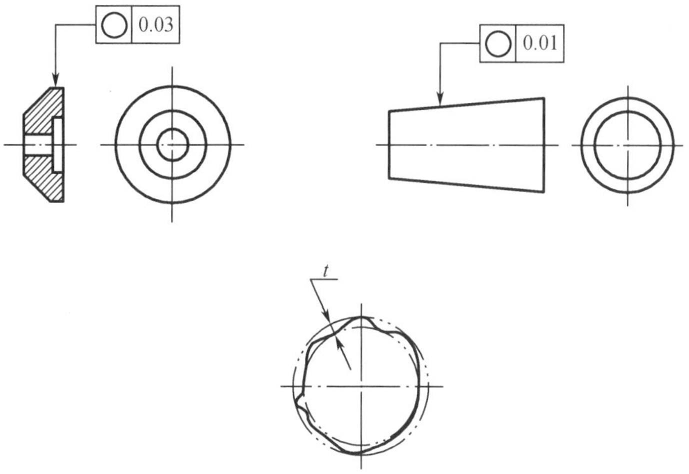

图 3-53　圆度公差带

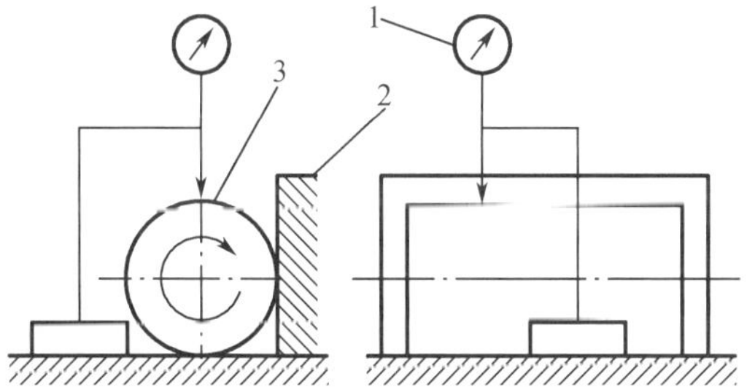

1—指示表;2—直角座;3—被测件。

图 3-54　两点法测量圆度误差

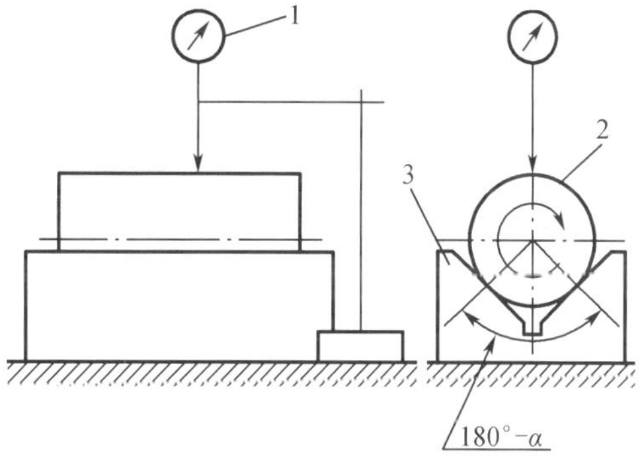

1—指示表;2—被测件;3—V 形块。

图 3-55　三点法测量圆度误差

在测量之前,通常已知被测部分的横断面为偶数或奇数,采用二点法和两种三点法(V 形块支撑角度 $a=90°$、$120°$,$a=108°$、$72°$)测量圆度误差。三次测得的误差最大值为工件的圆度误差,将该值与圆度公差偏差相对比,若最大值小于圆度公差允许值,判定为合格。上述的二点法和三点法是用于检测被测工件的误差是否在圆度公差范围之内的两种常用方法。这两种方法均是在手工测定一个数据后,由测量员将其记录在纸上,或采用一人测量、一人记录的操作模式。在要进行分析时,由操作者将其输入计算机的 EXCEL 表单中。这种方法存在着工作效率低下,数据易错的问题。由于一些操作人员对产品的测量规格不了解,也无法对超出规定的产品进行相应的处理。并且在需要进行数据分析时,还要反复输入计算机。由于上述原因,目前可以将数据采集仪与千分表相连,进行圆度误差值的测定,数据采集仪将百分表里的数据自动提取,并将其存储到采集仪中进行数据分割。

利用数据采集仪连接百分表来做圆度误差测量的优势如下:

(1)机械加工的现场检测,提高了跳动测试的准确度,提高了跳动检测效率,可对加工设备状态进行预警报警;

(2)自动数据采集,实现无纸化;

(3)提高了数据的准确性,更加实时;

(4)实现品质数据的实时、远程监控;

(5)不占用生产现场空间;

(6)比计算机更易于维护;

(7)方便移动,实现移动数据采集;

(8)实现无线传输;

(9)小量具仪器配套;

(10)解决了现场数据记录问题;

具体的行业应用案例,请查看相关网站。

【学习产出】

结合现场生产的轴孔类零件,确定测量方法,进行零件圆度误差检验。请根据表3-18的总结评价内容对任务实施及职业素养养成情况进行综合评价。

表3-18　总结评价内容

评价项目	内容	评价标准	学生评价		教师评价
			自评	互评	
任务实施	准确表述出检验原理	检验原理表述无误,能够进行举例说明			
	写出检验操作步骤	孔轴圆度误差检验步骤正确无误,条理分明			
	完成圆度误差检验	能对简单的孔轴零件圆度误差进行检测并记录数据			

表 3-18(续)

评价项目	内容	评价标准	学生评价		教师评价
			自评	互评	
职业素养	安全操作	规范穿戴工作服、工作帽,合理使用拆装工具			
	管理规范	任务实施过程中按照5S(整理、整顿、清洁、清扫、素养)管理规范执行,仪器、器件、工具摆放合理,任务完成后工位保持整洁			

任务3　直线度误差的检验

【学习目标】

态度:培养科学严谨的工作态度。

知识:了解直线度误差的测量方法;熟悉直线度公差的标注方法;掌握测量误差及消除方法。

技能:能够正确对直线度误差进行检验。

【相关课点】

直线度误差的检验。

【建议学时】

1 天。

【学习方法】

查阅工具书;实践操作。

【前置任务】

根据零件图纸进行工艺分析,选择量具,对直线度误差的检验基本原理进行线上视频自学。

一、测量方法

(一)分类

有测量基准:(1)直接测量法——统一基准法;(2)间接测量法——节距法。

无测量基准:(1)组合法;(2)量规检验法。

(二)有基准的测量方法

测量基准是对理想线的模拟,常用有实物基准(如标准平面、平尺、平晶、钢丝等)、重力水平基准、自然基准、光线基准(以光的直线传播为基准)等。如下为几种常用的有基准的测量方法。

1. 直接测量法——统一基准法

采用仿真方法,创建一条完美的线,并将其与在被测线路上的对应点进行对比,从而得到它的偏差。最终,通过对该数据进行处理,对该直线度的精度进行评估。

特点:测得值既统一的坐标值。

2. 刀口尺法

测量基准:刀口尺、平尺或量块。

偏差值:用光隙的大小来判断范围。

用途:适用于磨削或研磨的较短表面。

特点:简便,测量精度可达到 1~3 mm,但难于定量测量。

测偏差值具体方法:经验估读;与标准光隙做比较。

3. 钢丝法

测量基准:张紧的钢丝。

采用读取设备(显微镜)沿着被测物体运动,用显微镜观测并测定金属丝与视野中心水平的偏离。

用途:适用于测量较长机床导轨水平面内(垂直面内不采用此法)的直线度误差。

4. 测微仪法

测量基准:测量平板或基准平尺。

偏差值:用测微仪或指示表测得。

用途:适用于中等尺寸的工件测量。

5. 平晶法(图 3-56)

测量基准:平均工作面。

偏差值:读取由平晶和被测表面形成的等厚干涉条纹的弯曲量,求得被测表面相对平晶标准平面的偏差。

用途:适用于高精度、光滑、小平面。

对长形工件:可用分段法测量,测得值通过图解法或计算法得到直线度误差。

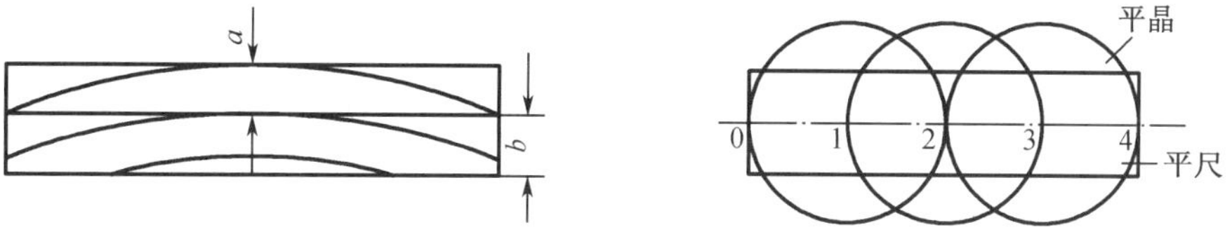

图 3-56 平晶法测量图

6. 光线基准法

测量基准为几何光线。

(1)传统的光学准直法(图 3-57)

这种方法以测微准直望远镜的光学轴线为参考,以目标与光学轴线之间的偏差来体现被测元件的直线度误差。

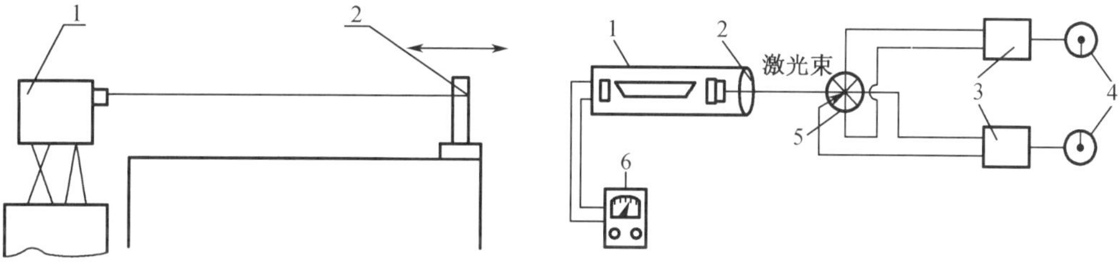

1—激光器;2—扩束望远镜;3—运算放大器;4—指示表;5—光电目标;6—电源。

图 3-57 传统的光学准直法

(2)现代激光准直法

以激光作为基准线。最基本的激光准直仪的光源一般为氦-氖激光器,输出功率为 1~2 mW。

7. 间接测量法——节距法

测量基准:水平面或光轴。

测量仪器:小角度测量仪器(如水平仪类、准直仪类、干涉仪类等)。

辅具:桥尺、靶标等。

特点:

(1)分段测量;

(2)测得值为相邻两受检点相对基准的倾角;

(3)测得值需经处理转换成统一坐标值。

(三)无基准的测量方法——互检法

利用互检法进行直线度的检测,可以在不借助检测参考的情况下,实现对两把尺子工作边缘的直线度误差的测定。常见的两尺和差运算法,"二尺三边互查"法。

第一步：做加法（A+B），测出每个点的读数值 V_{1i}。

第二步：做减法（A−B），并测得每一点的读数 V_{2i}。计算出 A、B 两个方向上各点的直线度偏差数值。

（四）几何公差的分类、特征项目及符号

几何公差的分类、特征项目及符号如表 3−19 所示。

表 3−19　几何公差的分类、特征项目及符号

公差		特征项目	符号	有或无基准要求
形状	形状	直线度	⏤	无
		平面度	▱	无
		圆度	○	无
		圆柱度	⌭	无
形状或位置	轮廓	线轮廓度	⌒	有或无
		面轮廓度	⌓	有或无

公差		特征项目	符号	有或无基准要求
位置	定向	平行度	∥	有
		垂直度	⊥	有
		倾斜度	∠	有
	定位	位置度	⌖	有或无
		同轴度	◎	有
		对称度	⌯	有
	跳动	圆跳动	↗	有
		全跳动	⌰	有

（五）直线度的基本特征

直线度的基本特征如表 3−20 所示。

表 3−20　直线度的基本特征

公差类型	几何特征	符号	有无基准
形状公差	直线度	—	无

注：形状公差是对单一要素提出的几何特征，因此无基准要求。

二、直线度公差的标注

（一）公差框格

当使用公允框进行标识时，将公差需求标记在被分割为两个或多个方格的长方形格子

中，并由左向右依次填充。

(二)限定性规定的标注

当要求将同一几何要素的容差标记到全部零件上时，可以在允许值之后加上规定的直线大小值，二者以对角分开。

标注含义：在任一平行于图示投影面的平面内，上平面的(实际)线应限定在距离等于0.1的两平行直线之间(图3-58)。

公差带形状：两条平行的直线(图3-59)。

公差带定义：在给定平面内和给定方向上，距离等于公差值 t 的两平行直线所限定的区域。

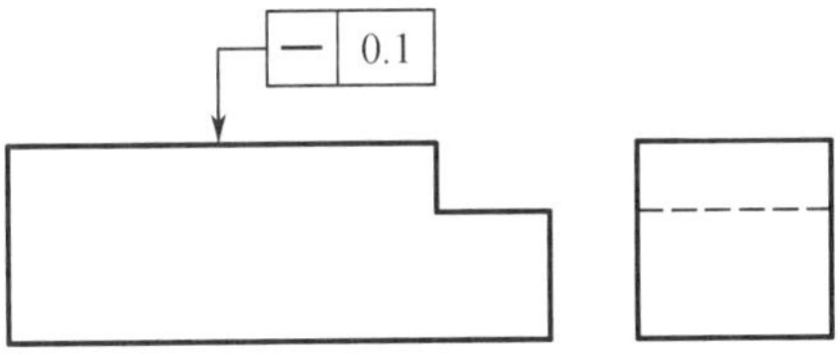

图3-58 示例图一

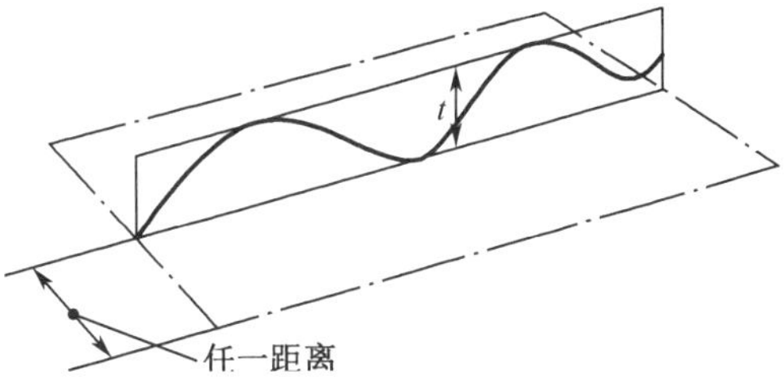

图3-59 示例图二

(三)给定单一方向上的直线度公差带

标注含义：提取(实际)的棱边线应限定在距离等于0.1的两平行平面之间。

(四)给定任意方向(ϕt 控制轴线)的直线度公差带

标注含义：在外圆柱面的提取(实际)中心线应限定在直径等于 ϕ0.08 mm 的圆柱面内(图3-60)。

公差带形状：圆柱形(图3-61)。

公差带定义：由于公差值前加注了符号 ϕ，公差带为直径等于公差值 ϕt 的圆柱面所限定的区域。

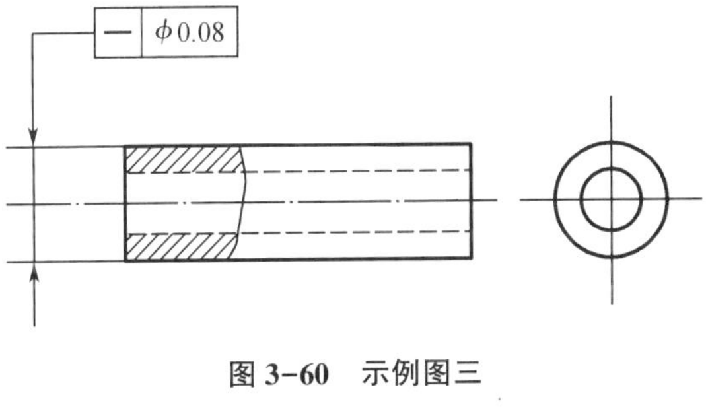

图3-60 示例图三

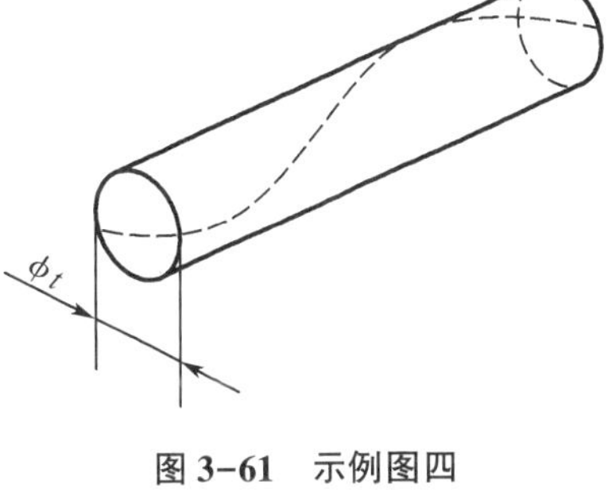

图3-61 示例图四

【学习产出】

结合现场生产的零件，确定测量方法，进行零件直线度检验。请根据表 3-20 的总结评价内容对任务实施及职业素养养成情况进行综合评价。

表 3-20　总结评价内容

评价项目	内容	评价标准	学生评价		教师评价
			自评	互评	
任务实施	准确表述出检验原理	检验原理表述无误，能够进行举例说明			
	写出检验操作步骤	完成直线度误差的检验步骤正确无误，条理分明			
	完成直线度误差检验	能对完成直线度误差进行检测并记录数据			
职业素养	安全操作	规范穿戴工作服、工作帽，合理使用拆装工具			
	管理规范	任务实施过程中按照 5S(整理、整顿、清洁、清扫、素养)管理规范执行，仪器、器件、工具摆放合理，任务完成后工位保持整洁			

任务 4　同轴度的检验

【学习目标】

态度：培养科学严谨的工作态度。

知识：了解同轴度误差的概念；熟悉同轴度公差的测量方法；掌握影响同轴度的因素及消除方法。

技能：能够正确对同轴度误差进行检验。

【相关课点】

同轴度误差的检验。

【建议学时】

2 天。

【学习方法】

查阅工具书;实践操作。

【前置任务】

根据零件图纸进行工艺分析,选择量具,对同轴度误差的检验基本原理进行线上视频自学。

一、同轴度误差

(一)同轴度的概念

同轴度:是定位公差,理论正确位置即为基准轴线。由于被测轴线对基准轴线的不同点可能在空间各个方向上出现,故其公差带为一以基准轴线为轴线的圆柱体,公差值为该圆柱体的直径,在公差值前总加注符号 ϕ。

同轴度公差:是用来控制理论上应同轴的被测轴线与基准轴线的不同轴程度。

特征:被测轴线受基准轴线在方向和位置上的约束。

定位最小区域:当基准轴线已经确定,而被测实际轴线已经测出后,则定位最小区域是指以基准轴线为轴线来包容被测实际轴线时,具有最小直径 ϕf 的圆柱面。

误差值:定位最小区域圆柱面的直径即为同轴度误差值,此值等于被测实际轴线与基准轴线的最大偏离量的两倍。

评定:同轴度误差值应按定位最小区域来评定,但在满足零件功能的前提下,为使测量简化,也可测量回转体若干横截面或轴截面内各对应点相对于基准轴线的位置,取对应点读数差中最大值作为同轴度误差。

(5)测量方法:圆度仪测量、V 形架或 V 形块测量、心轴测量、光学准直测量

1. 圆度仪测量法

小型零件的同轴度误差,可在圆度仪上测量,其测量方法如图 3-62 所示。

2. 光学准直测量

大型孔系零件的同轴度通常采用准直望远镜、自准直仪等仪器,连同根据孔径自制的目标靶来测量。

同轴度用于控制轴类零件的被测轴线对基准轴线的同轴度误差。

同轴度公差带是直径为公差值 t,且与基准轴线同轴的圆柱面内的区域。如图 3-63 所示,ϕd 孔轴线必须位于直径为公差值 0.1 mm,且与基准轴线同轴的圆柱面内。

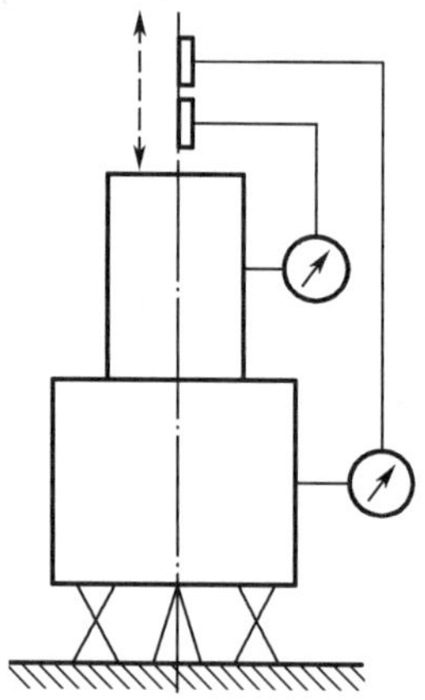

图 3-62　圆度仪测量法

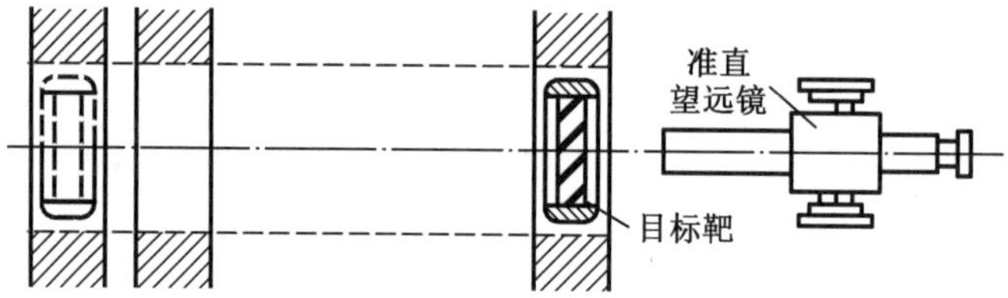

图 3-63　光学准直测量

同轴度误差:被测轴线与参考轴线位置的变化。简而言之,就是被测轴线与参考轴线的偏差。

同轴度误差反映在横截面上就是圆心的不同心程度。

(二)同轴度检验规则

同轴度相对来说难以把握,可以用度量跳动的办法来替代。在实际的测量工作中,常常会碰到一些常见的问题,利用三坐标法对其进行同轴度检查,既直接、简便,又具有较高的准确性和可重复性。某工厂对其同轴线的检验要求非常高,尤其对进口的差速器壳、拨叉、主减速器外壳等进行了更为严格的检验。所以是否能够精确测定这类构件的同轴度,将会在今后的组装中起到很大的作用。

二、影响同轴度的因素

(一)在国标中同轴度公差带的定义

同轴度是一个在一个与参考轴在同一轴上的、具有容差为 t 的、在一个圆柱面上的面积。其主要包含三个要素:轴线和轴线、轴和公用轴、圆心和中心。

所以,在测量元件与参考元件之间的中心及轴心方位,尤其是轴心方位对共轴的影响是很大的。当两段圆在参考柱上进行测量时,以它们的连线作为参考轴线。在被测的柱面上,对两段外圆进行平行检测,形成一条直线,并求出其同轴度。假设基准上两个截面的距离为 10 mm,基准第一截面与被测圆柱的第一截面的距离为 100 mm,如果基准的第二截面圆的圆心位置与第一截面圆圆心有 5 μm 的测量误差,那么基准轴线延伸到被测圆柱第一截面时已偏离 50 μm。此时,即使被测圆柱与基准完全同轴,其结果也会有 100 μm 的误差(同轴度公差值为直径,50 μm 是半径)。

(二)用三坐标测量同轴度的方法

当参考柱体距被测圆筒(或更小)有一定的间距时,无法利用测试软件进行计算,一般采用共轴法、直线度法、求距法及 V 形架或 V 形块测量法来求取。

1. 共轴法

首先,通过对待测要素及参考要素进行多段断面的检测,以此为中心构建一条三维线,并以此为共同轴,使各圆具有不同的半径,进而求出两种不同的坐标系,并求出它们对共同轴的同轴度,最大者即为同轴度。这个共同的轴与一个仿真主轴是一致的,这样就更符合产品的实际组装工艺。

2. 求距法

同轴度应是测量单元与参考单元轴心之间最大间距的 2 倍。也就是利用这个公式,先求出待测量单元与参考单元之间的最大间距,然后再用 2 相乘。在最远距离的计算中,求距方法是把它投射到一个平面上,这样,它就能很好地符合作为参考的轴线的垂直度。

3. V 形架或 V 形块测量法

这种情况比较适合测量同心度。

采用 V 形架和 V 形块进行轴线度精度检测,既简便又方便。

(三)实际应用

例如,EATON 差动器外壳,按照图纸上的规定,差动器外壳的两个轴承内孔的同轴度必须是 ϕ0. 05 mm,否则就会对传动轴与齿轮的组装造成不良的影响,所以要对差动器外壳的同轴度进行精确的测定。若以单一的孔作参考轴,其评估的效果远超过了图面的需求,而用共同轴法和直线度方法进行评估,则能更好地将测量区域的状况展现得更充分。

(四)造成检测问题的原因

因为同轴度的定义与计算都十分简便,因此各坐标测试软件中没有一个存在计算评价方法上的误差。在很多时候,它与打表的结果或者是人的感觉有偏差,这主要是由于参考的选取有差异。而坐标测试软件会根据操作员所选择的基准来进行评价,通常没有任何的问题;很多操作员对打表时真正起到的是什么元素,并不清楚。需要的参考点是左边的一个直径 30 mm、长 40 mm 的圆柱体,也就是 A,在打表时,需要按照这个部分对被测零件进行定位(为了防止母线的直线度偏差,最好的方法是在两个方向上做一个标记),但是很多人都会把整块零件的左端 A 和右端 B 都打上表格,这样就得到了一个真实的参考值。

(五)同轴度检测问题的解决方法

同轴度检测问题的根本在于基准的选取,所以要想解决这个问题,就必须从基准元素的合理选取开始。通常,一个机构的制造工艺基准,可以分为设计基准、使用基准、加工基准和测量基准四种基准。测量师通常都会使用设计基准,但有时也要选择其他基准,比如设计基准只存在于设计图上,零件上找不到,或是设计基准不够合理,此时就要选择使用基准或加工基准。为了确保零件的正常工作,通常应该优先使用基准。总之,使用基准要依据零件的结构特征和它们之间的协作关系来进行综合分析,有时设计图上的相互联系和定位公差的需求会互相矛盾,此时必须与有关人员进行交流才能得到解决。

【学习产出】

结合现场生产的零件,确定测量方法,进行同轴度零件检验。请根据表 3-21 的总结评价内容对任务实施及职业素养养成情况进行综合评价。

表 3-21　总结评价内容

评价项目	内容	评价标准	学生评价		教师评价
			自评	互评	
任务实施	准确表述出检验原理	检验原理表述无误,能够进行举例说明			
	写出检验操作步骤	完成同轴度误差的检验步骤正确无误,条理分明			
	完成同轴度误差检验	能对完成的同轴度误差进行检测并记录数据			
职业素养	安全操作	规范穿戴工作服、工作帽,合理使用拆装工具			
	管理规范	任务实施过程中按照5S(整理、整顿、清洁、清扫、素养)管理规范执行,仪器、器件、工具摆放合理,任务完成后工位保持整洁			

项目 5　主轴箱装配工艺

在机械设备的组装过程中，主轴箱作为关键部件，其装配质量直接影响整个设备的性能和可靠性。

本项目的具体内容是制定和优化主轴箱的装配工艺流程。装配中可能会遇到如下问题：装配过程中出现的干涉和配合问题如何解决？装配后如何确保主轴箱的运行性能达到设计要求？

本项目主要包括对主轴箱结构和工作原理的理解、装配工艺的基本理论、装配工具和设备的选择应用以及装配过程中的质量管理方法。通过对这些知识的学习，有助于我们制定出合理的装配工艺，提高主轴箱的装配质量和效率，进而解决机床装配中遇到的各种问题。

任务 1　装配工艺概述

【学习目标】

态度：培养科学严谨的工作态度。

知识：掌握机械装配工艺；了解常用装配工具及使用方法。

技能：能够根据装配图纸确定装配工艺。

【相关课点】

装配工艺；常用装配工具的使用方法。

【建议学时】

2 天。

【学习方法】

查阅工具书；实践操作。

【前置任务】

对机床结构进行分析，列出部件名称，编排装配顺序。

一、装配工艺基础

装配就是把加工好的零件按一定的顺序和技术要求连接到一起，成为一部完整的机器（或产品），它必须可靠地实现机器（或产品）设计的功能。机器的装配工作一般包括装配、调整、检验、试车等。它不仅是制造机器所必需的最后阶段，也是对机器的设计思想、零件的加工质量和机器装配质量的总检验。

任何机器都是由零件、套件、组件、部件等组成的。为了确保组装作业的高效性，一般把机床分割成能够相互独立组装的部件，即组装单元。

（1）零件是组成机器的最小单元，它是由整块金属或其他材料制成的。零件一般都预先装成套件、组件、部件后才安装到机器上。

（2）套件是在一个基准零件上，装上一个或若干个零件构成的。它是最小的装配单元。

（3）组件是在一个基准零件上，装上若干套件及零件而构成的。如机床主轴箱中的主轴，在基准轴件上装上齿轮、套、垫片、键及轴承的组合件称为组件。

（4）部件是在一个基准零件上，装上若干组件、套件和零件构成的。部件在机器中能完成一定的、完整的功用。例如车床的主轴箱装配就是部件装配。

二、常用装配工具的使用方法

装配是机械制造的最后一个环节，通过装配，可以对产品的设计和零件的加工进行一次总的检验，以便发现问题，加以改正。

（一）扳手

1. 风动扭力扳手（图 3-64）

特点：

速度快，反作用力小；

能够达到很高的扭矩；

体积小，重量轻；

刚度低或软连接时性能降低；

噪声大，振动剧烈。

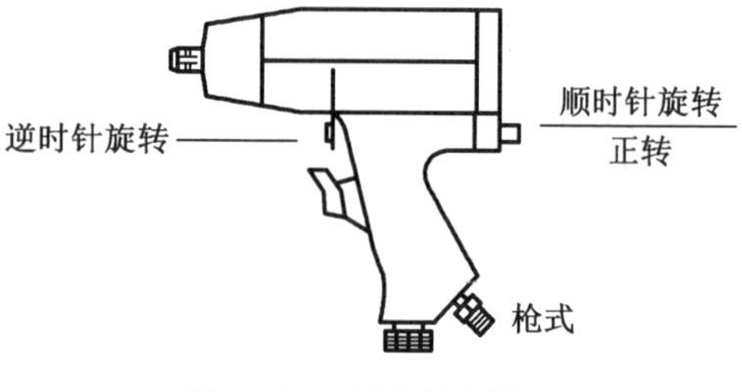

图 3-64　风动扭力扳手

连接和使用方法：

风动扳手的连接如图 3-65 所示。

（1）作为一般原则，如果对于一个紧固件使用冲击扳手，时间要长于 5 s，且应该选用较大的电动扳手，否则扳手的使用寿命将会缩短。

（2）使用风动扳手时，注意螺栓的拧紧扭矩必须在风动扳手的扭矩范围内。如果前者过低，则很难达到要求，风动扳手易损坏；如果前者过高，螺栓易被打断。用风动扳手紧固螺母，当扳手出现嗒嗒声时就应当停止，否则扳手会损坏。

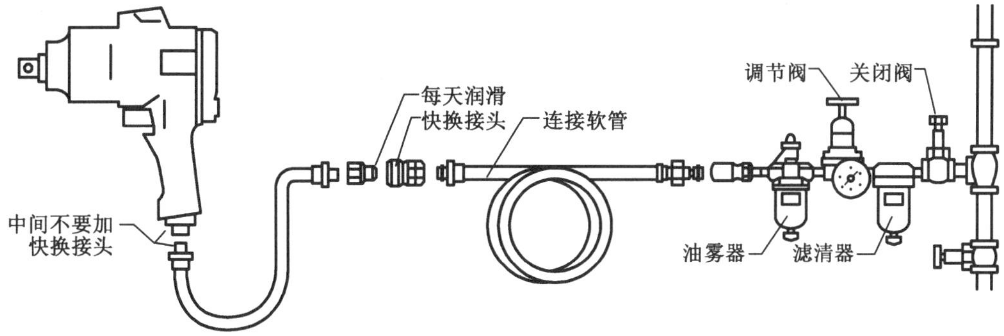

图3-65　风动扳手的连接

(3)每天使用完毕后应关断气源。

(4)气动扳手打紧螺栓、螺母连接件时，用与螺栓对应的开口扳拧紧螺栓，气动扳手套筒打紧螺母。若不用扳手拧紧螺栓，在拧紧时螺栓、螺母连接会打滑，严重时会损坏螺栓、螺母和装配件。

(5)使用时将气动扳手对正螺母、套筒，包含螺母2/3以上(图3-66)。

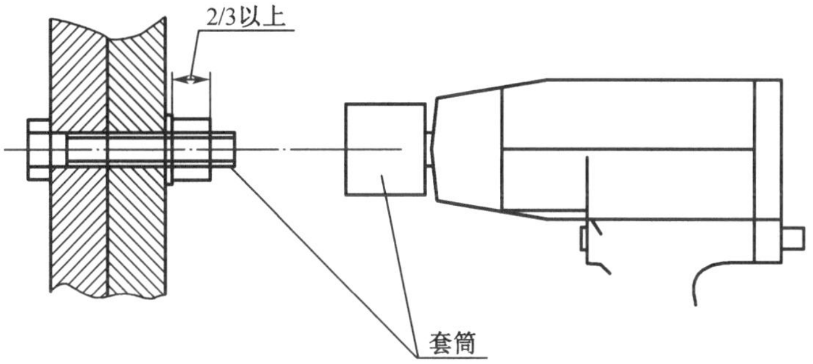

图3-66　气动扳手工作过程

(6)气压低于0.45 MPa时，尽量不要使用气动工具，等气路故障排除，气压恢复正常后使用。

(7)装配空间风动工具不能直接使用时，应加接长杆或万向接头，不得强行打紧。

(8)使用气动工具时首先要确认套筒确实已经包含螺母(或螺栓)后再开始打紧，不允许先开动风枪后再对正螺母(或螺栓)。

2. 双头开口扳手

(1)开口扳上的数值表示该端开口大小。如图3-67所示，A处的数值13表示开口扳右端开口大小$L=13$ mm。

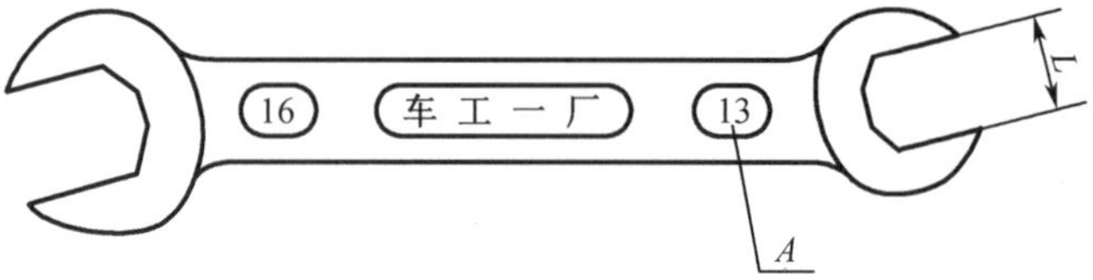

图 3-67　双头开口扳手

(2)注意扳手的正确使用方法,如图 3-68 所示。正常情况下作用在扳手上的力 F 的方向要与扳手作用于螺母那端的开口的方向朝向同一侧。

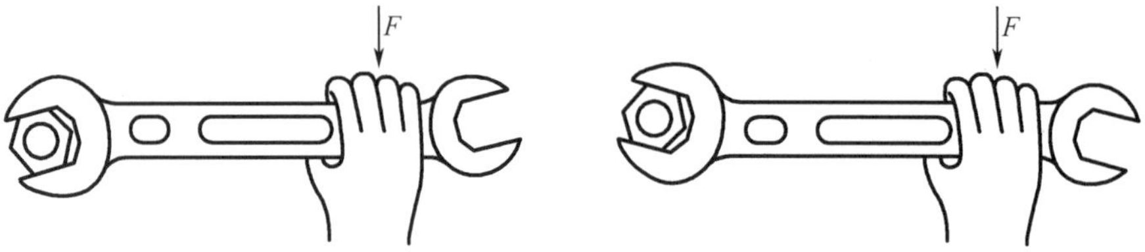

(a)正常情况使用　　(b)特殊情况使用

图 3-68　双头开口扳的使用

(3)扳手的手柄长度、工具类别是根据螺栓强度相应的扭紧力矩而选择的。用于小的螺纹类的拧紧工具,螺丝到端部的大小、把手的粗度也是根据拧紧力矩决定的。

①M6 以下的螺栓:用食指、中指和大拇指拿着扳手,仅用手腕力旋转,如图 3-69(a)所示。

②M10 为止的螺栓:握住扳手的头部,先从肘部发力旋转,如图 3-69(b)所示。

③M12~14 为止的螺栓:紧紧握住扳手的手柄端部,用臂力旋转,如图 3-69(c)所示。

手腕力　　肘力　　臂力

(a)M6以下　　(b)M10为止　　(c)M12~14为止

图 3-69　不同螺栓双头开口扳的使用

④M20 以上的螺栓:用力叉开双脚,尽全身重量和全力来拧紧。

3. 活络扳手

活络扳手俗称活动扳手,它的开口大小 l 可在一定范围内由调节旋钮 1 调节。在扳手手柄上刻有两个数,前一个表示扳手的总长,后一个则表示扳手开口张开所能达到的最大值。如图 3-70 所示,扳手手柄上的数字"300 * 36"表示扳手总长 $L=300$ mm,扳手开口张开所能达到的最大值 $l=36$ mm。

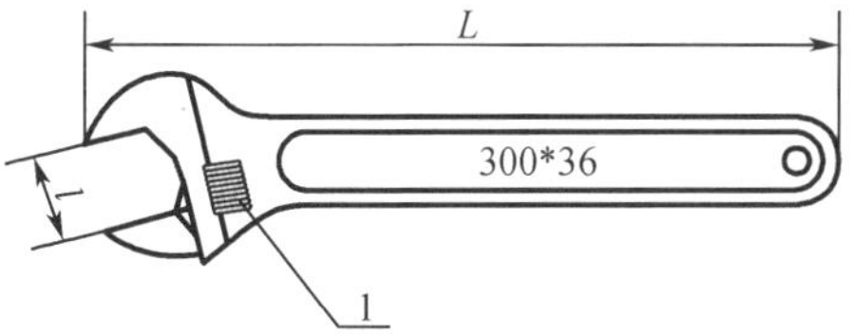

图 3-70　活络扳手

4. 定扭矩扳手

图 3-71 为目前在装配时使用的定扭矩扳手中的一种,它由头部 1 和手柄 2 两部分组成,其头部可以更换。现举例说明正确使用定扭矩扳手的方法:假如要紧固一个要求扭力达到 300 N·m 的螺母,先用风动扳手将螺母拧至接近 300 N·m,不可超过,再通过旋钮 4 将定扭矩扳手的扭矩调到 300 N·m(刻度表 3 上可观察到数值),最后用定扭矩扳手紧固螺母,当听到定扭矩扳手发出咔嗒咔嗒声,即表示该螺母的扭矩已达到规定值。

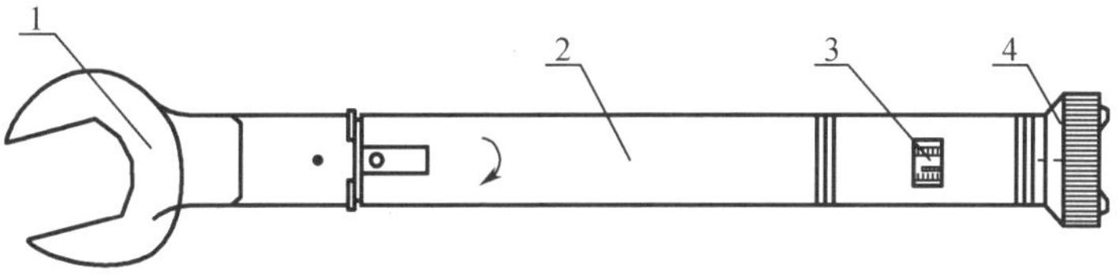

图 3-71　定扭矩扳手

使用方法(图 3-72):

由于定扭矩扳手使用较灵活(头部可更换,扭矩可调节),故又将其作为测扭矩扳手使用。使用定扭矩扳手要特别注意,作用在扳手上的力 F 的方向要与开口的方向朝向同一侧,否则扳手会损坏。

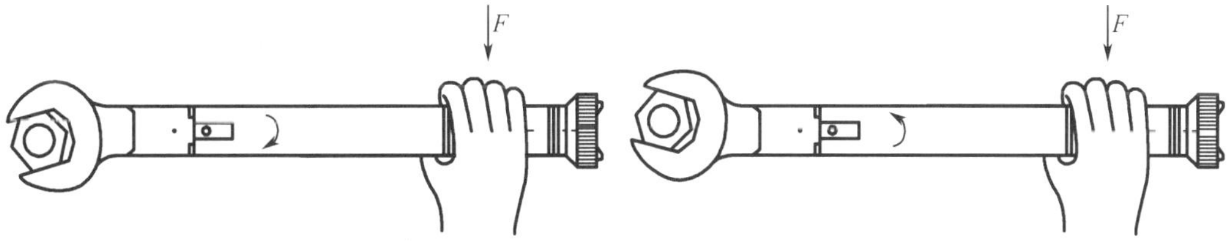

(a)正确的使用方法　　(b)错误的使用方法

图 3-72　定扭矩扳手的使用方法

5. 扭力检测扳手

扳手种类及特点如下。

(1)机械式扭力扳手(图 3-73)

机械式扭力扳手结构简单、可靠性高,通过观察刻度盘上的刻度位置来读取扭矩值。

这种读数方式相对较为直观,但需要一定的经验和细心,因为指针的位置可能会受到光线、角度等因素的影响,容易产生读数误差。

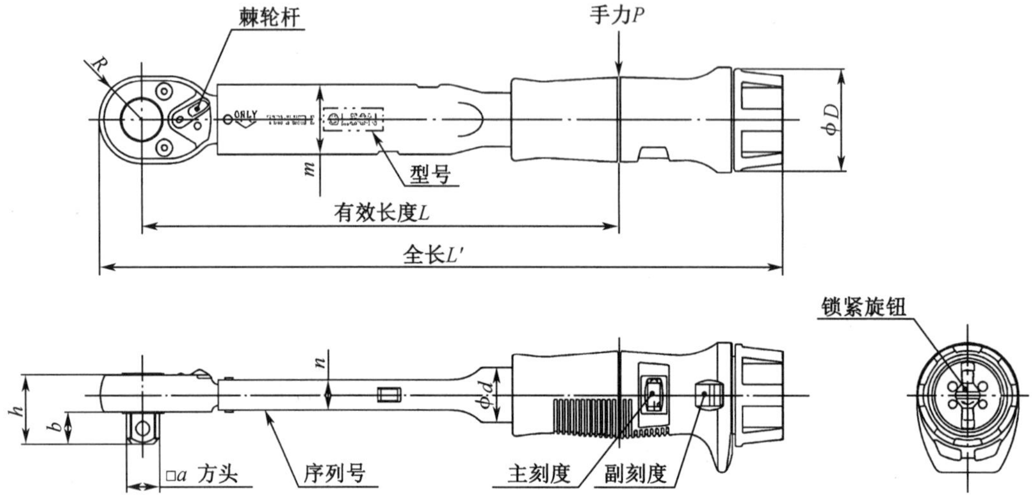

图 3-73　机械式扭力扳手

(2)数显式扭力扳手(图 3-74)

数显式扭力扳手直接在数字显示屏上读取清晰的数字,无须进行估读或判断指针位置,大大降低了读数误差,提高了读数的准确性和效率。其还具备多种高级功能,如峰值保持、扭矩报警、数据存储和传输等。

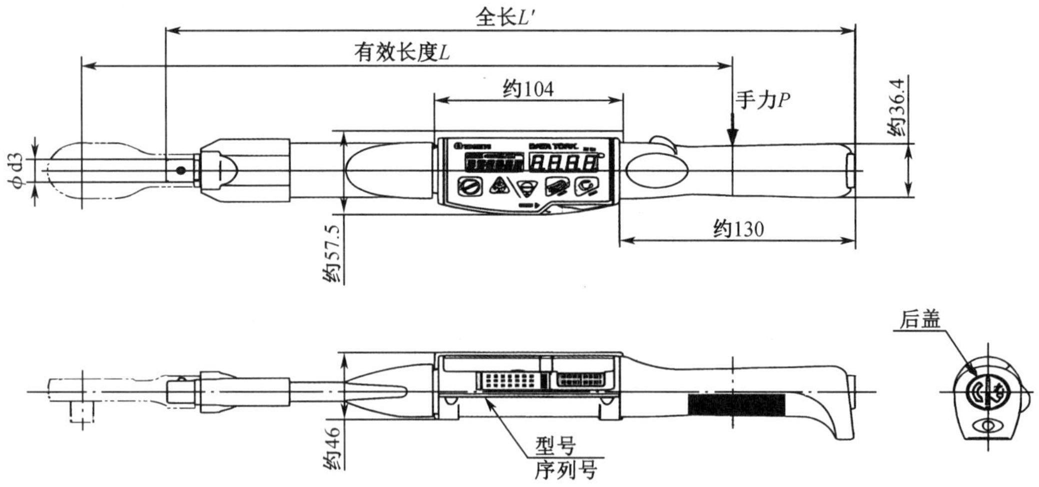

图 3-74　数显式扭力扳手

6. 双头梅花扳手

双头梅花扳手手柄上的数值表示该端套圈内相对平行的两边的距离。

如图 3-75 所示,A 处的数值 13 表示 $l=13$ mm。

双头梅花扳手一般用于空间允许的手动快速扳紧，包括各种精确拧紧或拆卸螺母（或螺栓）场合。

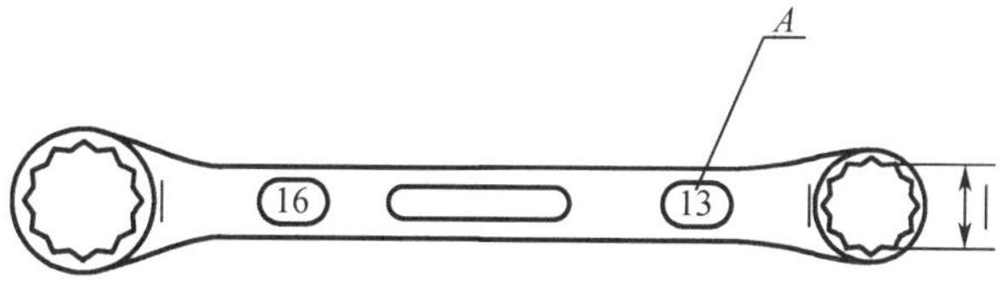

图 3-75　双头梅花扳手

7. 套筒扳

（1）可逆式棘轮扳手（图 3-76）

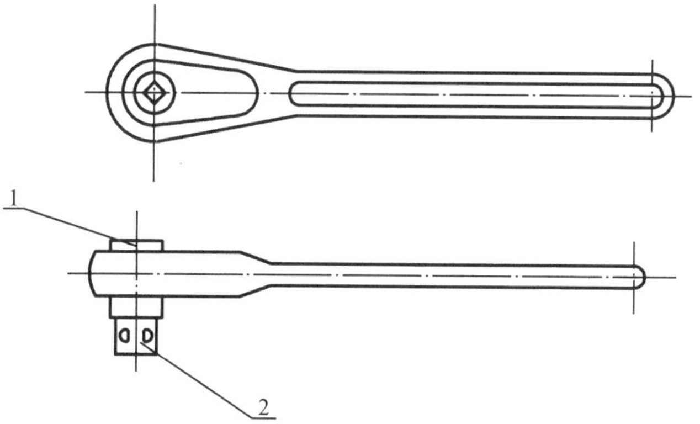

3-76　可逆式棘轮扳手

用可逆式棘轮扳手紧固螺母比一般的扳手要快，因此俗称快扳、飞扳。与普通扳手相比，可逆式棘轮扳手的优点在于不像普通扳手，每拧至一定角度需将扳手从螺母上取下，以方便下一次拧紧；缺点是每次拧紧前得首先将套筒装在方头 2 上，而且当需要反向旋转时，得将调节旋钮 1 调至正确位置。可逆式棘轮扳手与手动套筒扳手传动附件搭配使用。

（2）手动套筒扳手连接附件

接杆（图 3-77）和万向接头（图 3-78）都适用于一般扳手无法操纵的有限空间内，主要功能是向套筒传递扭矩。

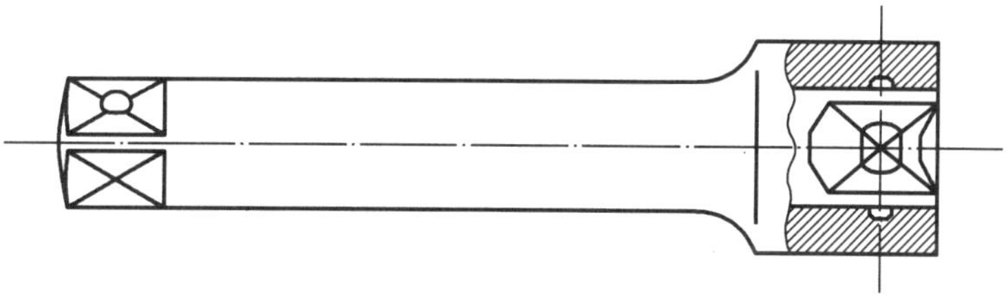

图 3-77　连杆

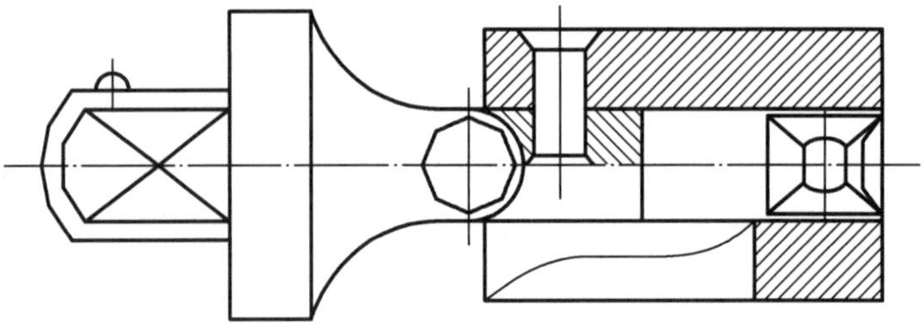

图 3-78 万向接头

8. 旋具

旋具俗称起子,目前装配上使用较广泛的是一字槽螺钉旋具和十字槽螺钉旋具等。一字槽螺钉旋具俗称一字起,常用于如图 3-79 所示含有一字槽的零件;十字槽螺钉旋具俗称十字起,常用于如图 3-80 所示含有十字槽的零件。

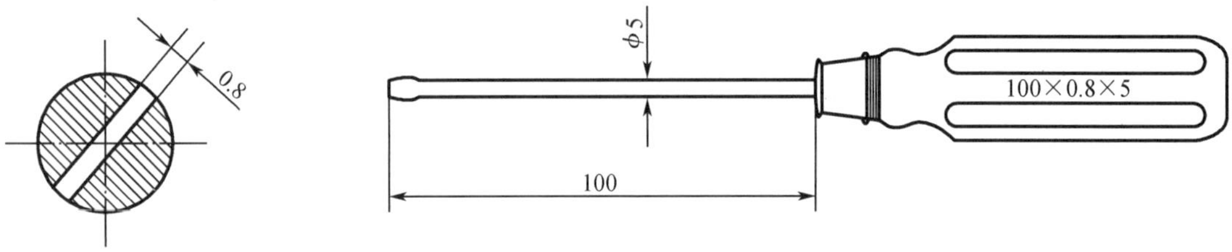

图 3-79 一字槽螺钉旋具

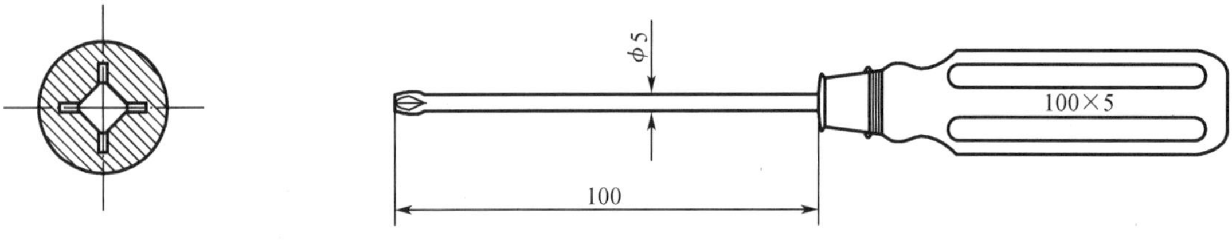

图 3-80 十字槽螺钉旋具

9. 套筒(图 3-81)

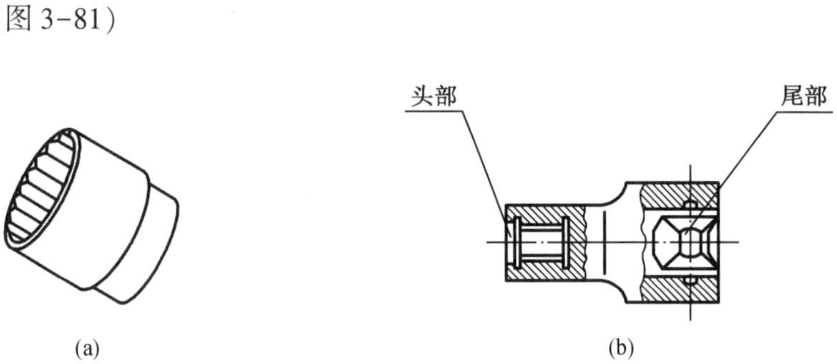

(a) (b)

图 3-81 套筒

套筒的作用是将来自套筒扳的扭矩传给螺栓或螺母,使用时将套筒装在套筒扳的方头上,再将套筒头部(有六角和梅花两种)套入相应的螺栓或螺母。套筒扳头的旋转带动套筒,套筒的旋转又带动螺栓或螺母,从而达到紧固或松开的目的。

拧紧螺栓、螺母必须使用与之相对应规格的套筒,严禁用大套筒拧紧比其小的螺栓、螺母,否则会损坏螺母(螺栓)和套筒。

【学习产出】

结合现场生产任务,根据表 3-22 的总结评价内容,完成部件装配。

表 3-22　总结评价内容

评价项目	内容	评价标准	学生评价		教师评价
			自评	互评	
任务实施	扳手的使用	使用标准、正确			
	旋具的使用	使用标准、正确			
	套筒的使用	使用标准、正确			
职业素养	安全操作	规范穿戴工作服、工作帽,合理使用拆装工具			
	执行规范	装配按照装配管理规范执行,使用前后工具摆放合理,任务完成后工具放回指定位置			

任务 2　装配工艺及要求

【学习目标】

态度:培养科学严谨的工作态度。

知识:掌握装配基本规范;滚动轴承的装配工艺要点。

技能:能够按照装配基本规范进行装配。

【相关课点】

装配工艺基本规范;滚动轴承的装配工艺要点;螺栓的装配;键的装配;销的装配;密封件装配;装配后检查工作。

【建议学时】

1 天。

【学习方法】

查找工具书、实践操作。

【前置任务】

对机床部件进行分析,列出部件内包含零件名称,编排装配顺序。

一、装配基本规范

组装工人在组装前,必须先了解该工作站的工艺文件、图纸和工艺规范。并且在组装过程中,要按照生产的技术规范和生产图来进行。

机器组装一定要严格依照设计部门给出的组装图和技术规范来进行,不允许擅自改动操作和使用不正常的方法对产品进行改动。

在组装过程中,要对与组装相关的零件的外形和大小精度进行检验,看看有没有变形、损坏等情况。同时,也要对各个零件上的标志进行关注,避免出现错误的情况。在组装之前,要积极地对零件进行正确的检测和外表的好坏判定,如果有任何不符合要求的地方或者是不能组装的,要立刻通知质检部门。

在安装前,外部零件应进行测试并通过检验。

组装时,零件和工具要有专用的放置位置,部件和工具原则上不能放置在机床上或地面上,若有必要,须在放置位置加垫子或毯子。

在组装时,零件不能磕碰,不能损坏零件的表面,也不能造成明显的弯曲、扭曲和变形,零件的配合面不能有损坏。

根据组装图纸及技术要求,对每个布置的钻孔进行定位。配对部件应按精度要求匹配,无偏差。

在安装平面钥匙和安装轴承时,禁止锤击,使用木槌,铅、铝、紫铜锤,或使用组合工具组装。

安装滑模件时,要确保有较大弹性,例如有花键的轴杆、有齿槽的齿轮等。

安装在一起的螺丝要保持长度相同,松紧程度相同的零件上的所有裸露的零件,例如螺丝、铆钉、销钉、标牌、轴头、发蓝、电镀等,都要保持整洁,不能有破损,也不能有不清晰的文字,如果有损坏,必须进行替换,才能保证产品的表面品质。

二、滚动轴承的装配工艺要点

必须在干燥、干净的环境中进行轴承的装配。在装配之前,要认真地检测主轴与壳体的配合面、凸肩的端面、沟槽以及连接面的机械性能。所有的对接面都要认真地清理干净,去除毛边,铸造的毛坯面也要清理干净。

在安装之前,必须保证轴承位置没有污垢。

安装时,对偶件要在其上涂抹一层润滑剂,没有样板的一端要面向内,也就是要靠近轴肩方。

当干涉量很少时,可以在室温下用套管按压轴承座环的端面,然后用箍头锤击轴套,使轴套均匀地压进。在安装轴承时,施加力的幅度、方向和位置要恰当,不能影响到支架或滚动体的负荷,应力要均衡、对称,确保端面与轴线的竖直。

安装完滚动轴承后,其相对移动部件应灵活轻便,若出现卡死,应查找原因,并进行针对性解决。

当安装时,如果发现安装孔和轴的连接太松动,要进行容差检验;严禁在安装过程中用力粗暴,均要对出现的问题进行查找和分析,做出正确的处置。

三、螺栓的装配

拧紧时,要用静杠杆,不准用锤击或超出螺钉允许的强度;各螺帽下方不可同时采用同一垫片;压入螺丝后,螺丝须嵌入机构中,不可露出。

螺栓头、螺母与被连接物之间必须保持密切的接触,如有特别需要时,也要按照规范的要求进行检查。

对需要预载的接头,按照组装时预先设定好的预拉力,可采用机械拉伸、液压拉伸及加热等方法;钢质螺钉的升温温度不可大于 400 ℃。

通常,螺纹接头应该安装防松簧垫片,多个螺钉的紧固方式要按对称的次序逐级旋紧,球形接头要由中心向两侧对称地逐渐旋紧。

如需锁定,则在紧固后按照说明书进行锁定;使用双螺帽时,要将较小的螺帽置于较大的螺帽下方;每个螺帽下方均不可使用两个同样的垫片。

用螺帽紧固后,螺丝要暴露在螺帽外 1~2 个螺距;如果需要对移动设备进行固定或维修,则螺栓必须在安装之前涂抹螺旋膏。

不锈钢、铜、铝等材料的螺钉组装时,螺纹部位要涂上润滑油。

高强度的螺钉和它们的紧固件必须配合使用。在上螺纹时,要将螺纹分为两个部分,第一个螺纹扭转量不能少于最后一个螺纹扭矩的 30%;最后的扭力应该满足设计的需要。

带螺丝的接头,螺丝必须超过螺帽一只,并且通常螺丝超过螺帽的长度不能超过 20 mm。

在螺丝拧紧后,如果弹簧垫片出现破损,要立即更换。

为了确保具有自动锁定功能,必须防止将其拆开。

四、键的装配

键表面不得有裂缝、浮锈、凹陷、条纹和毛边，键和键槽在组装之前必须检查其表面的粗糙度、平整度和大小。

一般的平键、导向键、扁平的平键、半圆键，其两个边必须与键的键紧靠，而不与轴键的底面相接触。

一般的楔形键和带钩的楔形键槽的上下部分要与轮轴的键孔底部有一个很好的接触。组装完成后，其接触面不少于工作区域的 70%，并且所有接触点均不可聚集在一起；露出的部位应该是倾斜面的 10%～15%。

在安装了有间隙的键(或键槽)后，使相对运动部件在轴线方向上的位移不能出现松弛和松弛不均匀。

现场配制的各种类型的键，均符合国家现行标准《装配通用技术条件》规定的尺寸和精度。专用型钢的抗拉强度不应小于 588 N/mm^2。

五、销的装配

检查销的形式和规格，应符合设计及设备技术文件的规定。

有关连接机件及其几何精度经调整符合要求后，方可装销。

装配销时不宜使销承受载荷，根据销的性质，宜选择相应的方法装入；销孔的位置应正确。对定位精度要求高的销和销孔，装配前检查其接触面积，应符合设备技术文件的规定；当无规定时，宜采用其总接触面积的 50%～75%。

装配中，当发现销和销孔不符合要求时，应铰孔，另配新销；对定位精度要求高的，应在设备的几何精度符合要求或空运转实验合格后进行。

定位销的端面一般应略高出零件表面，带螺尾的锥销装入相关零件后，其大端应沉入孔内。开口销装入相关零件后，其尾部应分开 60°～90°。

六、密封件装配

使用密封胶时，必须除去粘接表面的油脂、湿气、铁锈和其他杂质。

安装密封时，密封口不能有破损，密封口及轴面要涂抹润滑油；安装时，要让工作介质的工作压力将密封件的唇缘紧紧地压在锭子上，不可颠倒。密封圈必须牢固地安装在壳体中，没有任何的轴向运动和旋转。

装配 O 形密封圈时，密封圈不得有扭曲和损伤，并正确选择预压量。当橡胶密封圈用于固定密封和法兰密封时，其预压量宜为橡胶圈直径的 20%～25%；当用于动密封时，其预压量宜为橡胶圈直径的 10%～15%。

装配 V、U、Y 形密封圈时，支撑环、密封环和压环应组装正确，且不宜压得过紧；凹槽应对着压力高的一侧，唇边不得损伤。

机械密封零件不应有损坏、变形；密封面不得有裂纹、擦痕等缺陷。

密封条搭接应为 45°搭接，搭接处涂胶。搭接口位于部件上方中部。

七、装配后检查工作

每个零件组装完毕后，均须对照下列各项说明进行检验，若有组装缺陷，须立即进行分析和解决。

（1）根据组装图进行组装，并检验是否有缺件。

（2）根据组装图或上述规格说明，检验部件的安装定位精度。

（3）检验连接部件的可靠度，各个连接螺栓的扭矩满足组装所需扭矩，特别连接件满足抗松动的要求。检验可动部件的动作弹性；转动或转动时，有无卡住或迟滞、有无干扰等。

（4）组装完成后，要对组装零件的连接情况进行检测，润滑、液压、冷却、水、空气（蒸汽）、电子（仪器）控制等辅助设备按照规定进行检测，满足试车条件。

（5）组装完成后，要将机床各个部位的铁屑、杂物和灰尘等清除干净，保证各个传动部位无堵塞。

【学习产出】

根据表 3-23 的总结评价内容，录制部件装配视频，包含螺栓装配、键装配。

表 3-23　总结评价内容

评价项目	内容	评价标准	学生评价		教师评价
			自评	互评	
任务实施	螺栓装配	螺栓表面无裂纹、划痕，能够正常使用			
	键装配	键的安装位置和相对位置应准确无误			
职业素养	安全操作	规范穿戴工作服、工作帽，合理使用拆装工具			
	执行规范	装配按照装配管理规范执行，使用前后工具摆放合理，任务完成后工具放回指定位置			

任务 3 装配方法及其选择

【学习目标】

态度:培养科学严谨的工作态度。

知识:掌握机械装配方法;掌握装配方法的选择。

技能:能够进行装配方法的选择。

【相关课点】

互换装配法;选配装配法;修配装配法;调整装配法。

【建议学时】

1 天。

【学习方法】

查找工具书;实践操作。

【前置任务】

分析机床镶条的作用,试总结如何调整镶条尺寸。

机械的装配首先应当保证装配精度和提高经济效益。相关零件的制造误差必然要累积到封闭环上,构成了封闭环的误差。因此,装配精度越高,则相关零件的精度要求也越高。这对机械加工很不经济,有时甚至是不可能达到加工要求的。所以,对不同的生产条件,采取适当的装配方法,在不过高地提高相关零件制造精度的情况下来保证装配精度,是装配工艺的首要任务。

在长期的装配实践中,人们根据不同的机械、不同的生产类型条件,创造了许多巧妙的装配工艺方法,归纳起来有互换装配法、选配装配法、修配装配法和调整装配法四种。现分述如下。

一、互换装配法

可交换组装是指在组装过程中,不需要修理,不需要选择和调整,就能保证组装的精确性。可交换组装按照可交换的范围可划分为完整可交换与非完整可交换两种类型。

(一)完全互换装配法

完全互换装配法本质就是通过对零部件的加工精度进行控制,以确保每一圈的经济精度。

对于完全互换装配法法,其组装尺度链通常采用最小最大方法,其每一组成环的容差总和与封闭环的容差相等。

完全互换装配法的优点如下:

(1)装配过程简单,生产率高;

(2)对工人技术水平要求不高;

(3)便于组织流水作业和实现自动化装配;

(4)容易实现零部件的专业协作、成本低;

(5)便于备件供应及机械维修工作。

由于存在以上优势,因此,不管是什么型号的零件,在构成环件的容差符合经济精度的条件下,都应该尽可能地使用完全互换装配法。

(二)不完全互换装配法

当对组装的精度有很高的需求,特别是在组成环数量众多的情况下,采用最大最小方法来决定组成环的容差,将导致构件的尺寸误差非常小,难以同时满足产品的经济性需求。所以,在大规模制造的情况下,可以采用不完全互换装配法,也就是采用概率方法求解零件的尺寸链。

与完全互换装配法比较,不完全互换装配法具有零件尺寸误差小、制造成本低、通用性好等优势。它的不足之处就是会使一些制品的组装精度很低。这就需要采取补救措施或进行经济论证。

例:图 3-82 所示齿轮箱部件,装配后要求轴向窜动量为 0.2~0.7 mm,即 $A_0=(0+0.7+0.2)$ mm。已知其他零件的有关基本尺寸 $A_1=122$ mm,$A_2=28$ mm,$A_3=5$ mm,$A_4=140$ mm,$A_5=5$ mm,试用完全互换装配法解此尺寸链。

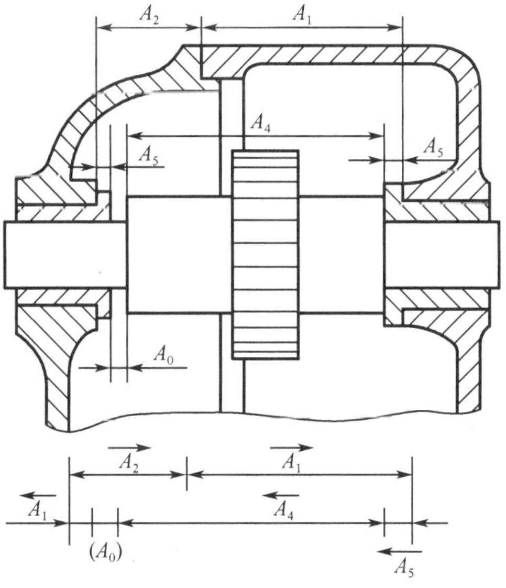

图 3-82　轴的装配尺寸链

解:(1)绘出尺寸链如图,校验各环基本尺寸。

其中 A_1、A_2 为增环,A_3、A_4、A_5 为减环,A_0 为封闭环,有

$$A_0=A_1+A_2-(A_3+A_4+A_5)=(122+28)-(5+140+5)=0$$

尺寸无误。

(2)确定各组成环公差及极限尺寸封闭环公差:

$$T_0=0.7-0.2=0.5(\text{mm})$$

考虑各组成环尺寸及加工难易程度,合理分配各组成环公差:$T_1=0.2$ mm,$T_2=-0.1$ mm,$T_3=T_5=0.05$ mm,$T_4=0.1$ mm,再按"入体原则"分配偏差。

$$A_1=122^{+0.20}_{0},A_2=28^{+0.10}_{0},A_3=A_5=5^{0}_{-0.05}$$

所以

$$\begin{aligned}A_{0\max}&=A_{1\max}+A_{2\max}-A_{3\min}-A_{4\min}-A_{5\min}\\A_{4\min}&=A_{1\max}+A_{2\max}-A_{3\min}-A_{5\min}-A_{0\max}\\&=122.20+28.10-4.95-4.95-0.7\\&=139.70(\text{mm})\\A_{0\min}&=A_{1\min}+A_{2\min}-A_{3\max}-A_{4\max}-A_{5\max}\\A_{4\max}&=A_{1\min}+A_{2\min}-A_{3\max}-A_{5\max}-A_{0\min}\\&=122+28-5-5-0.2\\&=139.80(\text{mm})\end{aligned}$$

故 $A_4=140^{-0.20}_{-0.30}$ mm。

二、选配装配法

在成批或大量生产的条件下,由于构成环数少,但对组装精度有较高的需求,如按完全互换装配法进行,其容差会超出制造过程的实际可能。此时可以使用选择性组装的方法。通过对构成环件的容差进行扩大,使其达到了经济上的适用范围,并从中选取了适当的零部件,使之满足一定的精度要求。

选择装配法有三种:直接选配法、分组装配法和复合选配法。

(一)直接选配法

直接选配法即组装工根据自己的经验,从众多的待装件中选择适当的部件,然后通过试拼来组装。该方法具有结构简便、无须预先组织的特点,但在组装过程中,选择部件耗时很久,且组装的好坏受操作人员技能的影响,不适合对节奏严格的大规模生产。

(二)分组装配法

批量制造中,通常需要根据测量数据对各个部件进行组合,并在组装过程中进行组合,从而提高组装的准确性。

分组装配法在机械组装中的用途不多,但是在发动机和轴承的批量制造中却有一些使用。

采用分组装配法时应注意以下几点：

(1)为了保证分组后各组的配合精度和配合性质符合原设计要求，配合件的公差应当相等，公差增大的方向要相同，增大的倍数要等于以后的分组数。

(2)分组数不宜多，多了会增加零件的测量和分组工作量，并使零件的贮存、运输及装配等工作复杂化。

(3)分组后各组内相配合零件的数量要相符，形成配套。否则会出现某些尺寸零件的积压浪费现象。

分组装配法适合于配合精度要求很高和相关零件一般只有两三个的大批量生产中。如滚动轴承的装配等。

(三)复合选配法

复合选配法是指一种由直编组和组装组相结合的组合方式。也就是在组装时，根据工作人员的经验，在相应的组装组中进行选择。该算法具有零件间容差可调、组装品质高、加工快速、符合某些节奏的需要等优点。在内燃机总成中，常用的是缸体和活塞的组装。

三、修配装配法

在单、批量制造中，对于一些有较高需求的多圈尺寸链，每组成环后，首先按照经济精度进行加工，然后在组装过程中去除特定部件上的保留数量，以保证组装的精确性。

因为在修配方法中，每一组零件成环的大小都是按照经济精度进行的，在组装过程中，其闭合圈的误差往往会超出所要求的公差。为了对超差部位产生的偏差进行修正，需对其进行成环处理。被修复的部件称为修复圈或补偿圈。一般来说，选择外形相对较简单、修理面积较少、方便修理、方便装载且不会对其他大小链条产生影响的部件进行修配。对工件进行修整时，要预留一定数量的修整余量。

在制造过程中，为了保证产品的组装质量，可以采用多种方式，其中常用的有如下3种。

(一)单件修配法

该技术将工件按照一定的经济精度进行加工，然后在组装时对预先确定好的修配环进行修整，使其尺寸发生变化，从而确保了组装的准确性。

(二)合并修配法

该工艺是指把两个或更多的部件组合起来用于机械修理。将组合后得到的大小视为组成环，从而使组成环的环数得以减小，从而降低了修理工作量。

采用统一的加工和修理方法，在组织组装时会遇到一些困难，所以多采用单、小批量的方式。

(三)自身加工修配法

在机床制造中，有一些装配精度要求，是在总装时利用机床本身的加工能力，“自己加工自己”，可以很简捷地解决，这即自身加工修配法。

如图 3-83 所示，在转塔车床上 6 个安装刀架的大孔中心线必须保证和机床主轴回转中心线重合，而 6 个平面又必须和主轴中心线垂直。若将转塔作为单独零件加工出这些表面，在装配中达到上述两项要求，是非常困难的。当采用自身加工修配法时，这些表面在装配前不进行加工，而是在转塔装配到机床上后，在主轴上装镗杆，使镗刀旋转，转塔做纵向进给运动，依次精镗出转塔上的 6 个孔；再在主轴上装个能径向进给的小刀架，刀具边旋转边径向进给，依次精加工出转塔的 6 个平面。这样可方便地保证上述两项精度要求。

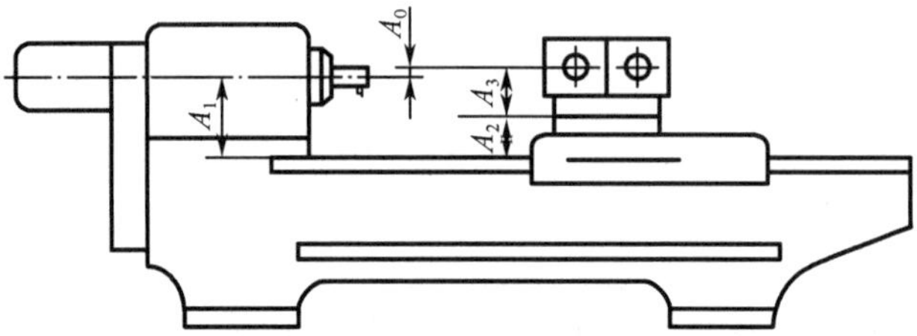

图 3-83　转塔车床转塔自身加工修配

其特征在于：每一组零件成环为零，零件公差可增大，达到了经济的生产要求，因此，生产简便，费用低廉。在组装过程中，通过修复部件的数量可以实现高质量的组装，但是在组装过程中，部件之间不可交换，组装工作量大（甚至需要多次拆卸），效率低下，无法进行大规模的批量生产，且其组装精度与操作人员的技能密切相关。对于具有高精度的零件或批量产品，该修配装配方法是非常适合的。

四、调整装配法

在批量制造中，如果零件具有很高的组装精度，而零件数量又很多，则可以通过调节来实现。除实施方式不同外，在赔偿原理上与修配装配法相近。调整装配法还可以根据工艺的经济精度来决定产品的容差。因为各装配环的容差增大，造成了一些装配零件的超差。所以在组装时可以通过更换制品中的部件来进行定位或者选择适当的调整件来实现组装的准确性。其与修配装配法不同之处在于通过对被测零件进行定位、替换等方式，实现了对零件的精确定位。按其调节特性，可将其划分为可动调整法、固定调整法和误差抵消调整法三种。

（一）可动调整法

利用调节元件的定位来提高组装的精度，称为可动调整法。该方法在调试时无须将各部件拆开，便于操作。

由于磨损、热变形和弹性变形等因素造成的测量误差可以通过可动调整法进行调整。因此，该装配法适合于高精确度，且构成容易变动的工作范围。

可动调整法在机器生产中应用很多。图 3-84(a) 所示为通过旋转螺丝来调节轴承外环的位置，从而获得适当的间隙；图 3-84(b) 所示为利用调节螺丝穿过衬垫以确保机床滑盘与床体轨道间的缝隙；图 3-84(c) 所示为旋转调节螺杆，使得斜楔块上下运动，从而确保螺帽与螺杆的适当间距。

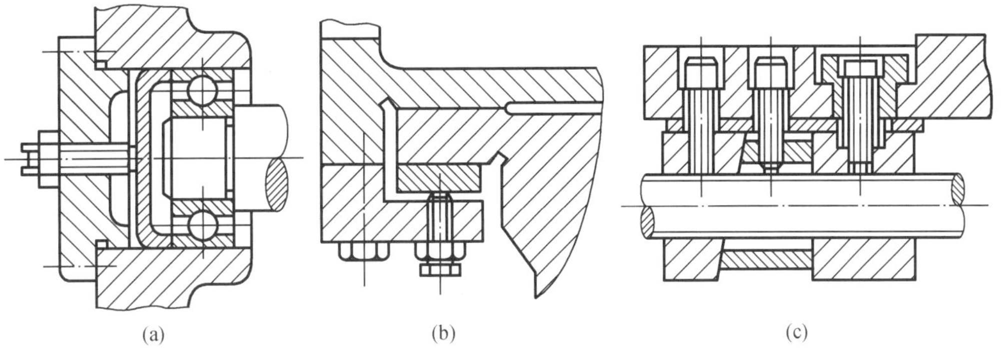

图3-84　可动调整法

(二)固定调整法

固定调整法是尺寸链中选择一个零件(或加入一个零件)作为调整环,根据装配精度来确定调整件的尺寸,以达到装配精度的方法。常用的调整件有轴套、垫片、垫圈和圆环等。

在固定调整装配法中,调节部件的分类和各个阶段的大小是一个非常关键的问题,可以采用最大最小方法来求解。具体的数值计算,可参照相关资料进行。

(三)误差抵消调整法

在产品或部件装配时,通过调整有关零件的相互位置,使其加工误差相互抵消一部分,以提高装配精度的方法称为误差抵消调整法。如在机床主轴装配时,通过调整前后轴承的径向跳动来控制主轴的径向跳

【学习产出】

根据表3-24的总体评价内容,现场录制调整尺寸视频两部,分析其使用方法。

表3-24　总结评价内容

评价项目	内容	评价标准	学生评价		教师评价
			自评	互评	
任务实施	修配装配法	单件修配法能够修整一个零件,使其尺寸发生变化,从而确保了组装的准确性			
	调整装配法	根据装配精度来确定调整件的尺寸,达到装配精度要求			

表 3-24(续)

评价项目	内容	评价标准	学生评价		教师评价
			自评	互评	
职业素养	安全操作	规范穿戴工作服、工作帽,合理使用拆装工具			
	执行规范	装配按照装配管理规范执行,使用前后工具摆放合理,任务完成后工具放回指定位置			

任务 4　主轴箱的装配

【学习目标】

态度:培养科学严谨的工作态度。

知识:掌握主轴箱装配工艺。

技能:能够进行主轴箱的装配。

【相关课点】

主轴箱装配工艺卡。

【建议学时】

2 天。

【学习方法】

查找工具书、实践操作。

【前置任务】

观看学习通内主轴箱分解视频,正确回答弹出问题。

C616 车床主轴箱装配工艺过程卡如表 3-25 所示。

表 3-25　C616 车床主轴箱装配工艺过程卡

文件名称		装配工艺过程卡		产品型号	C616 车床	共 3 页
				产品名称	主轴箱	第 1 页
工序号	工序名称	工段内容	工段	工序操作简图		
10	装前准备	用小的细锉刀修毛刺,清洗零件(包括购来的零件)做好装配前的准备工作	清洗			
20	装轴Ⅱ上的大齿轮	将轴Ⅱ的大齿轮组装	装配			
30	装轴Ⅱ上的小齿轮	将轴Ⅱ的小齿轮组装	装配			
40	装轴Ⅱ上的轴承	装轴Ⅱ上的轴承	装配			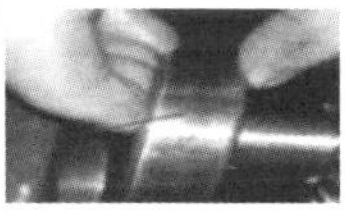
50	装轴Ⅱ	将轴Ⅱ用大号铜棒敲入工作位置	装配		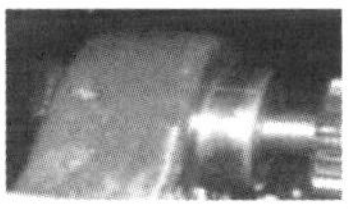	
60	装轴Ⅱ尾端端盖	用大铜棒将尾端端盖敲入	装配		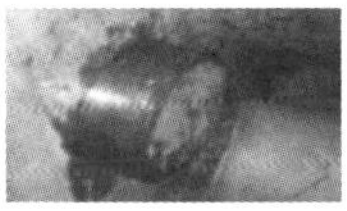	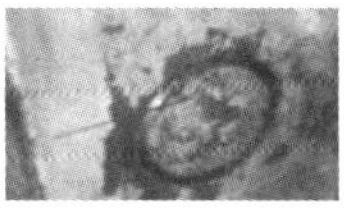
70	装轴Ⅰ前端挡环(1)	用 8#内六角扳手拧紧 3 个内六角螺母	装配		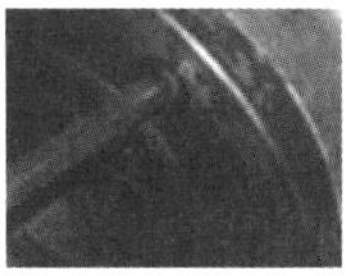	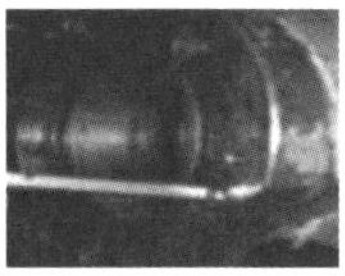
80	装轴Ⅱ前端端盖	用 8#内六角扳手拧紧 3 个内六角螺母	装配	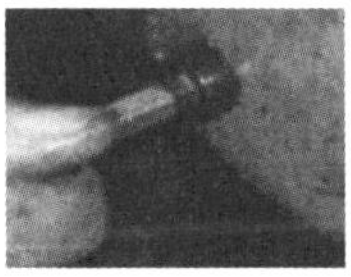	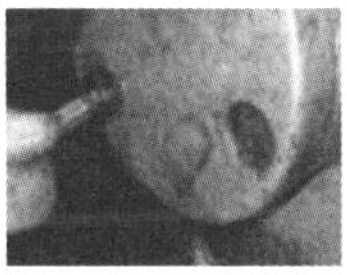	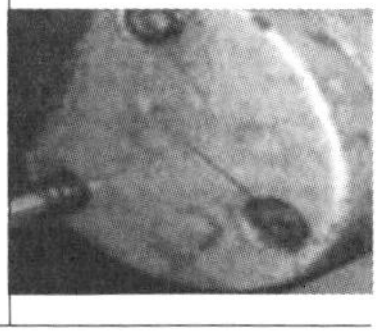

表 3-25(续)

文件名称		装配工艺过程卡		产品型号	C616 车床	共 3 页
				产品名称	主轴箱	第 2 页
工序号	工序名称	工段内容	工段	工序操作简图		
90	装箱体内部挡环	将内部挡环放入工作位置,用开口扳手将六角螺母拧紧,将动力轴承放入其在挡环内部的工作位置	装配	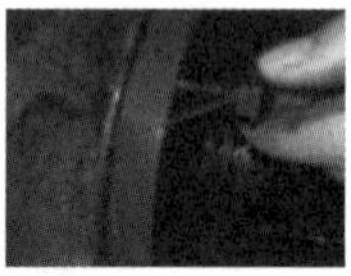		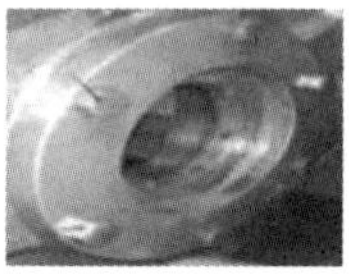
100	装轴Ⅰ上的零件	先将轴Ⅰ伸入箱体内,将轴Ⅰ上面的齿轮、滚动轴承、紧定螺母、甩油环依次套在轴上	装配			
110	装轴Ⅰ上的小齿轮	将键装入键槽中,再用中号铜棒将齿轮敲入	装配	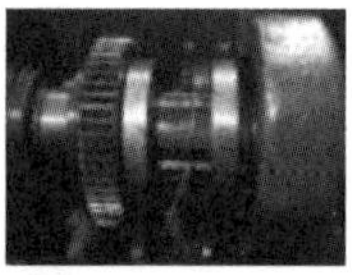		
120	装配卡环	用铜棒轴承,然后用外卡钳取出卡环	装配	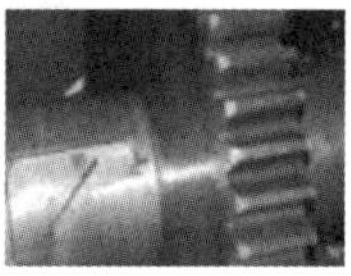	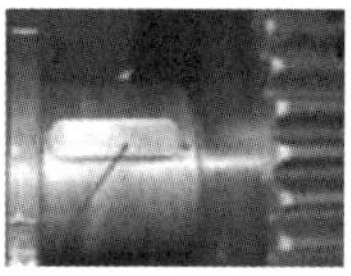	
130	装轴Ⅰ上的大齿轮	将键装入键槽中,再用中号铜棒将齿轮敲入	装配	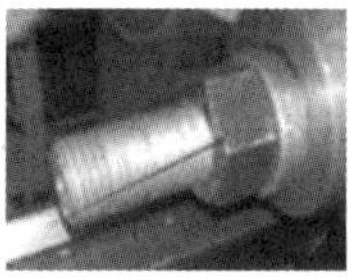		
140	将轴Ⅰ装到位	用专用拉具拉主轴,再用铜棒敲到位	装配			
150	装心轴齿轮	用铜棒将心轴齿轮敲入	装配	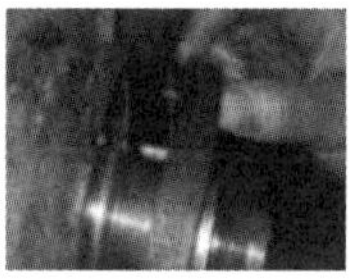	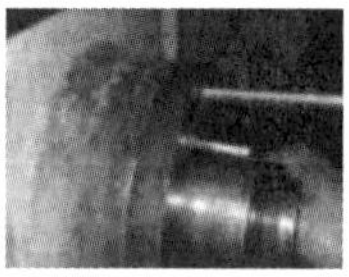	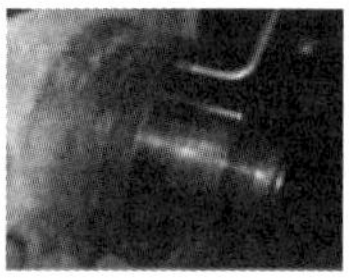

表 3-25(续)

文件名称		装配工艺过程卡		产品型号	C616 车床	共 3 页
				产品名称	主轴箱	第 3 页
工序号	工序名称	工段内容	工段	工序操作简图		
160	装皮带轮挡环	用内六角扳手将三个紧固螺母拧紧	装配			
170	装皮带	用翘杆将变速箱翘起,用一字起将皮带套入上下皮带轮的导线	装配	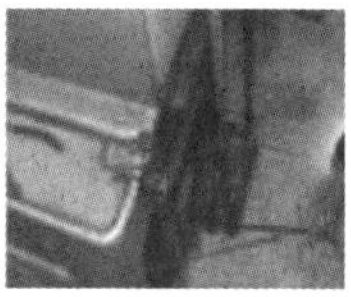		
180	装变速箱箱盖	将箱盖套入工作位置,用一字起拧紧紧固螺钉	装配	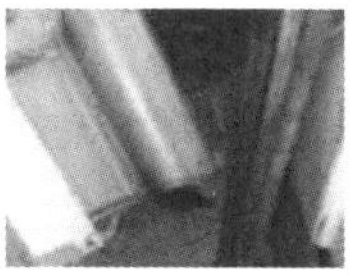		
190	将轴Ⅰ前端挡环(2)	用 8#内六角扳手拧紧内六角螺钉	装配		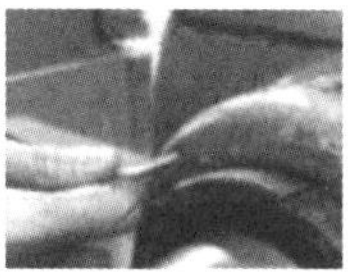	
200	装三爪卡盘	将三爪卡盘对齐轴套内螺纹,顺时针旋转,再用月牙扳手拖动轴套逆时针旋转	装配			
210	装油槽	顺时针旋转手柄,装上螺母	装配			
220	装主轴箱箱盖	将主轴箱盖放在工作位置,对齐螺纹孔,用 8#内六角扳手拧紧紧固螺母	装配	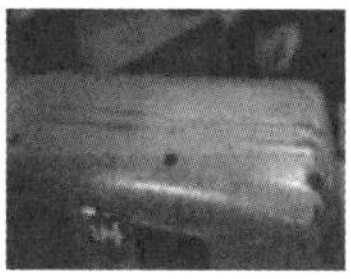		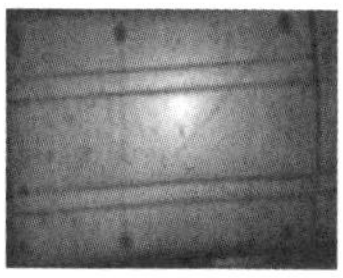

【学习产出】

根据表 3-26 的总结评价内容,录制装配过程 10 分钟视频。

表 3-26　总结评价内容

评价项目	内容	评价标准	学生评价		教师评价
			自评	互评	
任务实施	主轴箱装配	符合工艺卡片流程,按照图示图片和拆解视频参照执行			
职业素养	安全操作	规范穿戴工作服、工作帽,合理使用拆装工具			
	执行规范	装配按照装配管理规范执行,使用前后工具摆放合理,任务完成后工具放回指定位置			